北京理工大学关心下一代教育读物

桑榆情怀
我的北理故事

Precious Memoirs
The Story of Beijing Institute of Technology

北京理工大学关工委秘书处　组编

北京理工大学出版社
BEIJING INSTITUTE OF TECHNOLOGY PRESS

版权专有　侵权必究

图书在版编目（CIP）数据

桑榆情怀：我的北理故事 / 北京理工大学关工委秘书处组编. —北京：北京理工大学出版社，2018.10
　ISBN 978-7-5682-6454-9

Ⅰ. ①桑…　Ⅱ. ①北…　Ⅲ. ①北京理工大学–校友–生平事迹　Ⅳ. ①K820.7

中国版本图书馆 CIP 数据核字（2018）第 244601 号

出版发行 /	北京理工大学出版社有限责任公司
社　　址 /	北京市海淀区中关村南大街 5 号
邮　　编 /	100081
电　　话 /	（010）68914775（总编室）
	（010）82562903（教材售后服务热线）
	（010）68948351（其他图书服务热线）
网　　址 /	http://www.bitpress.com.cn
经　　销 /	全国各地新华书店
印　　刷 /	北京地大彩印有限公司
开　　本 /	710 毫米×1000 毫米　1/16
印　　张 /	17
字　　数 /	337 千字
版　　次 /	2018 年 10 月第 1 版　2018 年 10 月第 1 次印刷
定　　价 /	78.00 元

责任编辑 / 申玉琴
文案编辑 / 申玉琴
责任校对 / 周瑞红
责任印制 / 李志强

图书出现印装质量问题，请拨打售后服务热线，本社负责调换

Preface / 序

归路方浩浩，徂川去悠悠。

在首都这一科教重镇、自主创新的主战场，坐落着中国共产党创办的第一所理工科大学——北京理工大学。在这样一所传承着红色基因、飘扬着奋进精神的校园里，聚集了这样一群人：岁月风霜染白了他们的鬓发，时光阡陌爬上了他们的额头，但他们依然枕戈待旦，照样神采飞扬！他们不忘初心，探索求学之道，丹青巨笔谱写华彩乐章！他们，就是北理工的"老"教师、"老"专家、"老"学者们。他们怀着对党、对国家、对人民的无限热爱，在把接力棒传给后来者的时候，移步换形投身于关心下一代的伟大事业！为教育培养下一代成为社会主义合格建设者和可靠接班人，他们倾囊以授、古道热肠，他们钟情教育、笔耕不辍。

在深入推进弘扬爱国奋斗精神，建功立业新时代的活动中，为了弘扬老一辈北理人一生爱国、忠于人民的坚定信仰，为了发扬他们务实勤勉、开拓创新的奋斗精神，为了展示他们热爱生活、积极乐观的生活态度，更为了下一代能够继承他们的优良品格和作风，为了延安精神能够薪火相传，我们把他们的倾力之作汇集成北京理工大学关心下一代教育读物之一——《桑榆情怀——我的北理故事》出版。宇宙浩瀚、星河灿烂，这本书就是其中的一颗星，虽谈不上耀眼，但仍熠熠发光。

在这本书里，你可以读到老一辈北理工"大先生"们"心有大我、至诚报国、爱国奉献、建功立业"的点滴生活故事；你也可以品到中国优秀知识分子

桑榆情怀——我的北理故事

"闲看庭前花开花落，漫随天外云卷云舒"的恬淡豁达、宁静洒脱。这本书里有对学校从延河之畔、宝塔山下走来，之后转战华北、续写华章的建校发展历程的追溯回忆；也有对学校学科专业发展建设过程中北理工人艰苦卓绝奋斗历程的深情记述。这本书里有对他们那个烽火硝烟年代难忘岁月的青春祭奠，更有对当代青年学子珍惜青春韶华、发奋读书的劝勉。

"一年之计，莫如树谷；十年之计，莫如树木；终身之计，莫如树人。"百年大计，教育为本。教育是国之大计，党之大计。青年一代，代表着民族的未来，肩负着祖国的希望，寄托着党的关怀！在中国关心下一代工作委员会成立25周年之际，习近平总书记做出重要批示："祖国的未来属于下一代。做好关心下一代工作，关系中华民族伟大复兴。"

当代中国青年要有所作为，就必须投身人民的伟大奋斗。同人民一起奋斗，青春才能亮丽；同人民一起前进，青春才能昂扬；同人民一起梦想，青春才能无悔。

谨以此书献给广大新时代青年，倾听睿言锦语，品读精彩故事，感悟人生真谛。用长者大爱唤醒世间真爱，用长者心灵润泽美好心灵，用长者经历丰富生活阅历，用长者智慧启迪人生智慧。砥砺家国情怀，激发使命担当。

是为序。

北京理工大学关心下一代教育读物 编委会

主　　任：李和章

副主任：项昌乐　包丽颖

　　　　杨　宾　张敬袖　刘淑艳

编　　委：倪福卿　倪洪滨　傅上之　马集庸

　　　　张国威　厉凛松　卢懿生　纪新华

　　　　刘云飞　蔡婷婷　王　茹　李振江

桑榆情怀
——我的北理故事

主　审：张敬袖

主　编：蔡婷婷

副主编：李振江　辛丽春

编　辑：周　莹　黄弗矜　董建科

　　　　马　辉　谷　琳　李　响

Contents / 目录

专业建设

华北大学和它迁京后的发展变化	文·徐鑫武	003
记雷达设计专业的9511班		
——记我校雷达设计专业的成长	文·马启光	006
创建红外导引专业的背景	文·邓仁亮	011
回顾导弹专业建设	文·杨述贤	014
激光专业诞生记	文·张国威	018
弹药工程专业五十六年的辉煌	文·马晓青	023
计算机伴随我成长——纪念我校计算机专业成立50周年	文·龚元明	025
参加北理工建设，不断成长	文·陈晋南	030
参加我校三个专业建设的回忆	文·胡永生	036
开拓进取　桃李芬芳		
——北京理工大学开展计算机教育52周年	文·吴鹤龄	041
404教研室的建立	文·周仁忠	043
倾力编撰学科史　发挥作用抒真情		
——记退休第四党支部特色活动	文·安连生	045
招生	文·匡　吉	048
忆学校工厂的往事	文·刘汉严	050
回顾北理工体育的奋斗历程	文·傅上之	052
回顾"工专"往事	文·杨述贤	055

桑榆情怀——我的北理故事

科学研究

第一台国产大型天象仪	文·严沛然	063
忆中国"第一电视频道"和"北京工业学院实验电视台"	文·蒋坤华	066
矢志不渝　为科研之梦奋勇前行		
——回忆我的科研历程	文·周培德	069
我们为"长征"火箭走出国门添加推力	文·姚德源	072
我国自己设计制造的大型天象仪	文·伍少昊　严沛然　谈天民	075
参加"红箭-73"研制的一些回忆	文·甘礽初	083
"265-1"诞生记	文·文仲辉	085
激光专业的建立和发展离不开科学研究	文·邓仁亮	090
土得掉渣的"土火箭"——四十六年前的一段科研往事	文·姚德源	094
关于青海核武器基地的记忆		
——记一次参加高科技试验的经历	文·罗文碧	097
研究生学习的回忆	文·周仁忠	102
小型光学惯性稳像跟踪仪器的研制	文·谷素梅	107

青春回忆

未竟人生的梳理和回忆	文·王　远	113
走，跟着共产党走，初心铸定	文·赵长水	122
十三陵水库回想曲	文·周本相	125
"入党"永远在路上	文·戴永增	127
抹不去的记忆	文·贾展宁	130
从青年学生到马克思主义理论教育工作者	文·寇　平	133
国庆标兵	文·周本相	136
走出象牙塔	文·沈以淡	138
在苏联学习的日子	文·张子青	141

忆四赴延安	文·杨德保	143
难忘的岁月	文·江 涛	147
前所未有　为之一振	文·蔡汝震	151
"希望寄托在你们身上" ——亲历毛主席1957年11月17日接见留苏学生	文·谷素梅	153
忆留苏岁月（学习）	文·谷素梅	156
跟苏联专家学习追记	文·文仲辉	160
弹指一挥间　成长六十年	文·徐绍志	164
俄文突击	文·徐鑫武	166
忆供给制	文·徐鑫武	168

北理情怀

人民之光，我党之荣——记延安自然科学院院长徐特立	文·戴永增	173
魏思文院长的调查研究举措	文·范琼英　张宝平	175
魏思文同志二三事	文·徐鑫武	177
缅怀周伦岐教授	文·文仲辉	179
回忆我与倪志福的交往与合作	文·于启勋	182
回忆钱学森	文·姚德源	184
以两位老师为榜样	文·阮宝湘	186
我为魏思文院长答疑	文·姚德源	190
元帅们的关怀——记1958年在国防部的一次展出	文·胡启俊	192
华北大学工学院往事点滴	文·胡永生	195
怀念马老师　学好理论基础	文·安文化	197
追昔抚今——有关张震将军的一件往事的回忆	文·周本相	198
科学救国——我记忆中的马士修先生	文·芦汉生	200
冲击国家科技进步奖的退休教师——陈幼松	文·陈锦光	203
印象中的张忠廉老师	文·张民生	207

桑榆情怀——我的北理故事

为"两弹一星"做出贡献的北理工人 ... 文·罗文碧 209
我爱北理工 ... 文·卢懿生 213

霞辉满天

阮郎归·愁思 ... 词·高惠民 221
四城吟（诗四首） ... 诗·周思永 222
赞月季 ... 诗·韩自文 223
旭日 ... 诗·杨子真 224
牡丹咏 ... 诗·何 文 225
我们是北工人 我们爱北工
　　——献给北京理工大学70周年校庆 ... 诗·韩建武 227
改革开放30年的几点体会 ... 文·曹永义 231
做人、做学问、做论文
　　——培养博士研究生的一些体会 ... 文·马宝华 236
我心目中的延安精神 ... 文·戴永增 239
讲究工作方法　打开心灵之锁 ... 文·李兆民 241
学校基本建设的回忆 ... 文·张敬袖 243
教师的责任与道德
　　——忆在高等职业技术学院讲授"应用写作" ... 文·马集庸 246
仁者爱人 ... 文·徐绍志 249
平凡乐悠悠 ... 文·杨德保 251
良乡校区闪现 ... 文·郝临华 253
校园体育悠悠事　忆昔抚今思绪多 ... 文·阮宝湘 255
团结的集体　温暖的家
　　——记北理工老教师合唱团的点点滴滴 ... 文·王培瑜 259

专 业 建 设

华北大学和它迁京后的发展变化

● 文·徐鑫武

1948年,解放战争节节胜利,党中央预见到,迎接全国胜利,急需培养大批干部,于是在1948年5月,党中央决定,将华北联合大学与北方大学合并成立华北大学,由吴玉章同志任校长,范文澜同志和成仿吾同志任副校长。

华北大学分四个部和两个学院,即华大一部、二部、三部、四部,华大工学院和农学院。

华大一部系政治学院性质,办短期政治班,招收大量青年学生,学习3到6个月即分配工作。

华大二部属教育学院性质,以培养中学师资及文教干部为主,下设国文、史地、教育、社会科学、外语五个系和教育研究室。

华大三部是文艺学院性质,以培养文艺干部为目的,拟建立文学、音乐、戏剧和美术四个系,三部下还有工学团、文艺研究室和文工团。

华大四部是研究部,以研究一定的专门问题和培养提高大学师资为目的,设有中国历史、哲学、中国语文、国际法、政治、教育、文艺七个研究室。

华北大学工学院由原北方大学工学院和晋察冀边区工业学校合并组成,任务是培养工业建设专门人才。

华北大学农学院,原是北方大学农学院,任务是培养农、林、畜牧业专门人才。

1949年,华北大学又成立了政治研究所和俄文大队。

1949年1月,北京解放,华大各部院陆续迁京。

新中国成立之后,根据革命形势和国家建设的需要,华北大学各部院或者发展成为新型的独立院校,或和别的单位合并组建成新的院校,新中国的教育事业呈现出一片繁荣发达的景象。

现将与华北大学各部院有关的发展情况简述如下:

1949年12月,中央人民政府政务院决定成立中国人民大学,决定以华北大学(主要是华大一部),革命大学和政治大学三校合并作为中国人民大学的基础创建我国第一所以社会科学为主的新型综合性大学,中国人民大学于1950年2月招生上课。

华大二部外语系和外事学校、北京俄文专修学校等单位组建了北京外国语学院。

华大三部作为主体和南京戏剧专科学校合并组建了中央戏剧学院。

华大三部音乐系、东北鲁迅艺术学院音乐系和南京音乐学院合并成立了中央音乐学院。

华大三部美术系于1949年9月并入国立北平艺专,1950年1月定名为中央美术学院。

华北大学农学院于1949年9月与北京大学农学院、清华大学农学院合并,1950年4月教育部正式定校名为北京农业大学。

华北大学工学院独立发展,向先进的国防科技大学迈进。

1950年8月,原北平高工有高中程度的学生335名被拨入华大工学院。

1950年10月,中法大学数学、物理、化学三系学生111人及教职工67人并入华大工学院。

1950年,华北大学工学院开设七个系:

(1)机械制造工程学系。

(2)内燃机工程学系。

(3)航空工程学系。

(4)汽车工程学系。

(5)电机制造工程学系。

(6)化学工程学系。

(7)钢铁冶金工程学系。

另有俄文专修科及其他专修科。

1950年,除华北大学工学院外,华北大学其他部院已不存在。1951年10月,中央人民政府教育部致函华北大学工学院建议更改校名。1952年1月1日,华北大学工学院正式更名为北京工业学院,更名并不意味着学校有任何实质性的变革,只说明华北大学工学院在新时期的新发展。

1952年8月,四川大学航空系并入北京工业学院。11月,北京工业学院航空工程系与清华大学航空系合并成立北京航空学院。北京工业学院航空系学生488人,航空系教职工177人,基础课教师24人调整到北京航空学院。

1952年8月,中央教育部正式决定成立北京钢铁学院,作为钢铁学院基础的有:

(1)天津大学冶金系。

(2)天津大学采矿系一部分。

(3)唐山铁道学院冶金系。

(4)山西大学冶金系。

（5）北京工业学院冶金系。

（6）北京工业学院采矿系。

（7）北京工业学院钢铁机械专修科。

（8）西北工业学院矿冶系冶金组。

北京钢铁学院正式成立。

1952年10月，北京工业学院采矿及冶金专修科学生41人，教授2人调中南矿冶学院。

至此，华北大学完成了它光荣的历史任务，华北大学为我党的教育事业做出了巨大的贡献。

（作者：徐鑫武，北京理工大学图书馆离休干部）

记雷达设计专业的9511班
——记我校雷达设计专业的成长

● 文·马启光

捧读我校图书馆原副研究员徐鑫武同志在《秋韵》2009年第3期上的文章《难忘的岁月》，颇有感触，曾成五言诗一首，诗曰：

鑫武最难得，清晰往事说。四八年五月[①]，联大北方合。
四九即迁京[②]，五一报考多[③]。取分成绩棒，一举冠全国[④]。

徐鑫武同志还介绍说：1950年，华北大学工学院建立了七个系，其中包括电机制造工程学系。当年，在北京、上海、天津、武汉四个地区单独招生，报到新生155人。电机系有一个班，在它前面一届有一个"老干部班"。

44名学生构成了电一班，即后来的9511班，我就是这个班级的一员。

1952年，在周恩来总理亲自主持下，国务院决定在全国范围进行高等院校的调整。其中包括在华北大学工学院基础上组建北京工业学院，专门从事国防工业科技人才的培养。学院成立了一个仪器系，包括电子和光学两个方面。电子方面首先明确要设立的就是雷达设计专业。

北京工业学院面向全国聚集科学教育人才。1952年，王发庆和陶栻从英国回来，来到了北京工业学院，王发庆任仪器系主任；1953年，东北兵器专科学校并入了北京工业学院，在其中任教的楼仁海随之来到，并介绍当时在上海的戚叔伟辗转到了仪器系；李育珍、张德齐、汤世贤、郑愈相继来到了北京工业学院；以后，俞宝传先生也来到了，这几位老师构成了学校电子技术方面教学的主力。人强马壮以后，仪器系一分为二，成立了工程光学系和无线电工程系。无线电工程系由李宜今同志担任系总支书记，主持系务；张德齐、戚叔伟、俞宝传三位老师分别担任了天线、发

---

① 1948年5月，党中央决定，将华北联合大学与北方大学合并，成立华北大学。10月在井陉举行了开学典礼。
② 1949年7—8月，华北大学工学院奉命由井陉迁往北平。
③ 1951年，全国高校统一招生，第一志愿报考华北大学工学院的人数，占全国工科院校总人数的11.7%，仅次于清华大学。
④ 1951年，华北大学工学院新生录取成绩位列全国第一。

射接收设备、雷达原理和雷达设备的教研室主任。在同学里早就传闻的、从以上海交通大学为主过来的七大讲师,也纷纷到位。他们是李翰荪、姬文越、陶楚良、葛成岳、王远、王子平等,还有北洋大学的洪效训,华南工学院的苏坤隆、林泽恩,厦门大学的林茂庸,以及从部队转来的凌铁铮、孙耐等。他们构成了教学队伍的中坚力量,无线电工程系真的"人强"了起来。

戚叔伟老师毕业于浙江大学,留学英国。回国以后,在北京、沈阳等地的飞机场任过职,带着丰富的学识和实际的经验。他以饱满的热情,投身于北京工业学院,投入了无线电工程系的教学管理和实验室建设,尤以后者的成绩最为突出。由于他在飞机场工作多年,熟悉那里的装备和人员,他多次到机场,为学校搜罗教学设备。北京机场接收了国民党的中国航空公司,对美国人陈纳德航空公司留下来的装备,不是很在意,没有精心管理,大部分物资都没有登记在册。又有熟人引路,以国防工业学院需要的名义,戚叔伟老师在经过"精挑细选"之后,从那里整卡车地往学校拉"东西"。其中不乏一般单位"奇缺"的设备,它们的外表看起来有些陈旧,但是有许多却是国内的"唯一"。譬如,在当时比较精密的导航仪,原是美国军方使用的,连苏联也没有,求之不得,苏联专家见了,甚至伸手向我们讨要。用这一类的设备充实了实验室,无线电工程系可以称得起"马壮"了。

自然,设备是死物,而人是活的,有了活人,对于设备巧妙合理地运用,它们也就活了起来。在系领导的动员下,几乎所有的任课老师,都投入了实验室的建设:从水平相当高的、当时有"小南工"之称的、中专性质的南京无线电学校,争取来了一批毕业生,足有20多人,全部都充实到系里的实验室。后来,系里任命孙耐老师担任系实验室主任,组织管理日趋严密。

实验室刚刚建成不久,清华大学相应系的苏联专家组组长,曾经率领许多老教授专程来参观。清华的同志参观之后同声称赞。回校以后,苏联专家组组长对一起去参观的孟昭英等系领导们"大发雷霆",把他们狠狠地批评了一顿:"请看看人家北工,清华差得远了。"曾经有一个时期,北京工业学院的苏联专家组组长,是由苏联科学院的一位著名院士担任的,他在参观完无线电工程系的全部实验室以后,佩服地竖起了大拇指,评价说:"这样的实验室,不仅在中国'首屈一指',可以堪称'东亚第一'。"这在电子工程系的发展历史上,是值得骄傲的往事,后人听起来依然感到由衷的自豪。

在课程安排和主讲教师方面,系里进行了精心的安排。关于教学,从9511班的开课情况上,就可见一斑。讲授物理课程的是王象复老师。老先生讲课声音洪亮,全力以赴,唯恐学生听不清楚。讲授数学课的是吴文潞老师,当时他是中国数学领域最高级学术刊物——《数学》的编委之一。给他当助教的是刘颖老师,个子很高,年龄也不算小,人称"大刘颖"。每次上课,刘老师都搬着一把椅子放在讲桌旁,请吴老先生有条件坐下讲课。因为吴老师的年事已高,而且已经有许多年不上讲台了,

雷达装置

这是专门给我们一个班来讲课的。老先生走路略有不稳，说话有点颤音，底气明显有些不足，我们学生都非常心疼他。老教授张翼军是我们班材料力学的主讲老师。他不但承担这一门课，还经常来教室听他的弟子曹立凡老师的"电工数学"课程。因为电子脉冲的波形分析，经常要用到数学中的"拉普拉斯变换"等，仅只"傅立叶变换"是不够的，所以特别安排了这门课程。

有一门课是"电工学的理论基础"，由厉宽教授主讲，李翰荪讲师辅导。在上课前，他们准备了若干块小黑板，上边密密麻麻地写满上课内容的提纲。伴随着讲课进度，换下一块，再挂上一块，就跟庙会上拉洋片似的。还有两门基础课——"静力学"和"动力学"，尤其后者，是一门比较费脑筋、难以彻悟的课程。讲授此课的，是一位客座教授，是中国科学院半导体研究所的研究员王守武老师。他讲课镇定自若、概念清晰、分析透辟，是难得的好老师。给王老师当助教的是后来成为北京理工大学教授的吴昌蒲老师。当时吴老师的年纪，也就跟我们学生不相上下。在底下，大家都亲昵地称他为"小助教"。

以上所述，都属于基础课，接下来的是专业基础课。"脉冲技术"是由洪效训老师主讲；"无线电基础"的讲课人是李翰荪老师；"电磁测量"是汤世贤老师；"无线电测量"是楼仁海老师；郑愈老师为我们班主讲"电磁波传播"课程，这门课有点儿深奥，看不见、摸不着，实验也不太容易安排，有不少同学感觉如读"天书"。"自动控制和随动系统"的讲课人也是李翰荪老师。9511班还开了"电机学"课程，由王远老师主讲。教材是社会上出版的《电机学》，一套四本。重头课"电子管"是由咸叔伟教授主讲的。他的讲课风格是认真、细致，不慌不忙、举重若轻，对于关键的地方交代得特别清楚，很懂得学生的心理。

专业基础课之后，便是具有综合性的专业课了。"发射设备"和"接收设备"是两门重头课，分别由咸叔伟和李育珍老师主讲。"天线和微波技术"主要是讲雷达上使用的各种天线及其信号馈给系统，随着射频信号频率的高低，其结构很是不同，由张德齐老师主讲。最后的两门压轴课"雷达原理"和"雷达站"，由陶栻先生和俞宝传先生分别主讲，后者就是对于具体的一部一部雷达设备进行剖析，具有很强的实用性。

1956年7月，北京工业学院雷达设计专业的第一届学生毕业了。大约有15位学生留校，其余主要充实了西安、成都、南京三地的雷达生产企业。随着他们名单的到达，有的企业就给准备好了技术岗位。譬如，在贾万刚同学名字后面，宝鸡的782厂就早已注上了设计室主任的头衔。可见国家对于从事国防科技人才需要之殷切程度。9511班的毕业学生果然也不负众望：在西安的卢明儒同学，创制了螺旋形天线，成为研制中国远程导弹的功勋科学家之一。也在西安的黄鋆祥同学，作为206研究所的"教授级"高级工程师，在当时任所长。后来，被调到北京理工大学校长王越院士主持的重大科研项目中，他承担了重要的研究和设计任务。特地被调至绵阳的彭定之同学，为中国的航天事业做出了相当大的贡献。在成都的钱仲青同学，成为拥有5 000人雷达生产厂的总工程师。在南京的潘谱华、邹崇祖同学，也都是所在714厂的技术主力。

9511班同学当中，以毛二可和柯有安同学最为突出。毛二可一直是全校闻名的先进工作者，一年365天，他起码得有360天在工作，每年春节最多休息三天。他率领的雷达研究所精心研制的关于雷达的动目标显示技术，被广泛应用于部队，获得了很大的社会经济效益。柯有安在国内电子界也享有很高的声望，为学术界所推崇。其他如周思永同学，一直默默贡献，在研制582雷达的工作中成绩卓著。张著同学在中央教育电视台长期讲授脉冲电子技术课程，反映良好。王灏同学研制成功了"中子路面探测仪"，为探知公路的地下质量起了很大的作用。阚继泰同学，在非常困苦的情况下，历经十余年，另辟蹊径，推导出了质能公式，与爱因斯坦的公式略有不同。虽然没有得到有关人士的认可，但从其技术魄力和数学、物理水平来看，应该说是难能可贵的。

根据国家国防工业的需要，1958年，北京工业学院又建立了雷达结构设计与制造专业。1961年和1963年，虽经两次调整，上述两个专业一直存在。1973年，将雷达结构设计与制造、无线电遥控、无线电遥测专业，均并入雷达设计专业。1984年，将雷达设计专业扩大并更名为电子工程专业。当前，随着技术形势的发展，为了拓宽学生的知识面，在本科专业培养方面，已经将雷达设计淡化。但是，在学院的学科建设、研究生培养、科学研究方面，仍然保持着比较强烈的雷达背景。雷达设计专业，对于无线电工程系的生长、巩固和发展，功莫大焉。

历年来，关于具体雷达系统，我们参与研制成功的有"110""582""红箭-73""小860"等，参与研制的有"7010""7710"等。系统项目还有"脱靶量测量"等；专题项目有"动目标检测""毫米波制导""高速信号处理器""稳定微波源"等；理论项目有"相控阵理论研究""有限元理论与应用"……

上述种种不过是一些历史上的辉煌，均已成为过去。如今学校领导提出了"强地、拓天、扬信"的设想，信息与电子工程学院得其时也。只要群策群力，扎实奋进，前途定会一片光明。2010年春节，有幸参加了信息与电子工程学院退休人员的聚会，感触万千，赋得七律诗一首，现附于后：

> 又别五系二十年，
> 物是人非一焕然。
> 后浪杰青推巨浪；
> 长江学者鼓征帆。
> 雷达专业应无恙；
> 楼戚恩师体可安？
> 祝愿龙腾并虎跃，
> 拓天强地信扬先！

（作者：马启光，北京理工大学信息与电子学院退休教师）

创建红外导引专业的背景

● 文·邓仁亮

退休后时不时上上网,看到一些网店在以很高的价格卖《光学制导技术》,其中居然还有复印本。

《光学制导技术》是我编著、在国防工业出版社 1992 年出版的一本专业书,主要内容包括电视制导、红外制导和激光制导,是我在学校工作几十年的工作经验的积累和总结。这本书被国防工业出版社评为优秀图书;1994 年又出版了红皮精装本。这本书曾经获得过学校和兵器工业总公司优秀教材一等奖。

二十多年过去了，现在这本书居然在网上销售，说明它还有一定价值。这件事不免让我回忆起我校创建红外导引专业的历程。

根据1956年制定的国家十二年武器装备发展规划目标，在复杂的国际形势下，特别是在从1958年3月起美蒋不断派遣高空侦察机肆无忌惮侵入中国内地上空侦察的情况下，针对防空斗争的新需要，中央做出研制导弹的决策，正式建立地空导弹部队，这就决定了作为国防工业院校必须相应地建立导弹专业，以适应新的军事斗争形势的需要。

1958年7月，北京工业学院（现北京理工大学）军用光学仪器专业和指挥仪专业四年级四个班（8541、8542、8543、12541）的学生，在院长魏思文的支持下，在仪器系领导马志清的具体领导下，停课搞"科研"。

我当时就读于8542班，被安排研究"空对空红外定向仪"。这项工作一直持续到毕业。这个科研组开始由我班调干生战启先同学负责，由于他是仪器系党总支干部，事情多，而我又于1958年7月28日提前毕业、留校任教了，所以小组的具体事务便由我分担了。

仪器系科研助理潘恒生为我们科研组送来了一本《制导》，这是有关美国导弹技术的译文集，有钱学森写的序，属内部资料，1957年5月印制，1958年3月27日进入学校第一科（即保密科，现在的档案馆）资料室10本，这本书的"第5章红外线的发射、透射和探测"有46页，提供了52篇文章和10本参考书。

在吃透有限的资料后，与仪器系光学车间王森山师傅进行了一番讨论，不管三七二十一，以"大跃进"的速度就出图加工。我们很快便制作出来一个装置：四块参数相同的抛物面反射镜互成一定角度放在圆盘底座上，每个反射镜的焦点后放置一个硫化铅光敏电阻作为光敏元件，一个两圈格数不同的调制盘绕四个反射镜底座中心旋转，在反射镜的焦点前斩光，用光敏元件变换的电信号测出目标红外辐射与底座法线的方位与夹角。

这就是我国红外导引头位标器的雏形、直径达300 mm。在没有电路，也没有联试的状态下，竟被通知带着这个"宝贝"随同8541班许同学到北京钢铁学院（现北京科技大学）准备接受参观。展览些什么，有多大规模，没人说，也没敢问。在参观结束后，我就离开了。

原来，这天来参观的是邓小平，他在展览品前停留了一下，听许同学介绍后，与看守"宝贝"的我握了握手。随行的一位领导经过我面前的时候对我说了一段话，大意是：这个东西太大了，这得用多大的导弹啊！他两手比画着说，美国的"响尾蛇"导弹才这么粗（后来知道是直径127 mm），他又用右手的食指与拇指比画着说，"响尾蛇"前面的红外头就这么一点点（后来知道他指的是"响尾蛇"红外导引头位标器中心34 mm直径的镜筒）。

在这次事件后不久，我被安排参加了一次"响尾蛇"导弹残骸的小范围展览，后又被集中到北京航空学院（现北京航空航天大学）参加国防部组织的"1 号工程"①，同国内专业队伍对"响尾蛇"导弹残骸进行进一步分析并加以复制，一直工作到1959年年末。在我之前，学校已经派出无线电专业的向茂楠参与此项任务。

我到北京航空学院的时候，对"响尾蛇"导弹第一阶段的研究工作已经结束，已经有了导弹的全部蓝图，我有幸阅读了全部图纸和有关的总结报告，在先期国内专家的帮助下，初步读懂了响尾蛇导弹全弹的工作原理和具体结构。

"响尾蛇"导引头是一个集光学、陀螺、电机、红外目标的探测和跟踪系统，机械－电子锁，报警装置等于一体的复杂机构。其构思之巧妙、结构之精细、工艺之先进，令所有参与者赞叹不已。我真是大开眼界，回想起我们曾给邓小平看过的"宝贝"，很是惭愧，感到自己的知识太少了，应当多多学习。

我当时被分配到了导引头位标器小组，我们在组长杨宜禾、梁先知的领导下，克服种种困难，努力工作，于1959年下半年成功复制出可以在室内演示的位标器。

考虑到复制空空导弹的复杂和艰难，国家准备成立专门的研究所。参与此项工程研究的大部分人被从北京航空学院调走。学校决定将我撤回，投入专业建设。

其实 1959 年上半年我原来所在科研组的同班同学（白锡佑、谭国顺、战启先等）就已经转入以红外导引头为研究方向的毕业设计中。我回校后向他们介绍了"响尾蛇"红外导引头。

1959 年，系里根据学校成立新专业的要求创建红外技术专业。当时，有海岸热力定向仪（周仁忠、林幼娜、何理）、夜视仪（周立伟、刘茂林）和红外导引头（邓仁亮）等科研组的年轻教师，还有实验员杨铁利、孙久恒以及1959 年 3 月参加工作的新教师。系领导马士修、马志清兼任教研室正、副主任。

后来红外教研室分成红外导引专业和夜视仪器专门化两部分。红外导引专业的代号是421。

（作者：邓仁亮，北京理工大学光电学院退休教师）

---

① 1号工程：对1958年获得的美国"响尾蛇"导弹开展的工程研究。这个导弹的红外导引头工作在1～3 μm波段，采用硫化铅红外探测器。

回顾导弹专业建设

●文·杨述贤

1957年年底，我同弹药系的几位老师多次酝酿着"搞火箭、搞导弹"。当时，周伦岐教授积极性很高。一是周教授留学美国曾经对火箭有所了解，其次是1957—1958年他正在参加国防部部长彭德怀元帅出访苏联、欧洲时的技术准备工作。周伦岐教授是国防部军事代表团的技术顾问团的成员。二系教师议论的中心话题是："不能只搞枪、炮弹常规专业，一定要搞火箭、导弹新专业。"由老二系教师抽调了一部分人员，周伦岐、杨述贤、徐耀华、余超志、王元有、袁子怀、钱杏芳等人组成一个火箭小组。这一小组，就是导弹专业建设的奠基者。

随着反坦克导弹"265-Ⅰ"型号科研的开展，人员增加，任务细化，火箭小组逐步拓展为若干个设计小组：弹体设计、发动机设计实验、弹道气动力计算等。所承担的科研任务决定了所从事的专业技术领域。当时，有一句名言："任务带学科"。从此，每个人员就自然而然成为不同专业领域的"开创元勋"。弹体设计是余超志、徐耀华；发动机设计是王元有；飞行力学设计是杨述贤、袁子怀和钱杏芳等。

型号科研项目，由反坦克导弹转化为地空导弹，"265-Ⅰ"号变为"265-Ⅱ""265-Ⅲ"，不久又转为"119"型号。凡"265"型号，均为我校自行研制的"单干"产品，而"119"则是由我校主管领导机构国防科委组织的合作项目。"119"型号项目的研制，时间短，声势大。它有一个经过国防科委任命的指挥部。上有指挥员、政治委员，下设众多的研究室，人员来自国防科委所属八所院校。

"119"项目的指挥部设在北京航空学院。

总指挥：武光，时任北京航空学院院长、党委书记。

政委：魏思文，时任北京工业学院院长、党委书记。

指挥部下设技术部、行政部、后勤部等。技术部的主任是北京航空学院的副院长沈元教授。技术部下设与导弹设计有关的研究室：飞行力学、弹体设计、发动机设计和实验、地面发射设备、遥测遥控等。每个研究室设有主任、副主任。我，当时一身二任，担任飞行力学研究室主任，同时兼弹体研究室主任。在工作联系技术协调时，分别与北航的赵震炎、何庆芝两位教授接洽配合。

"119"项目是由国防科委于1958年11月9日主持开展的导弹研制项目，是跨越院校的大型科研工程。它的研制目标包括弹道导弹（代号为"119-1"）和防空导弹（代号为"119-2"）。参加的院校有：北京工业学院、北京航空学院、哈尔滨工业大学、西北工业大学、南京航空学院、成都电讯工程学院等。各校参加工作的师生按专业对口，分别参加相应专业的研究室的设计工作。我校参加"119"项目的各个专业研究室的师生人员很多。总体（弹体）专业有徐耀华、韩洪波、郭国祥；发动机专业有孙维申、朱荣贵等。研制防空导弹"119-2"的有文仲辉、裘礼富、闫鹤梅等。飞行力学专业有袁子怀、钱杏芳；制导专业有俞宝传、林学谦等人。此外，还有三系（车辆）、五系（无线电）、六系（火炸药）有关师生参加。

"119"项目是由国防科委直接领导，要求很急，涉及领域广泛，工作拓展很快。不到两年时，由于形势发展、高等学校任务调整、苏联专家撤走等因素，这一浩大工程就宣布结束。

1958年"大跃进"大搞科研的同时，我和飞行力学专业的袁子怀、钱杏芳等先后听几位苏联专家讲课。第一位专家是讲授火箭发动机原理的舍鲁恒，他手持一张小小纸条，内容全在脑海中，纸条上写的只是几条纲目。每次讲授，侃侃而谈，重点突出，逻辑性强，给人留下了深刻的印象。

这位专家，与我们在交流课程内容时，态度热情友好，提出意见看法时，比较诚恳。舍鲁恒专家与周伦岐教授谈论"265-Ⅰ"反坦克导弹采用有线制导方式时，曾经提出有线制导有诸多不便，不如选用无线制导。在实战使用时，导弹一面飞行，一面放线，拖着一条尾巴运动，十分不便，更要受到发射地、周围环境的限制。专家意见，受到我校领导的重视。为此，尚英副院长主持宴会，对专家表示感谢。

莫斯科航空学院的一位年轻教授，阿·阿·列别捷夫是由我校聘请的。专家抵达北京后，开始有些不太了解情况，专家本人希望能到北京航空学院讲学。后经有关部门协商，决定列别捷夫等几位专家作为北京工业学院和北京航空学院两校合聘。除专家讲课外，分别到两校指导工作，建设相应专业。

与列别捷夫同时讲课的苏联专家还有几位，其中有契尔诺布洛夫金和克拉巴诺夫。三位专家回国后，分别出版了两本著作，其内容就是在我国讲学时的材料。

一本是《无人驾驶飞行器飞行动力学》，作者为列别捷夫和契尔诺布洛夫金。另一本是列别捷夫和克拉巴诺夫合著的《无人驾驶飞行器的控制系统设计》。这两本书，均有中文译本，且均公开发行。

以上三位苏联专家，在我国讲学期间，为我们留下的教材亦即上述两本书的内容，构成了"飞行力学"专业的三个组成部分，即"飞行器的气动力分析与计算""飞行器的弹道（飞行轨迹）的分析设计""飞行器的控制系统"等。其实，气动力分析计算内容，大致上和美国航天局早先所公布的材料相符。

当时，我国航空专家马明德上校指导我们学习计算机地空导弹的有关知识和技术，并且指派教师肖锋中尉具体帮助我们进行地空导弹的气动力计算。

1958年，飞行力学专业在列别捷夫的指导下，从1955年入学的外专业转专业招收了5名本科生。从此，陆续招收本科生，直到1962年专业停办。也招收过研究生，祁载康教授就是飞行力学专业毕业的研究生。

飞行力学专业，一度被称为飞行力学与飞行模拟教研室。教研室曾经自行设计研制成功20阶电子模拟计算机。由于计算任务过重，迫于型号科研压力的驱动，促使我们走上一条自行研制电子计算机的道路。当计算机制成之后，受到学校魏院长以及英国、苏联来访专家的赞扬好评。这一台计算机是以本研究室刘炳尧老师为主的同志们亲手研制成功的，参加工作的人员还有房云礼、吴荣仙等同志。在研制过程中，也有北京大学数学力学系的师生参加。北京大学举办计算机培训班时，教研室派出刘正兴、陈为正、罗杏玉和钱杏芳等四人参加。陈为正教授就是从此步入计算机专业的我校开创者之一。

在苏联专家为我们讲授导弹专业有关课程的同时，周伦岐教授曾经为控制系统新转专业的小班讲授"火箭概论"。我本人听苏联专家讲课，同时也为这个小班讲授"飞行路线"。当时，我曾在北京王府井外文书店购得两本参考书，一是钱学森所著的《工程控制论》，俄文版的。此书，我一直收藏至今。俄文版是由英文版翻译的，1956年苏联莫斯科外文出版社所译，它是译自1954年英文版的。另一本为《雷达制导原理》，俄文作者为古德金。我根据书中有关内容为两个小班学生讲述"飞行路线"一课。令我难忘的是：导弹临近目标时的运行轨迹或称末端制导的弹道，在当时被我称为"狗追兔子"的弹道。这一描述，迄今仍被听过我讲课的学生记忆犹新。

根据专家讲授内容以及我们对飞行力学的教师人员工作安排，气动力部分，由林瑞雄、张林海二位接班，弹道学部分的任务则由袁子怀、张鸿端担任，导弹的控制系统部分则由钱杏芳、方再根负责。

飞行力学专业的兴建至停办，都是由国家培养人才的教学计划决定的，人员的工作调动也是由领导安排，我个人在这一"工程"中做了一些工作。对我个人而言，有满意之处，也有不足之地。

这个专业，也曾为科学研究工作尽心尽力。从"265"到"119"，从室内到靶场都留下了飞行力学专业同志们的辛勤劳动。对此，我会久久记忆不忘的。

（作者：杨述贤，北京理工大学图书馆离休干部）

激光专业诞生记

● 文·张国威

我校激光技术专业是由 1959 年上马的红外导引专业演变而来的。

红外导引专业的上马

1959 年，原 8 专业（"军用光学仪器专业"）改称 41 专业，并宣布成立 42、44、46 和 48 四个新专业。42 方向是红外技术，44 为传感器，46 为天文导航，48 为光电侦察。

为何要建这些新专业？专业方向由何而来？这与当时形势有关。抗美援朝战争后，美国不断策动蒋介石反攻大陆，骚扰我沿海边疆，侦察我内地军事情报，我人民军队英勇还击，先后击落一批蒋机，缴获不少美制装备。最轰动的有：空–空红外制导"响尾蛇"导弹和"U2"侦察机等。为此，军委和国防科委，多次组织人力，对这些装备残骸，进行分析、论证。1958 年年底，我校向茂楠、邓仁亮等，就在北航参与了对"响尾蛇"导弹残骸资料的分析，由于重要部件残骸，已被苏联专家带走，他们未能见到实物。两年后苏联仿制成"K–13 型空–空红外跟踪导弹"，不久我国将它国产化，成为我国第一代"PL–2 型空–空红外跟踪导弹"。此后，我参加了在南苑机场对"U2"侦察机残骸的分析，任务是：确认是否装备有天文导航仪并尽可能绘出其原理图。残骸数量很大，翻一遍就要好几天，在空军战士帮助下，翻了三四遍，确认 U2 机上确实装有天文导航光电自动六分仪，并绘出了其结构原理图。

这就是当时开设专业的历史背景。当时的认识就是，敌人有，我们也要有，必须迎头赶上。此外，当时海军送给我校一台苏制岸用"热力测向仪"（一种远红外装备），它是当年我校 4 号楼楼顶上一台标志性装备，也对专业建设起了参考作用。

42 专业上马时，青年教师有：1951 级周仁忠，1953 级林幼娜，1954 级何理和邓仁亮；46 专业，仅我一人；48 专业没配人。一年内，42 专业又增加了 1954 级肖裔山和刘振玉。

1959 年暑期，41 专业四年级（1956 级）的部分学生被转专业组成 42、46 专业的小班。从 1956 级始，被"红外技术基础和应用"课分成两门课，周仁忠为 42 小班讲"红外基础"部分，邓仁亮讲"红外应用"部分。我为 46 小班讲"天文导航原理"和"天文导航仪器"。当时课程仅有部分讲义，还没有编成教材。1960 年，从这两个小班中留下近 20 人，42 专业有徐荣甫、李家泽等，46 专业有穆恭谦等。

1961 年，觉得摊子过大，决定精简调整，将 42、46 合并成 43 专业，方向为红外导引。合并后教师人数超过 40 人，遂将大部分 1956 级学生重新分配，仅留下徐荣甫、穆恭谦、李家泽 3 人，还有 1955 级的李乃吉，从 5 系调来的张自襄、刘巽亮、武学殿（1956 级）等。

系里对 43 专业极为重视，合并后的教研组长，由系主任马士修教授兼任，我为副组长，主持日常工作。当年教研组的干部，由魏思文院长直接任命，发任命书，还出布告，很庄重。此后，系任命周仁忠为教研组秘书，邓仁亮为实验室主任，43 专业的方向和规模，从此就基本定型，长期保持在 20 人左右。

不久，我系 41 专业也分成两个专业，新建的光学系统设计与检验专业称为 42 专业，从此我系的专业布局基本铺开。

引领国防口"红外"专业的建设

我校是最早创建红外技术专业的高校，1959 年开始招生第一届学生，1960 年就为（41 专业）转专业的学生开始讲红外技术的课，他们于 1961 年毕业，是我国最早学过红外技术课程的毕业生。而当国防科委决定统编红外专业教材时，我校已编出"红外线技术基础"和"红外导引仪器"课的讲义。因此，这次统编工作，以我校为主，已成定局。协商后，确定"红外线技术基础"（代号为 51001）由周仁忠编写，署名周家谦；"红外导引仪器"（代号 51002）由邓仁亮主编，北航申功勋、哈工大曹雅君、我校刘振玉参加，署名申亮、曹玉。此后，我系李乃吉、武学殿又编写了"红外探测器"（代号 51003），也纳入统编教材出版。

由于我校建专业早，上专业课早，招专业正规生早，因此争取到了时间，走在了同行前列。从 1961 年起，就从我校走出我国最早的"光学导引"人才（从 1956 级转专业的），从 1963 年始，就培养出了我国第一批、按专业教学计划培养的"光学导引"毕业生（1958 级）。可以说，我国最早一批从事"光学导引"的技术骨干，大多出自我校。他们为我国早期战术导弹技术的发展做出了重要贡献。

"红外"改"激光"

1970 年，中央提出体制改革和专业调整，红外导引专业将不在兵工类院校设置，面临下马的危机。在此情势下，我们组织了调研组，到国内有关研究所、高校进行调研，为专业找出路。调研得知，兵器部已从科学院接收过来一个研究所——西南技术物理所（后称209所），打算将其研究方向由声学改为激光；兵器部另一光学所（205所）也打算上激光；其他国防院校和地方院校，也有此动向。特别是，国家已把激光列为今后的发展重点，上激光已成全国大趋势。

经多次讨论，教研室取得了共识：要想在国防口站住脚，有所作为，必须配合兵器部意图，果断转向，为"兵器激光"培养人才。大家当机立断，一方面打报告，一方面制定建设规划、教学计划。报告审批很快，1971年兵器部第1381号文，批准我校成立激光技术与器件专业，也同意我们对专业方向的设想："以激光器件研究为主，以激光技术的军事应用为主，近期以激光测距为主"，这就是起步时的"三个为主"。

"山重水复疑无路，柳暗花明又一村"，从此43教研室走上了建设激光专业的新征程。

先抓激光专业的教学建设

1972年，学校任命我为431教研室主任，同时开始招收1972级激光专业学生，制订教学计划（当时工宣队尚在校，学制改为三年）。任务紧迫，必须以教学为中心，抓紧专业建设，两年内编写出全部专业教材，完成专业教学实验8～10项，配好讲课教师和准备毕业设计。

专业教材的编写，从1971年专业一上马就启动了，两年后3门专业教材相继编写完成。"激光原理"理论性较强，魏光辉（教研室副主任）请421教研室范少卿担任主编，魏光辉参编，由范少卿主讲；"激光器件与技术"（后分为两门）由教研室另一副主任徐荣甫主编、主讲，我参加了调Q部分的编写；此后，邓仁亮和郝淑英合编了"激光和它的应用"。

1974年，教育部组织全国统编激光专业教材，会议在华中工学院召开。先交流各校的教学计划，然后讨论教材编写，当时能拿出教材的，就清华和我校两家。清华是周炳琨的"激光原理"，我校拿出了"激光原理""激光器件""激光技术"，天津大学是一本翻译的"激光技术"文集。因这次工作由教育部主持，落实编写时，主编任务交给了其部属院校，我们参与了编写。由于该教材不能满足我们的需要，此后兵器部又自行组织了激光专业教材的统编，除"激光原理教程"由长春光机学院院长沈柯主编外，其他教材全部由我校主编。

实验室的建设。主要是经费问题，经费来源除部分由学校专款拨给外，主要靠科研经费支持。张自襄长期担任实验室主任，他对专业的实验室建设，做出了重要的贡献。当时实验室下设五个分室：固体激光（穆恭谦）、气体激光（明万林）、激光晶体（李乃吉）、光电接收技术（何理、周仁忠）和激光光学（林幼娜、邓仁亮）。

实验室的建设，除服务于科研外，当时的首要任务是开出专业课教学实验，在项目确定后，分配各分室分担，限期完成。到 1972 级上专业课前，这些项目都已完成，张自襄编写出了实验课教材。以后，此教材公开出版，历经多次修改、再版，长期被国内各院校采用。

经几年紧张工作，专业教学所需的"三才（材）"基本到位，基本满足了教学的需要。

1972 年建专业当年，就招收了首届学生 20 人，次年又招了 20 人。自 1974 年起，与 44 专业分别隔年招，每届招 30 人。

开展激光科研，推进专业建设

专业建设的另一条战线，是科研。没有科研，就不好把握专业方向，就没有充裕的建设经费。1971 年，我们承接了一项横向应用课题，为北京军区炮兵研制一台炮兵激光测距仪，主要指标：测程 1 万米，测距精度 ±10 米。

激光测距仪，包括激光发射与激光接收两部分，课题由周仁忠担任总体。参加激光器、接收线路和光学系统研制的有何理、邓仁亮、穆恭谦、张自襄、林幼娜和刘宏发等。一年多时间（1972 年 9 月），第一台激光测距仪样机出炉，多次在 6 号楼的楼顶进行野外实测实验，目标有北京大学水塔、玉泉山白塔和京西宾馆高楼等。结果，测程和测距精度都达到委托方的要求（测程 1 万米，精度 ±10 米）。到 1975 年，3 型激光测距仪问世，测距精度提高到 ±5 米，这是我国自行研制的、最早的炮兵激光测距仪之一。

专业建设过程中，专业方向和内容不断明确，兵器部文件指出："在应用上，以军用应用为主，包括测距、瞄准、制导、定位等；学科上，以激光器及其应用技术为主，也能从事激光接收的研究；器件类型，以中小功率固体和气体激光器为主。"这样，虽然改"红外"为"激光"，但仍继承了"光学导引"的方向，且扩大了军事应用范围。

1973 年，这一年非常关键。当年正制定"全国激光科学技术发展重点规划纲要（1973—1980 年）"和"常规兵器科研发展规划"，其中进一步明确："北工研究重点：研究优质 YAG 激光晶体，激光电光调 Q 技术，远程激光测距仪和激光半主动制导"。方向更明确，重点更突出。这时，我们激光晶体组，已初步研制出 YAG±激光晶体；激光器研究开始转向高重复频率激光器，为应对"高速飞行目标"做准备。

1974 年，国防科委"576 会议"又明确："北工负责'激光反坦克导弹制导''激光半主动制导''防中空导弹激光制导''远程地炮激光测距仪''激光器研制及激光测试技术''YAG 激光晶体'的研究"。而兵器部的激光所（209 所）承担"激光对抗与侦察、干扰、识别""激光致盲""低空战术激光炮""炮弹末制导""激光炸弹"

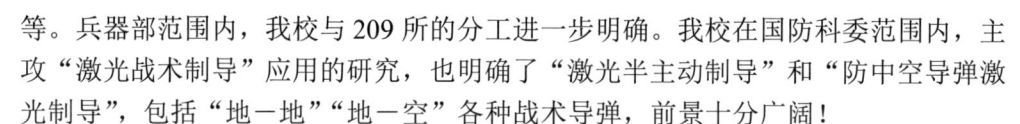

等。兵器部范围内，我校与209所的分工进一步明确。我校在国防科委范围内，主攻"激光战术制导"应用的研究，也明确了"激光半主动制导"和"防中空导弹激光制导"，包括"地—地""地—空"各种战术导弹，前景十分广阔！

在这大好形势下，1975年2月，科研处范琼英与我代表我校参加了国防科委在友谊宾馆科学会堂召开的科研任务布置会议。会上我校承担了第一项激光制导课题——对空激光制导的研究。项目领回后，学校决定由一系、二系、四系、五系共同承担此项任务，简称"1245课题"，并决定组成课题5人领导小组，以领导协调此项目。课题归科研处直接领导（不归各系）。四系张国威任小组召集人，成员各系一人，一系文仲辉，二系李钟武，四系周仁忠，五系金振玉。我校承担主攻"激光制导"重任的项目上马。"对空"意味着"对高速飞行"的空中目标是非常明确的，也就是"地—空"激光制导。此任务的关键是"激光半主动导引技术"，它与"响尾蛇"导弹的红外被动导引，在技术上有一定关联，在系统组成上，只多了一个激光照射器而已，或称高重频激光指示器。而光学导引头的结构，与红外导引头相仿，只是导引原理不同，接收线路不同和信号处理不同而已。

论证后决定，大局分两步走，四系先开局，先开展导引头模拟研究，然后全面铺开（各系可做一些预备）；小局（431教研室）也分两步，先上导引头，再上激光器。为此，由周仁忠、何理、刘振玉、刘巽亮、卢春生等组成的攻关组，先改造"PL-2型空—空导弹"的导引头，按半主动导引原理，设计研制信号接收和讯息处理电路。在周仁忠带领下，经一段时间攻关，初步实现了对室内激光照射点（目标）的模拟跟踪，实验取得了初步成果。为此，开始部署激光器的研制，由马达调Q低重频，转向电光调Q的高重频，前景一片光明！

1978年，改革开放号角吹响。这年暑假，系主任李振沂通知我，国家要选派100人分赴美国、德国留学，要我交代工作，准备外语考试，如果选拔上了，年底前就动身。我顺利地通过了外语考试，并赴德国做访问学者两年，"1245项目"就再没有参与。

（作者：张国威，北京理工大学光电学院退休教师）

弹药工程专业五十六年的辉煌

● 文·马晓青

1. 历史的回顾

1952年3月,中央政府重工业部决定北京工业学院逐步发展为国防工业学院。在原来东北兵专的基础上,在苏联专家的帮助下,在我国首先建立了炮弹设计与制造专业。

1952年11月,第二机械工业部将原来东北兵专的教师和二年级学生及有关图书资料等调整到北京工业学院。1954年10月,第二批来校苏联专家中包括一名炮弹设计与制造专家B·A·瓦西里柯夫。在苏联专家的指导下,我们编写了教学计划、大纲、教材,建立了专业教研组。

1961年,根据国防科委指示,在原有基础上组建战斗部设计与制造专业。

20世纪80年代初期,根据教育部、五机部按学科办专业的指示,专业改为弹药工程。

90年代,为实现"211工程"的宏伟建设目标,把学校建成国内一流,并具有国际影响的大学,必须增强专业基础,加强理论环节。为此,改为弹药工程与爆炸技术专业。

本学科1978年获得硕士学位授予权,1990年获得博士学位授予权,设有博士后流动站,2001年被评为国家重点学科。

2. 教师队伍的发展

弹药工程专业1954年筹建,教师队伍临时组建,参差不齐。到1959年组成16人的队伍,仅有一位教授,两位讲师,其余皆是助教。目前,28人组成的教师队伍中有7位教授,其中6位博士生导师,6位副教授,13位讲师和两位助教。

3. 研究生培养

五六十年代培养硕士生,主要是为了充实师资队伍。培养方式是随高年级同学跟班听课,由教研组和指导教师共同培养。1954—1961年,仅培养几名硕士生。目前已有一批高水平的师资队伍,2000—2010年,共培养硕士研究生187名,培养博士研究生57名。

4. 科学研究工作

专业创建初期，科研项目甚微，均由上级领导部门计划下达。研究内容均为常规性、基础性课题。目前，已走向自主创新道路，科研具有很高的高新技术含量及智能弹药。2000—2010 年，本学科点荣获国家级奖励 3 项、部级奖励 18 项。

5. 编著出版教材

专业创建早年，教材大都生搬硬套苏联高等军事院校教材。1954—1961 年，仅有九本油印专业教材。随着我国科学技术发展，教材不断更新，已走上自主创新道路，2000—2010 年共编著、出版教材 6 本。

6. 与国外学术交流

80 年代以来，本学科点与美国、英国、德国、俄罗斯、日本等众多国家开展了日益广泛的学术交流活动。除了参加在国内外举办的国际会议外，还邀请讲学，与国外大学开展合作研究，为多个发展中国家办短训班，培养兵工专门人才。此外，为多个发展中国家培养研究生。专业本身也向多个国家派出访问学者。

7. 主持国内大型学术会议

中国宇航学会、无人飞行器学会、战斗部与毁伤效率专业委员会挂靠本学科点，每隔一年举行一次全国性会议。以 2009 年 10 月在湖北宜昌举行的会议为例，共有学术论文 142 篇，涉及目标、武器平台、引信火工品、炸药及特殊毁伤功能的装填物、装药和威力效应评定技术等。会议由本学科点学术带头人冯顺山教授主持，所有学术论文在本学科点最后审查定稿。

弹药工程专业学科点走过来的 56 年，是从无到有，白手起家，高速发展的 56 年，是辉煌的 56 年。目前，本学科点具有硕士、博士学位授予权，是国家重点学科。今天正沿着自主创新的道路，沿着"211 工程"方向，继往开来，再创辉煌。

（作者：马晓青，北京理工大学机电学院退休教师）

计算机伴随我成长

——纪念我校计算机专业成立 50 周年

● 文·龚元明

我校计算机专业成立于 1958 年 11 月，是全国高校中最早成立的计算机专业之一。当时，开设了"脉冲技术""电子管线路""电子数字计算机原理""程序设计"等课程。1960 年 2 月，计算机专业成为自动控制系下的一个专业，代号为 22，计算机教研室为 221 教研室。

1960 年，我高中毕业后，从上海来北京工业学院自动控制系上学，被分配到计算机专业学习。当时，我对计算机知之甚少，只知道它像算盘一样，是一个计算工具。当时，计算机还是电子管计算机。许多基础课程是由无线电系的老师来上课，机械类和电子类的基础课程比较多（"工程制图""工程力学""机械设计和零件""电机学""电子学""无线电基础"等）。这些课程虽然对计算机学科本身来讲用处不大，但拓宽了学生的知识面，培养了学生的思维方法和良好习惯。现在回想起来，我仍感到受益匪浅。第一门专业课是陈为正老师主讲的"电子数字计算机原理"，所用教材的作者是"姚林"（二进制数 1、0 的谐音）。它以苏联的电子管计算机作为讲解的蓝本。当然，所讲内容现在多已过时，但二进制的概念和计算机五大组成部分的结构至今仍然沿用。

当时，正值我国 60 年代的困难时期。大学的前几年生活很清苦，往往吃不饱饭，还要经常参加劳动。不少同学浮肿，脸上一按一个坑，但大家学习都很刻苦，每天晚上 7 时到 9 时半在 6 号教学楼上自习，很少有人不去。1963 年，我因病休学一年，1964 年复学后到山东参加"四清"，回校后继续上课，在北京有线电厂参加毕业实习。在有线电厂的磁芯板车间，我第一次见到许多青年工人在穿磁芯板。要在上万个内径约 0.6 毫米的磁芯中穿三根漆包线并非易事，不少青年工人工作两三年后因眼睛近视而不得不调换工种。这件事情对我触动很大，这些青年工人为我国的计算机事业的发展做出了极大的贡献。计算机事业的发展就需要有这种奉献精神。

实习结束后，开始了毕业设计。我的指导教师是彭一苇老师，从事我国第一台晶体管计算机 441–B 的研制工作。由于我们对晶体管知识一无所知，就从 P–N 结补起，了解 441–B 的核心推拉触发器的功能。尽管当时计算机还是采用穿孔纸带输入程序，采用磁芯体保存数据，用小乒乓开关输入二进制数据，但近半年的毕业设计还是学到很多知识。1968年9月，441-B计算机通过验收。1966年"文化大革命"爆发后，学校教学工作几乎全部停止，一直到1968年工宣队进校才分配工作。当时，自动控制系决定25专业的刘玉树和我两个人留校工作。

1968年9月毕业后，和留校及外校分配到我校工作的1966届毕业生六十多人去河北省白洋淀解放军农场劳动。当时，为了让大家安心劳动，连户口全都从北京迁移到河北。除农忙外，基本上半天政治学习，半天参加体力劳动，直到1971年春天才返回学校。

然后，又被分配到五系电子厂接受工人阶级再教育，主要进行集成电路的研制工作。当时，工作条件很差，天天和浓硫酸和浓盐酸打交道，身上的白大褂布满了小洞。大部分设备都是自制的土设备，一直到1973年研制成功第一批集成电路。虽然，当时工艺水平较低，研制的集成电路只是6个门的小规模集成电路，但培养了一批半导体人才，为我校五系半导体专业的建立奠定了基础。

由于计算机专业的基础课程与五系的基础课程类似，再加上五系电子厂的存在，70年代初学校领导决定把计算机专业由二系调整到五系，更名为52专业。

1972年5月，我结束了电子厂的劳动，返回计算机教研室（521教研室）。然后，与李书涛老师一起住在东郊738厂（北京有线电厂），参加320晶体管计算机的调试工作（该计算机控制了我国第一颗人造卫星的发射），并准备"计算机元件"课程的讲义编写。

一年多后，回到学校，从1973年9月起，参加多功能台式计算机的研制工作。由于国内缺少有关资料，陈为正、周培德、陆容安等老师和我一起去中科院计算所学习、消化美国"W-520"台式的图纸。在此基础上，1974年2月，在北京综合仪器厂（261厂），由我校、738厂和北京崇文电子仪器厂三家单位，以厂校合作的形式开始设计和试制多功能台式计算机。我主要参加输入和输出部分的设计和调试。1975年年初，完成第一台样机的生产，处于国内领先水平。这是我国第一次采用双列直插式集成电路（由878厂提供），可编写BASIC程序、可用小打印机打印输出结果的台式机。然后，由北京崇文电子仪器厂（后改名为北京计算机软件中心）负责批量生产（总共生产了几十台）。

1975年6月—1977年10月，两年多时间，我一直住在崇文电子仪器厂参加多功能台式机的改进、定型和投产工作（后取名为DP-301机）。同时，结合当时的开门办学，辅导1972—1974级学生的毕业设计。

1977年回校后，我参加教研室的部分教学和科研工作。1978年改革开放之后，我校派出了第一批访问学者去国外留学。1979年年初，我通过学校组织的综合选拔考试（当时考英语、数学和物理三门基础课）后，断断续续脱产学习英语近一年，并于1980年7月通过国家选拔考试。

1980年，以52专业为基础，加上二系原指挥仪专业和数学系的部分教师，组建了计算机科学与工程系,代号为九系。曹立凡教授任系主任,张绍诚教授任副主任。当时,设置计算机软件和计算机应用两个专业方向,并于1984年1月获得计算机应用专业硕士学位授予权。1993年12月获得计算机应用专业博士学位授予权。

1982—1984年,我以访问学者的身份,受教育部委派去英国学习两年,主要进行软件工程的研修,在VAX小型机上编程从事PSL/PSA系统从大型机向小型机的移植。在国外,第一次见到了网络和BBC微型计算机(当时用5英寸软磁盘保存数据),并深深体会到工作的方便。

80年代的微型机(64 KB内存)

80年代中期,随着改革开放的深入,国外微型计算机(以苹果机和IBM PC机为主)进入国内市场并很快得到普及。1984年,联想集团的前身——新技术发展公司成立,中国出现第一次微机热。1986年,我国8位微机中华学习机投入生产。1987年,第一台国产的286微机——长城286正式推出。微型计算机的大普及,降低了使用计算机的成本,推动了计算机的应用,尤其是网络的应用。

1984年8月回国后,我在系里从事计算机应用的科研和教学工作。开始讲解"离散数学""微型计算机原理"等课程,并编写讲义在系里首次讲授"软件工程"本科生课程。在科研上,与北京计算机五厂合作,把PSL/PSA软件系统移植到IBM PC微型计算机上,并命名为Micro PSL/PSA,用于帮助软件的开发,共销售20多套。后来该项目被评为北京地区优秀软件奖。

1985年,计算机系把两个教研室(901和902)扩大到四个教研室(901～904),我去了904教研室并开始把研究方向转向人工智能方面。在系里首次开设了"专家系统"和"模式识别"两门研究生课程,并参与图像处理的研究。记得当时为图像处理实验室购置微机IBMXT(含一块图像处理板)共花了8万多元,计算机采用MS DOS操作系统,硬盘只有20MB,也用5英寸软磁盘保存资料。当时的微型机的配置是很低的,而现在计算机都用U盘保存数据,容量可达几十个GB。

3英寸软盘和U盘

1990年5月—1994年5月，我担任计算机系副主任，主管教学工作。我认为这届系的领导班子做了两件重要的工作：一是申报成功计算机应用博士点；二是争取把计算机系由四号楼的东端搬迁到新的中心教学楼，为计算机学科的发展创造了新的机遇。

90年代后，随着微型计算机和网络的普及和发展，我校计算机的科研方向逐渐转向了计算机硬件和软件的应用方面。1997年，学校为了整合我校计算机学科的力量，将人工智能所和计算中心合并到计算机系。1998年，学校建成校园网，2002年，学校把计算机系、电子工程系、自动控制系和光电工程系合并成立信息技术学院，简称一院，计算机系为一院一系。

1994—2003年，我一直在904教研室从事人工智能和软件工程方面的教学和科研工作，取得了一定成果，一直到退休。

2005年5月，计算机系从信息技术学院独立出来，成立计算机科学技术学院。与软件学院按照"两个学院、一个机构、两种体制"的模式进行建设。2006年，教育部对软件学院的建设进行验收，重申软件学院必须独立组建。为此，计算机科学技术学院和计算机软件学院成为我校的两个独立学院。

目前，计算机科学技术学院按照研究方向，设立计算机软件研究所、计算机体系结构研究所、嵌入式计算研究所、计算技术研究所、网络与分布式计算研究所、智能信息处理研究室、计算机基础教研室和计算中心等。同时，还设立计算机系以负责学院的教学工作和全校的计算机基础教学工作。计算机软件学院设有软件工程系、数字媒体技术系、信息安全系和软件测试中心等单位。

计算机科学技术学院设有计算科学与技术博士后流动站、计算机应用技术与计算机软件与理论两个博士学位授予点；设有计算机应用技术、计算机软件与理论、计算机系统结构三个硕士学位授予点和计算机技术领域、软件工程领域两个工程硕士学科点。50 年来，从我校计算机专业毕业的博士研究生 100 多名、硕士研究生 1 000 多名、本科生 4 000 多名。

总之，50 年来最深的体会是自己个人的成长与我国、我校的计算机事业的发展是完全同步的——计算机伴随我成长。另一个体会是，计算机是高科技的学科，发展很快，要跟上学科的发展，必须学习、学习、再学习，必须活到老，学到老。

（作者：龚元明，北京理工大学计算机学院退休教师）

参加北理工建设，不断成长

● 文·陈晋南

在建校 77 周年之际，汇报 43 年来我在各项工作中取得的成果。感谢北理工给我提供了实现人生价值的舞台，感谢在我成长过程给我支持和帮助的每一个人。

坚持学习业务知识，不断提高

1974 年 7 月，我从北京化工学院机械系毕业，被分配到北京工业学院化工系化工机械教研室。进校后，我了解到学校的前身是在延安杜甫川诞生的自然科学院，有着优良的革命传统。化工机械教研室是新建的单位，1974 年秋，教研室迎来了第一届学生。教研室的老教师教我如何备课、讲课和出考题。我参与了教师梁嘉玉和梁树端编写化工机械内部讲义的工作，并承担了专业基础课教学。我常常带学生下厂实习。那段时间，我学习了火炸药的基础知识。1976 年，我加入中国共产党。

粉碎"四人帮"后，我们那代工农兵大学生参加了学校组织的回炉学习。我到清华大学机械系学习了流体力学课程。那时北京没有三环路，也没有直接公交去清华大学，不管刮风下雨我每天早上 6 点出发，骑自行车 1.5 小时去清华听课，有一次摔倒在地上，好长时间爬不起来。我从没有缺过一次课，期末考试，取得了 93 分的好成绩。我还坚持旁听了我校 1977 级力学和数学师资班的基础和专业课程，遇到问题就去请教老师和学生。当时的任课教授褚亦清、梅凤翔都以为我是力学班的学生。1977 级师资班不少毕业生成了北理工中层干部和教学科研骨干。

38 岁赴美国自费攻读硕士和博士学位

恢复研究生国家考试后，1980 年和 1981 年我先后两次考研。虽然第 2 次我成绩第一，但因为不是 1977 级毕业生和大龄问题而名落孙山。于是，我边工作边旁听，最终以优异成绩完成研究生课程学习。按照当时政策，这种情况无法申请学位。1985 年，学校改革，化工机械教研室解散了。学校调我到主楼当管理干部，我拒绝了，决定自费到美国学习。我认为，我们这代人担负着"为中国的高等教育承上启下、做点什么"的使命。当时工农兵大学生学制 3.5 年,我没有学士学位。纽约市立大学录取我为有附加条件的研究生,要求我补本科课程。因为我不是讲师,不能自费公派留学。1986 年 5 月,38 岁的我义无反顾地辞去公职,带着中国银行换给我的 30 美金,自费赴美学习。我在餐馆、鱼店、衣厂和旅馆打工挣学费和生活费,过了一段非常艰苦的"洋插队"生活。延安艰苦奋斗、自强不息的革命精神不断激励我克服语言和基础差等学习上的困难。由于语言问题,我上课听不懂,每天"打工"十几小时后,坚持自学看书到深夜,有时困得不行,就用针扎自己的手。到美国头两年我每天仅睡 3~4 小时。"要为中国高等教育事业提高自己,学成回国当个好老师"的信念支撑着我,我要把"文化大革命"损失的时间补回来。

两年后,我以优异的成绩获得硕士学位,得到讲师奖学金,40 岁又开始攻读博士学位。20 世纪 80 年代,国内还没有台式计算机。我自学计算机软件,给大一学生讲计算机制图,给大三的学生讲计算机有限单元课程。我博士研究课题是无重力场中传递问题,自己编程序解问题。除了努力学习业务知识和完成科研任务外,我与任课教授讨论中美高等教育不同点,比较研究中美两国的高等教育,收集各门课程的教科书、讲义和考题,为回国服务中国的高等教育做准备。1993 年年底,我通过博士论文 2 小时的答辩。答辩会上,时任系主任、后任研究生院院长的 Lowen 教授赞扬我是优秀的中国妇女。1994 年,我同时获物理硕士学位和工学博士学位。1994—1995 年,我先后在纽约市立大学物理—化学流体动力学研究所和约翰·霍普金斯大学化工系做博士后研究工作。虽然我已经辞掉公职,每年我都给外办和系里写信汇报自己学习情况,与学校保持密切联系。1995 年年中,王越校长、院士访问美国,我开车来回 6 小时从巴尔的摩到费城见王校长。王校长询问和肯定我的学习情况,邀请我回北理工工作,我毫不犹豫答应了。1995 年年底,我毅然辞去约翰·霍普金斯大学研究员的工作,离开正在美国上大二的女儿傅悦回国教书。当时不少同学劝我不要回国,说我当初打工太辛苦,现在该赚钱不应离开。约翰·霍普金斯大学 Stebe 教授劝我不要离开。她说:"你女儿刚上大学需要钱,我没有解聘你。"在洛杉矶上大学的女儿傅悦电话里哭着对我说:"妈妈不要我了。"我对女儿说:"一个人工作和事业是第一位的,你要学习美国人靠自己努力完成学业。"傅悦勤工俭学以优异成绩获学士学位后,贷款 16 万美元在约翰·霍普金斯大学医学院攻读了医学博士学位,现在是眼科主治医生。

坚持在教学和科研第一线,努力教学改革

在我回国前,王沙丽老师帮我办好了入职手续。1995 年 12 月底我回国,1996 年元旦后上班。我迫切希望在工作岗位上发挥自己的作用,把自己在美国的所学所得应用在工作中,为中国高等教育和学校的发展贡献自己的力量。当时,从美国留

学回国的人少,学校根本没有从美国留学回国的人。我听到一些风言风语,有人说我是在美国混不下去才回国了,有人说我没有水平。我听到这些话很不是滋味。我拜访时任北京理工大学副校长、留英博士冯长根,他介绍自己回国后的工作经验和体会,介绍我加入欧美同学会。

获博士学位与女儿傅悦合影

我正确对待留学回国的褒贬,尽快适应环境,结合国情保持特色、发挥作用,用平衡的心态去对待不公平。当被人夸奖时,我多想想自己的不足;当被别人贬低时,多想想自己的优点,从贬低的话中找出自己的不足,加强沟通。我下定决心用自己的实际行动、工作成绩,转变他人的看法。1996年7月,我被评为教授,学校教授职称评定委员们和我院同仁给了我很大支持和肯定。

改革创新坚持教育改革。1997年,由于领导和教师们的信任,我担任化工与材料学院教学副院长,负责本科和研究生的教学工作。我参加了学校党校中层干部第一期培训学习。我努力学习党的政策路线和管理的知识,着眼新的实际,把国外先进教育理念和方法与学院的教育改革相结合,积极推进我院教育教学改革。以美国化工系的课程为参考,1998年在教育部教学计划改革前,在教务处处长李和章、研究生院院长冯淑华和学院职工的支持下,改革我院本科和研究生课程设置,增加化工应用数学、数值计算等理论基础课程。1998年,化工与材料学院获学校"研究生课程建设与改革"优秀集体、"青年教师教学基本功比赛"优秀组织奖和第十届优秀教学成果集体奖。1999年我被评为海淀区紫竹院地区"巾帼十佳"。2000年,我组织学院与西安204所、运城南风集团、太原245厂和廊坊的武警学院合作,开设工程硕士班。我利用寒暑假、"五一"和"十一"等节假日给工程硕士班学员上课。李燕月书记、黄聪明院长,副院长张公正、康惠宝和全体员工给我极大的支持和帮助。

开创北理工现代远程教育，拓宽国际合作办学项目

1999年年底，北理工中层干部换届。时任北理工党委副书记、后任教育部副部长的杜玉波找我谈话，希望我担任成人教育学院院长，利用多年留学海外的优势，使学校继续教育"上水平、国际化"。我答应客串院长，岗位还在教学岗位。上任后，我学习国家成人学历教育的政策，面向全体员工深入细致调查，尽快熟悉工作，制订《教学管理文件汇编》。

我做的第一件大事是发展现代远程教育。2000年4月初，教育部提出发展远程教育是中国高教发展的一个重要举措。我院向学校递交"北理工必须要发展远程教育"的报告。4月18日，校长办公会决定我校申请远程教育的试点学校。4月30日，匡镜明校长带着我到教育部递交申请报告；5月以成人教育学院为基础，成立现代远程教育学院，副校长孙逢春教授兼任现代远程教育学院院长。在申办试点学校同时，我亲自考察建设了9个校外学习中心。6月12日，通过专家组的评估。2000年7月14日，我校与人民大学等15所院校被教育部批准成为现代远程教育的试点高校之一。2000年11月，由工会主席董兆钧和我带队，高职学院副院长陈桂秀，研究生培养处处长顾良，教务处副处长韩烽，教学院长吴祈中、王文清和丁建中一行考察了美国加州大学尔湾大学、乔治·梅森大学、乔治·华盛顿大学、纽约市立大学、哥伦比亚大学、犹他州立大学、华盛顿大学（西雅图），学习考察美国名校高等教育教学管理、改革和远程教育情况。

2001年，按照国际做法成人教育学院更名为继续教育学院。我认为学习借鉴胜过"摸着石头过河"，做事之前必须顶层设计，出台管理文件。我组织全体员工和校外学习中心负责人学习、研讨，制定《现代远程教育文件汇编》。2003年，学院完善管理体制改革，实行全员岗位聘任制度。2004年，组织学院全体教职工学习ISO9000质量管理体系，培训学院内部的内审员。全员参与编制学院质量管理体系的所有管理文件、部门之间衔接文件和实施文件，提高了全院管理水平和质量。

在校党政领导下，现代远程教育学院"以教学质量为核心，以教学稳定为基础，以教学改革为动力，以资源建设为保障"，采用滚动发展方法，投入大量资金，创建基于J2EE架构的远程教育管理系统，开设6个专业，逐步建设丰富的网络教育资源。2005年，两门课程荣获北京市精品课程奖。在全国各地考察建设24个学习中心招生，使学校的现代远程教育逐步进入稳步发展时期，受到各界和上级主管部门的好评。

2002年，我校通过了北京市教委评估，成为获得优秀综合评价的两所学校之一。2003年，学院被评为校"三育人"先进集体，我被评为校"三育人"先进和优秀共产党员。2004年3月14日，《人民日报》以"北京理工大学继续教育学院——通向

未来的桥梁"为题，专题报道了我校继续教育学院的办学理念与改革实践。学院曾被北京电视台和光明日报等多家新闻媒体宣传报道。

第二件大事是发展国际合作办学项目。2002年12月，经过两年艰苦的谈判，教育部批准北理工三个高等教育国际合作办学项目，分别是加拿大北阿尔伯塔理工大学专升本、美国犹他州立大学本科和德国德累斯顿工业大学硕士研究生。由于学校没有教学资源，按照侯光明副校长指示，学院先后到廊坊大学城、北大资源学院（海淀北坞村）租房子办这三个国际项目，起步阶段非常艰难。我常去廊坊大学城解决办学中的问题，半夜才能回到家。为了与国外联系，我常加班睡在办公室。通过国际合作办学项目，学院办学规模、管理水平得以飞跃发展，取得显著效益。各院系任课教师得到国外教师的指导，使用英文原版书讲授课程，提高了英语授课能力，很多毕业生得到了国外读研究生的机会。

我干的最后一件大事是建立研究生学位授予点。我带领学院建设现代教育实验室，2005年学院的虚拟演播、专线视频、多媒体网络等4个实验室被学校验收正式挂牌，为申请"教育技术学"硕士点打下了必要基础。同年，学院成功申办了"教育技术学"硕士学位授予权，为继续教育学院的长期发展奠定了良好基础。我主持出台政策，出资鼓励教职工在职攻读本科、研究生学位。副院长李小平获博士学位，党支部书记弭晓英获硕士学位，后来不少老师获硕士学位，成为硕士导师。2012年，学院开始招收教育技术学博士生。

硕士研究生班开学典礼

我任继续教育学院院长期间先后与李传光、苏青、刘世奇搭班子，通过学院全体员工的共同努力，继续教育学院从仅有成人学历教育发展到拥有现代远程教育、国际合作办学和研究生教育。2005年年底，审计室审核我任职期间学院财务，充分肯定学院的工作。2000年前，学院仅有成人学历计划生、600多万元毛收入，截至2005年12月21日已达到3 218万元毛收入，留给下任院长2 000万元。6年里学院发生质变，取得各方面的显著效益，实现了当初校领导的"上水平、国际化"要求。在学院建设发展中，我学习管理，提高了领导能力和水平。我感谢全院职工对我工作的支持。2016年5月中层干部换届，梅文博担任继续教育学院院长。我申请把人事关系调回化工与环境学院，回到教学和科研第一线。

（**作者：**陈晋南，北京理工大学化工与环境学院退休教师）

参加我校三个专业建设的回忆

● 文 · 胡永生

我回忆的是 20 世纪五六十年代的事。

1951 年，我从上海交通大学机械系毕业后被国家统一分配到华北大学工学院（现北京理工大学）工作，具体的工作单位是机器专业组，名字虽不同，实际就是机械系。机械系设置的课程分两大方面：机械设计与机械制造。我负责设计方面课程的教学工作，这与我的专业对口，工作得心应手。工作一年后，学校派我到哈尔滨工业大学进修焊接工艺，不久又改为到该校研究生班学习金属切削刀具专业。金属切削是机械系学生学习的技术基础课，我校 1954 年也设置了金属切削教研组。1955 年，我在研究生班学习结业后，回到学校，并没有到切削教研组工作，而是被安排参加新专业的建设。

此时学校已改名为北京工业学院，学校的专业设置大变样，已成为一所培养常规兵器人才的学校。原来的机械系没有了，重新创建了武器、弹药、坦克三个机械系。我被分配到第二机械系（弹药系）第二教研组（引信教研组）参加第四专业（引信设计与制造专业）的建设工作，主要担任 222（引信制造工业学）课程的教学工作。现在可能大家都已不清楚，当时学校的保密工作非常严格，教研组、专业名称、课程名称都用代号，从事不同专业的教师互相不过问专业情况。那时候，中关村校区的教学大楼还在建设中，我们上班的地点是现在附属小学所在的灰楼内。书籍资料都只能放在办公室内，不准带回宿舍，早中晚都要到办公室工作。那时候到灰楼去只有一条土路，一下雨泥泞不堪，寸步难行。但我最不习惯的是，要找需要的专业资料必须到灰楼四层的保密科借。当时工厂生产的制式引信产品的工艺资料（产品图、零件图、工艺规程）还要当天借当天还。

第四专业的全称是引信设计与制造专业，在此之前我国大学从未开设过该专业，引信对我来说是完全陌生的，更别谈如何设计和制造了。经过努力探索学习，一年后我成为教研组负责人之一，由此更深刻体会到建设新专业的困难。

建设一个新专业，首先必须开设相应的专业课程。对于引信专业来说，主要是这三门课——"引信设计""引信制造""引信的构造作用"。我负责开设"引信制造"。另外专业建设还需要建设实验室、陈列室，开设各门课程的实验，完成其他教学环节，如课程设计、毕业设计、生产实习、毕业实习等。而此时本专业已招收四届学生（五年制），专业建设在不断摸索中推进。此时已来了本专业的苏联专家，专业的建设就是在他的指导下进行的。我在哈工大学习俄语，因此成为专家的专业翻译（另有生活翻译），专家给教师讲课、给学生做报告、工厂调研、指导实习，一般我都要参加。

苏联专家讲课

我在专业建设中最主要的工作是开设"引信制造"，专家给了我一份他在苏联所在的院校的课程大纲。我虽然学的是机械制造，但只限于切削加工为主的制造工艺。而引信的制造不限于切削加工，还涉及压力加工、塑料加工、压铸技术、弹簧制造、钟表工艺、装配的流水线、火药压制、……。这就逼着我去学习这些没有接触过的工艺。经过努力我终于开了课，并在 1957 年由学校印刷厂出版了《引信制造工艺学》。后来经过改编，1961 年以胡煌之名义由北京科学教育出版社出版了《武器弹药制造工艺学（引信制造部分）》。

出版教材

到了 60 年代初，引信专业已有三届毕业生。

天安门合影

经过了大搞科研工作的"大跃进"期，教研组发展成两个（机械引信与无线电引信）。此时学校进行了大的调整，将常规兵器、武器弹药类几个专业调整到太原机械学院，本校主要从事火箭、导弹类专业，因此引信专业的教师就一分为二，一半去了太原，一半留在本校从事新技术引信的教学，我本人则调到校内新成立的 141 教研室。

此时学校设置的火箭系统专业有引信、战斗部、弹体设计、发动机、控制系统、发射架等。除发动机和控制系统外，其余专业的工艺教师都集中到 141 教研室。但这一教研室主要任务是筹建火箭弹体工艺专业。另外校内还新建了一个火箭发动机工艺专业，这是为火箭与导弹培养工艺人才配套的专业。

141 教研室成立后，面临的主要任务是为各火箭系统专业开设专业工艺课，为解决燃眉之急我和李磐老师合编了一本《火箭系统工艺学》。这本教材于 1963 年 1 月在本校出版。教材内容是参考武器弹药的制造内容写成的。

筹建火箭弹体制造工艺专业，我是主要负责人之一。当时真是困难重重，首先这些产品我都没见过，只知道有地–地、地–空、空–空几种类型，结构、形状、大小都不清楚，校内也没有一个专家可以咨询，所以只能外出做一些调查。这些工厂对研制的新产品保密甚严，当时还只是在试制阶段，根本没有生产线，可以说调查一无所获。教研室一些教师只是粗浅地了解弹体制造所涉及的工艺情况，大家认为产品对象不具有典型性、通用性，由于保密制度严，学生学习有困难。

此时，学校隶属于国防科学技术委员会，他们认为，在国防产品的生产中，制造工艺的难点在于精密加工工艺，急需这方面的人才，因此筹建一年的弹体工艺专业暂停，另建精密工艺专业为国防工业培养工艺人才。

1962年，学校成立了七系（航空自动控制系），有三个教研室——711教研室，负责建设陀螺仪表专业；721教研室建设液压气动传动装置专业；731教研室建设制造工艺专业，简称为73专业，本人为教研室主任。

在学校主楼前合影

当时73专业的主攻方向为精密加工工艺。在火箭系统中，最精密的仪器是陀螺仪表（71专业），最精密的机械是舵机部分，也就是液压或气动的传动装置（72专业）。因此73专业的研究方向被定为陀螺仪和舵机两种典型产品的精密加工工艺。当时专业的全称是精密仪器与精密机械制造工艺。

731教研室成立之初，与141教研室相似，室内各位教师都要为相关的专业（如陀螺仪、光学仪器、雷达等）开工艺课，急需一本仪器类专业的工艺教材，因此由我、严圣武、韩锡勋、王信义四人合编了《精密仪器制造工艺学（设计专业用）》，1964年由本校出版。

1963年，当时由国防科委领导的六所院校在哈尔滨工业大学召开工艺专业教材工作会议。会议决定了工艺专业的统一名称为"精密仪器工艺"，确定了工艺专业的主要专业课是"精密仪器制造工艺学"，其教材由北京工业学院的胡永生、西北工业大学黄中男、北京航空学院的唐梓荣三人编写，胡永生为主编，哈工大侯镇冰教授为主审，该教材于1965年交稿后，不幸在"文化大革命"期间丢失。

73611班为本专业建立后的第一个班，为五年制，到1966年"文化大革命"开始时差一个月未完成毕业设计，但可以说已基本走完了教学全过程。教研室给这一班学生开出了制造工艺、机床设计、液压传动、特种工艺（电加工）等课程，开设了工艺、机床的实验，在陀螺仪表厂完成了生产实习，真刀真枪进行了毕业设计工作。

因国家紧缺工艺人才，本专业在 1964 年招了两个班，1965 年则招了三个班，还有一个机械班。教研室师资力量也不断得到补充，至此我院的工艺专业可以说是建成了。

以后经过"文化大革命"，学校的上级主管部门发生了变动，毕业生工作趋向也有变化。本专业基本上又恢复成通用性质的机械制造工艺专业，通常的名称为机械设计、制造及自动化专业。制造工艺不再规定具体的产品对象，可以说又恢复 50 年代初机械系培养人才的模式了，当然学习的具体内容已经更加现代化了。

在 20 世纪五六十年代我参加的三个专业的建设中，有一个没有成功，但先后两个在我校都已是主要的专业。我自己则是在服从国家需要的过程中走了一条曲曲折折的路。"三十功名尘与土"，我做的工作微不足道，但我扪心自问，于心无愧，毕竟我付出了心血。

（作者：胡永生，北京理工大学机械与车辆学院退休教师）

开拓进取　桃李芬芳

——北京理工大学开展计算机教育52周年

● 文·吴鹤龄

1958年11月19日，当时仪器系的青年教师王远，在紧张的备课一周以后，给1954级和1955级的两个班学生上了第一堂"计算机原理"课，这标志着我校的计算机教育从此揭开了帷幕。几十年来，北京理工大学的计算机教育发生了巨大的变化，北京理工大学的计算机专业由弱变强，从小变大，从一个专业教研室发展成为两个学院（计算机学院和软件学院）以及一个中心（网络服务中心），至今已为国家培养了381名博士、4 507名硕士、7 076名本科生；同时，通过承担国防和经济建设的许多重大科研任务，也为国家的四个现代化建设做出了积极的贡献。作为计算机专业最早的毕业生之一和这个专业最老的教师之一，我深深地为这个专业发生的深刻变化和取得的巨大进展感到骄傲。

世界上第一台计算机ENIAC是1946年诞生的；随着计算机应用的日益普及和计算机技术的日益发展，20世纪50年代世界各国的大学开始设置计算机专业，开展计算机教育。因此，计算机专业和计算机教育的历史不算太长，较之数学、物理、化工等其他专业，它是一个十分年轻的专业。虽然年轻，但是这个专业的发展却十分迅速，新技术有"长江后浪推前浪"之势，层出不穷，势如破竹，万马奔腾。一个新设备、一种新技术，今年还是热门，明年就可能烟消云散，不见踪影。这种景象在其他专业十分少见，而在计算机专业却屡见不鲜，司空见惯。回想50年代我学习计算机时，计算机部件是电子管的，也就是"第一代"计算机；参加工作以后，学校复制哈军工的441-B，所用器件是晶体管的，也就是"第二代"计算机；"文化大革命"中到工厂开门办学，参加计算机研制，已经是第三代的集成电路了。70年代中期，出现微型机，也就是所谓个人电脑，则是"第五代"机的开始，它使电脑从此脱离"贵族"身份，成为每个办公室必备的工具。90年代初期，以美国政府推出"国家信息基础设施行动计划"（NII）为标志，世界各国竞相建设信息高速公路，也就是互联网，从此"网络就是计算机"，电脑走进千家万户，成为每个人观察世界、获取信息、与人沟通的方便工具。在历史的长河中，几十年可谓"弹指一挥间"，而对于计算机专业来说，它已"沧海桑田"，今非昔比了。

在这种形势下，北理工计算机专业的老师们保持着清醒的认识，始终坚持开拓进取，求实创新，紧跟时代的步伐。60年代，我们甩开电子管计算机，直接研制晶体管的441-B计算机，使专业水平上了一个台阶。80年代，我们参照IEEE制定的"1983教程"改造教学体系，提高了教学质量，在全国计算机专业的教学评估中取得了好成绩。在计算机辅助设计、人工智能、算法设计和分析、数据库技术、技术、网络技术、信息安全等许多领域，北理工计算机专业都有一批高水平的成果，在业界有相当的影响。

尤其可喜的是，北理工计算机专业为国家培养了一大批人才，成为各行各业、各条战线上的骨干。在原子弹试验的现场，在航天发射和科研基地，在银河机、曙光机和其他高性能计算机的研制和开发队伍中，在高校的讲台上，……到处都有北理工计算机专业毕业生忙碌的身影。其中不乏出类拔萃的佼佼者，如曾经获得国家表彰、英年早逝的李红平，联想集团的副总裁杜建华，中网的创始人和总裁郭先臣……。用"桃李满天下"来形容北理工计算机专业在培养人才方面所取得的成绩，是一点也不为过的。

"俱往矣，数风流人物还看今朝"，祝愿北理工计算机专业继往开来，朝着更新、更高的目标继续大步前进，为国家做出更大的贡献。

（作者：吴鹤龄，北京理工大学计算机学院退休教师）

404 教研室的建立

● 文·周仁忠

1958年，美国"响尾蛇"导弹击落了我国的战斗机，激发起我们开始对红外技术的研究工作。恰在这一年，国防科委给我们调拨来一台退役的苏制热力测向仪，为了增加它的灵敏度，我们研制了一台放大倍数为10倍的电子放大器。但由于该仪器的探测器已老化，它的灵敏度并没有明显提高。

1958年年底，系决定要建立"红外"专业，并要求1959年上学期为学生开讲"红外技术"课和开始研制红外实验装置。于是，我们便开始了光电技术的教学和研究工作。

1974—1980年，我们承担了兵器部下达的"激光半主动导引头样机"研制任务。研制成功的样机在野外试验中能自动跟踪约3公里处被激光照射的快速运动坦克。这一样机中包含了相当复杂的电子线路，即使在旋转情况下，也能捕获和自动跟踪远距离目标。

随着科学技术的发展，我们深深感到经典光学的局限性太大，必须与电子学结合，才能发挥更大的作用。于是，我们建议：对光学系所有专业开设光电技术课程和开设内容先进的光电技术实验。这样才能跟上时代的要求，满足国家现代化的要求。

1983年下半年，系领导采纳了我们的建议，要我们开始这方面的工作。因此，我开始拟订光电技术教材的大纲和光电技术实验内容。随后就逐个设计实验装置的光机电结构。10月，系领导表示要建立光电技术基础教研室，我便与一位教师商量，请他来当教研室主任。最初他同意了，但后来他还是推辞了。无奈，当正式宣告成立404教研室时，我只好当了404教研室主任。

当初，404教研室的成员只有：刘振玉、芦春生、陈永昆和我四人。限于人力不足，只好先建光电技术实验室，而且还只能开展部分实验装置的研制工作。

经过3个多月的努力，1984年2月，我们研制出了6个先进的光电技术实验装置。系和器材处领导对工作进行了检查，给予了肯定和鼓励。器材处又追加了10万元的研制费，让我们继续完成规划的尚未研制的20个实验装置。此外，校、系还不断给我们室增加教师和技工。

我们受到了鼓舞，也意识到责任重大，经常加班加点工作。我们的不懈努力克服了无技术资料的困难，1985年年底研制出了规划的全部光电技术实验装置26个。

因为这些实验装置覆盖了现代光电技术的主要方面，便于动手操作，有利于培养学生的实际工作能力。在国内高校中，只有我们建成了现代化的光电技术实验室，因此校系领导鼓励我们去向国家教委汇报。经过国家教委有关司局领导来实验室检查后，表示希望在我们实验室召开现场会，与其他高校进行交流。

1986年4月，在我们实验室召开了光电技术实验交流会，到会的有浙江大学、清华大学、哈工大、国防科技大学等十多所高校光学系的教师。我们的工作受到了上级领导和兄弟院校的好评。

1986年10月，我们实验室被评为北京市高等学校实验室工作先进单位。

1987年5月，中国光学学会光电技术专业委员会挂靠在我们教研室。

1987年7月，周仁忠被国家机械工业委员会聘为高等工业学校光电技术专业教学指导委员会副主任。

在建设光电技术实验室的过程中，我们同时编出了"光电技术实验"教材，并着手编写了"光电技术"课程教材。

1987年上学期，我们开出"光电技术"课和"光电技术实验"课。至此，404教研室建设完成了。

1989年7月，北京市人民政府授予我北京市普通高等学校优秀教学成果奖，授奖项目内容为"内容先进，教学实验系统完整的光电技术与实验课程建设成果奖"。

（作者：周仁忠，北京理工大学光电学院退休教师）

倾力编撰学科史　发挥作用抒真情
——记退休第四党支部特色活动

● 文·安连生

光电学院军用光学仪器专业是我校重点和特色的学科专业，始建于 1953 年。我们离退休同志亲历和见证了她的变化、发展和辉煌。在半个多世纪建设过程中，倾注了大量的心血和汗水。为迎接我校建校 70 周年，退休第四党支部勇担学科专业史的编撰工作，于 2008 年 5 月底启动，经过酝酿、筹备、撰写和审阅等多个环节，在交稿之际倍感欣慰。

编撰学科专业发展史是党支部义不容辞的责任，作为亲历者、见证者和建设者对学科专业发展的回顾是全面发挥老同志作用的机会。编写学科专业发展史是一项功在当代、利在千秋的工作，以史为鉴，以史为镜，从学科发展的历程中汲取营养、总结经验，可使现在的学科专业沿着正确的轨道前行，加快我校高水平研究型大学建设的步伐。

召开五次座谈会

党支部生活会上大家认真学习了学校下发的关于开展"北京理工大学学科专业史"编撰工作的通知，并进行了讨论。广大党员普遍认识到回顾历史将有助于把握现在和创造未来。专业的创始人与不同时期学科专业发展的负责人和骨干积极响应党支部的安排，参与学科专业发展史的编撰。光电学院党委确定由退休第四党支部两位主要负责人为编撰工作组主要成员，负责编写工作。

我们先后共召开五次以原教研室为单位的专业建设座谈会，参加人员 28 人，党员 22 人，非党员老教师 6 人。会前我们提前通知，让大家有所准备。各位老教师都十分认真，有的查阅了多年珍藏的日记本，回顾专业发展史中的重大事件和发生的具体时间；有的找出科研项目的研制记录和为此撰写的书籍与文章。如原 412 教研室主任唐良桂教授翻出了 20 世纪 60 年代撰写的"美国 U2 敌机残骸分析""RF-101A 敌机残骸分析"等珍贵资料，这些资料都是孤本，当时是由国防部出版，我们学校只有一本，唐老师据此回顾航空摄影教研室的建立与发展。原 431 教研室主任张国威教授也打开了尘封已久的五十年前的日记，回顾红外专业和激光专业建立的起因和建立过程，提供了极其详尽的资料，甚至哪年哪月哪日都说得一清二楚。原 431 教研室主任魏光辉教授，以十分生动的事例阐述了学院专业建立和国防斗争需要的关系。

这一系列的座谈会为学科专业发展史的编写提供了大量的素材，也奠定了很好的基础。

亲手写文章

除了召开专业座谈会外，我们还在党支部组织的生活会上多次动员老教授们写回忆录，发动党外老教授写文章，为学科史增添风采。除了张国威、陈晃明等党员教授撰写了回忆文章外，也有一些非党员的教授们写了一些回忆录，如 431 教研室的邓仁亮教授写了一篇回忆红外专业诞生的文章，又写了一篇关于激光专业诞生的文章，404 教研室周仁忠教授写了 404 教研室是怎样建立起来的回忆录。这些回忆文章更生动地再现了当时专业变化的情景，让人倍感亲切。

为了使广大师生了解和热爱所学专业，认识身边的大师，弘扬学术文化，支部党员积极参加这一撰写工作，在家中翻箱倒柜找出与专业史有关的实物和照片。这些老教授不顾年事高，亲自动手，如周仁忠、陈晃明、张国威大多已近八十岁的高龄。张国威老师的文章几易其稿，每段四五千字，都是自己在计算机上敲出来的，工作之辛苦可想而知。原 404 教研室主任周仁忠教授找出了大量自己编写的专业书籍和历史照片，材料弥足珍贵。

尤其使我们感动的是 88 岁高龄的于美文先生。她是光电学院专业和系的创建者和奠基人之一，在光学领域特别是物理光学、全息光学方面是国家级的大师，在支部会上得知撰写学科专业发展史后，她回家翻箱倒柜，找出过去编写的物理光学教材和全息光学教材与专著，多年来的获奖证书、奖品、纪念品和各时期参加学术会议、研究生答辩的照片总共一纸箱，为编写学科专业发展史或院史馆，提供了重要的素材。

两次审文稿

学科专业发展史初稿完成后，我们组织了两次审稿。第一次审稿有五位老师，五个专业教研室一室一人。411 教研室是盛鸿亮，412 教研室是安文化，421 教研室是丁汉章，431 教研室是周仁忠，441 教研室是高鲁山。五位老师最年长的是丁汉章老师，79 岁，最年轻的高鲁山老师也已经 73 岁。各位老师抽出一周时间来审阅初稿的全文，并提供不少宝贵的修改意见。特别是盛鸿亮老师，他眼睛不好，刚做过青光眼手术，看稿子很吃力，但盛老师头脑特别清晰，对 20 世纪 50 年代建专业之初一共开几门课，谁上什么课，实验室怎么建，都记得非常清楚。盛老师不顾自己的身体情况，很仔细地审阅初稿，并花了几乎一个下午的时间提出了一系列的具体修改意见。对此我们深感不安，同时也被盛老师的精神所感动。

第二次审稿，光电学院党委书记蔡本睿、院长魏平参加了审定。周仁忠、高鲁山、谢敬辉、张经武、安连生等老师连续作战，从上午开始，午饭后稍事休息继续审，晚饭后讨论，一直讨论到午夜12点。第二天又接着审一天，傍晚返回。大家为了抓紧时间连续两天工作。周仁忠教授踏踏实实、一丝不苟地认真审定，在许多细枝末节的地方发现了不少需要修改的字句。曾多年担任我校学报总编的高鲁山教授既把专业关，又把文字关。各位老师兢兢业业、认认真真的工作态度，让在职的同志十分感动。

现在，光电学院学科专业发展史《璀璨之光》已完成。回顾两年来的编撰历程，最值得总结的就是党支部的战斗堡垒作用、团结凝聚作用；党支部充分调动和发挥党员和群众的积极性和主动性；同时，离退休同志的爱校热情和激情彰显出大家的觉悟和水平。他们愿意总结发展过程中的成功经验和不足之处，作为借鉴提供给在职的领导和老师们，使我们的学科建设发展顺利，使光电学院得以振兴。这次学科专业发展史的编撰过程也是一次凝聚人心的过程，许多非党员的老教授起到十分重要的作用，如周仁忠、张忠廉、邓仁亮、邹异松、曹根瑞、谷素梅、陈南光等教授们提供了大量的资料和建议。

光电学院党委充分肯定了学科发展的亲历者和见证人为学科专业的发展做出的卓越贡献。

（作者：安连生，北京理工大学光电学院退休教师）

招 生

● 文·匡 吉

招生是每期学校教育工作的开端,政策性很强,时间性很强。招生工作有时看起来场面较大,红红火火,实际上主要是大量的需要沉着处理的细微工作。

1949年暑期,我校迁来北平,即奉上级的指令创办俄文专修科。当年秋季招生,招了三个班(二年制)。重工业部还从机关和下属企业抽调一些青年技术人员组成速成班(一年制)。 当时我校工作人员很少,院办公室只有两人,教务处只有四人,没有人事、保卫、学生等处,总务科人数也不多。工作忙不过来,就找同学帮忙。当时的学员与工作人员没有什么不同,经历、工作能力、思想水平基本一样,有些学员工作水平较高,单独到外地招生的任务,就交给了他们。这次招生工作完成的同时,也取得了在新条件下招生的经验。当时学校的条件和现今相比,困难无疑是很大的。那时的人是从艰难中走过来的,没有感到压力,一心只想如何完成任务。

创办俄文专修科的同时,重工业部把物理探矿班的工作交到我校承办。

1950年的招生是这年学校的重点工作,对我校当时和以后的影响是巨大的。这年各高校都是自主招生,北大、清华、南开依照惯例三校联合招生,北师大也与几个学校联合招生。我校和在京高校还没有协作关系,没有受到联合招生的邀请,也不知在联合中如何保证招生质量,因此决定单独招生。这是一次地域广、名额多的招生工作,工作量很大,动用了几乎全校的力量。这时,我校教工虽有成倍增加,工作中仍常要组织同学参与。我们在校外到处争取党和政府的支持,并尽可能利用社会上所能得到的协助。这次招生工作紧凑有序地完成了,也为我校赢得了声誉。我校一次列出了机械、电机、化工、汽车、内燃机、冶金等系和专业,超出一些人的预料,在学界引起一定的震动,提高了我校的知名度。因为我校是党在解放区创办的,又是工业部领导的学校,而且学生还享受供给待遇,所以报名踊跃,录取后报到率也高(不少高分考生考取多所学校)。这次招生对我校内部起了凝聚作用,使新老教工彼此熟悉了,工作关系理顺了。招生工作的顺利完成,也对教工有所振奋作用。

1951年的招生是按地区组织的联合招生。北京地区由北大、清华领头联合各校组成招生委员会,下设办公室。办公室由几个招生较多的学校各派一人组成,工作忙时再从各校临时调用（基本上也是有计划的）。这次招生是我校第一次与其他高校的密切合作，增进了高校之间的友谊。联合招生给各校减少了大量事务性工作和物资的消耗，也提高了工作质量。考生也不必同期报考多所学校，减轻了负担。我校在联合招生的同时，继续做好宣传工作，使各地中学和考生了解了我校，保证了招生质量。

从1952年起，改为由教育部门直接组织的全国统一招生，整个招生工作基本规范化。我校也是自这年开始被确立为国防工业院校，这增加了招生工作的难度，因为有些专业不能公开宣传，只能通过党组织向初步选定的考生介绍。政审工作要求也高了，有时要在中学工作的基础上做些补充的外调。外出招生的同志做了许多工作，仍不能在录取前对所有报考我校的学生都有所了解。在录取时，拿到一批考生材料，一般要在当天确定是否录取，必要的通融也只能拖到第二天上班前确定，因此去外地录取的同志就常遇到困难。改革开放前，长途电话很难接通，往往直到深夜才能接通，校招办在这几天必须有人通宵值班，且值班的人必须当即做出决断。在录取的那几天招生人员工作很紧张。

"文化大革命"中，招收工农兵学员。"文化大革命"后，高考工作大体原样恢复，随着改革的进展，工作条件有较大改善，工作质量继续提高。

我校历来重视调干生的培养工作。1949年，俄文专修班招了特别班。1950级也招了特别班，人数较少，一年后并入机械系。1951年和1952年，都按教育部的统一安排，招收了调干生。1953年后，连续招收了几届工农速中毕业生。速中改为普通中学后，我校办了一届工农预科。再以后，我校按上级的安排，办了两届厂长班，学员都是厂处级以上干部，有些是司高级干部，学习结束后，都担任了重要领导职务。

我校在教育部颁布首个研究生工作文件后，就立即招收研究生。1953年，在教务处设立研究生科，承办了首次研究生招生工作。1954年，研究生工作转到新成立的科研部。"文化大革命"中断了培养研究生工作。"文化大革命"后，恢复高考不久，又恢复研究生工作。我校在"文化大革命"后的第一届硕士研究生毕业时，开始招收博士研究生。这两项工作，开始是由教务处承办的，其后才成立了研究生院。

1954年，我校开始办夜大、招收函授生，工作由教务处承办。1956年，函授部与夜大正式成立。"文化大革命"期间中断。"文化大革命"后，由教务处着手恢复业余高校的工作。工作开展后，另成立了继续教育学院。

连续多年参加招生工作，喜见学校的发展与进步，不断给我欢欣和鼓舞。

（作者：匡吉，北京理工大学图书馆离休干部）

忆学校工厂的往事

● 文·刘汉严

我校在延安自然科学院时期就有自己的实习工厂，1958年，实习工厂扩充为附属工厂。我，就是在这一年进入我们学校工厂的。那时我们学校名叫北京工业学院。我在学校工厂从一名工人成长为科研车间的主任，再到学校工厂的副厂长，见证了学校工厂几十年来的发展历程。

"万马奔腾"的年代

我是1958年进入学校工厂的，那个时候学校正在进行一场大的讨论：到底是"万马奔腾"，即应该同样重视教学、科研和生产，还是应该"一马当先"，注重教学，把科研和生产放在次要的、从属的地位。经过激烈的讨论，学校的领导和教授们达成了共识：应该对教学、科研和生产一视同仁，哪一个都不能落后，拖了其他的后腿。就是在这个大背景下，学校设立了学校工厂。

在那个"万马奔腾"的年代，学校工厂的设立主要是服务于教学，为学生的实习提供场所，防止教出来的学生变成"眼高手低"，"只会说，不会练"。同时，为科研提供一个生产样本的地方，防止科研设计出来的产品成为"空中楼阁"。当时，学校工厂主要分为金工实习、教学、科研、锻造等几个车间。各个车间分工不同：金工实习车间主要为学生提供金工实习场所；科研车间则主要进行科研生产。学校工厂最多可以容纳2 000多名学生实习。在实习学生多的时候，工厂就24小时开放，实行三班倒，歇人不歇机器，让更多的学生有实习的机会。因为学校工厂的规模大，有时还有别的学校的学生到我们学校工厂来实习。

那个时候，我们学校工厂的实力非常雄厚，车间里的技术工人大多是从东北的军工厂里选拔过来的优秀工人，有的还是以前在军工厂工作过好几十年的老八路。因为我们学校的教师水平很高，工厂配套的师傅技术水平也过硬，加上学校工厂提供大规模的实践机会，所以，我们培养出来的学生具有很强的实践能力。当他们跨出校门，走上工作岗位的时候，能很快地适应自己的岗位，迅速发挥自己的作用，是各个单位的"抢手货"。

参与学校科研的回忆

我进入学校工厂后,主要在工厂的科研车间里工作。科研车间不仅为学校的科研提供生产场所,也承担了上级和其他兄弟单位的许多科研任务。我们曾参与过"大401"和"小401"项目,是生产长焦距的侦察相机。由于侦察相机是高精密仪器,所以,在研制的过程中需要进行很多次试验。我们冬天在漠河−40 ℃的极端恶劣条件下进行低温试验,检验相机的快门能否在低温下打开,夏季的时候则是去海南做高温试验。在取得了丰富的第一手实验数据之后,最终研制出了长焦距侦察相机,并投入到部队使用。当时,在福建沿海的部队配置的就是我们研发的相机。这种相机还在对越南自卫反击战的战场上,为我炮兵提供了引导,立下了三等功。这个项目也获得了兵器部颁发的科技二等奖。

长焦距相机只是我们众多科研成果中的一个。从科研车间出来的成果还有很多很多,我们还研制了多光谱合成仪、涡轮增压器、天象仪等产品。在各个军工厂和企业都能看到"理工造"的产品。我们学校工厂为学校的科研成果提供了一个很好的平台,让更多成熟的设计方案成为现实。

关于未来的思考

我今年快70岁了,从岗位上退下来之后,一直还对学校工厂保持着关注。我们的学生走上工作岗位之后,都有很好的发展。我以前去各个军工厂和军事基地,都能看到我们学校的学生,在谈起当年在学校工厂的实习时,都觉得这段经历让他们具备了很强的实践能力,对走上工作岗位后迅速运用自己所学知识很有益处。很多以前在学校工厂实习过的学生,也还会回学校来看看,回忆当年在学校工厂实习的经历,都觉得这段实习经历非常难忘。

对于未来,我也有一点我自己的思考。现在学校提倡产学研结合,坚持理论和实践相结合,为学生提供了更多的实习机会,使他们具有了更强的实践能力。我觉得,现阶段我们国家懂理论的人才很多,但是,实践性的人才却不是很够。这样一来,人才结构就处于一个不太合理的状态。我们学校应继续发扬优良传统,发挥自身的优势,培养更多动手能力强的人才,让我们的学生在社会上更有竞争力。

(作者:刘汉严,北京理工大学机械与车辆学院退休干部)

回顾北理工体育的奋斗历程

● 文·傅上之

2010年9月26日,迎来了北京理工大学70华诞。身处北理工这所全国乃至世界已有相当知名度的大学已达半个多世纪的我,感触很深,思绪万千……

我是一名体育教师。1955年9月由中央体育学院(现北京体育大学)首届毕业,由国家统一分配到北京工业学院(现北京理工大学)体育教研室任教。那时的京工体育教研室是现一号楼一层东北角9平方米的一间小屋。论体育设施,没有一块完整的运动场。论师资,只有十余人,但却担负起城内东黄城根、车道沟、巴沟(现校址)三处一、二年级的体育教学。论经费,一年的体育经费只有数百元。当时的校代表队,只有田径、篮球、排球、足球和体操,均属首都高校中的二三流水平。在1956年的市高校田径运动会上抱着零蛋回家,无疑给全校师生一次沉重的打击。后来,又遇到三年自然灾害和"文化大革命"的冲击,体育事业在泱泱京工历史上处于困惑、徘徊的阶段。

党的十一届三中全会以后,面对改革开放的新形势,我校的体育工作发生了深刻变化。在校党委的正确领导和重视下,我校体育工作乘着改革的东风,踏上了建设、更新的征途。

几千平方米的大型文化体育馆,拔地而起,为迎接2008年奥运会排球赛专用。办公楼、备课室、会议厅、篮、排、乒、羽、健身房、电子微机室、生化实验室、电化教育室等一系列具有现代特色的综合性体育设施先后建立起来了。修建和重修了两个标准田径场、两个游泳池和若干个篮、排、足、体操和网球场等。这些设施,在当今北京高校中也称得上是一流的。每年的体育经费也增至二十余万元,教师队伍也由原来的十余人发展到近五十人。五六十年代,整个体育部只有一名副教授。现已发展到正教授7人、副教授10人,讲师15人,助教十余人,编制结构合理。自1985年,遵照国家教委、体委关于实施体育教育改革的方针,我校体育部进行了全面的、大力度的改革,开创了京工体育的新局面。在市、部级,全国性的体育教育学术论文报告会上有近60篇论文入选,参与报告并获奖。对全校本科生实现学生技能教育、增强体质教育、终身体育教育和社会效益与能力教育等方面,全面实施并修订教学计划、大纲,增设当代大学生所欢迎的现代教育,如女生健美操、男士健美运动、拳击、网球等，以及传统民族体育项目，如武术（拳、棍、棒、刀、剑）和太极拳等。同时，还增设了三年级和研究生体育选修课，深受大学生的喜爱。

体育部有近50位教师充分地发挥敬业精神和奉献精神，体育教学取得显著成绩。

1990年，体育教学课程被校和北京市授予一类课程单位称号。我校本科生的国家体育锻炼标准合格率，1992年达92.5%，1994年上升到99%；大学生体育合格标准及格率由98.7%上升到99.7%，优秀率也由16.7%上升到25%。教学上去了，运动队训练和群众体育工作也是衡量学校体育工作全方位质量高低的重要标志。

1985年，经北京市批准，我校试办高水平运动队。1987年，由国家教委正式批准为全国试点院校，开设运动训练专项课，建立了将竞技运动教育引入普通高校的教育模式，新编了训练大纲，完成了总体课程设计、改革、创新、实施，率先启动了其他高效的试点单位，取得了成果。1988年，被国家教委评为全国优秀学校，并获校长杯称号。

从1988年以来，在市和全国大学生比赛中，我校共获金牌19枚，有12人打破14项全国大学生纪录，培养了二十公里竞走运动员苏继富、摩托车运动员李志光、十项全能运动员余鹏、女子400米运动员郝建华等四名运动健将。培养了平书珍（现改名为平珍）、张永君、白若景、庆余、王建章等35名一级运动员和数以百计的二级运动员。近几年来，我校田径队、足球队、武术队始终在北京和全国大学生运动会上处于先进水平。

值得一提的是，在1995年北京市第九届运动会上，国家教委批准的北京五所高校（北理工、清华、北大、北航、北工大）的高水平运动员与北京体育大学、北师大体育系、北京体师等三所院系的体育专业运动员，分在同一组竞赛，其目的是要向更高、更快、更强发展。按常规，三所体育专业学校会摘取前三名。但北理工的运动健儿，在比赛中经过顽强的拼搏，出人意料地战胜多路选手，勇夺了田径男女团体总分第三名的显赫战绩，男子中长跑队自1976年来一直超过清华、北京科大，取得持久领先，震动了北京的所有高校。如今，不再是1956年高校田径运动会上的"零"的耻辱，而是在北京和全国，令京工人扬眉吐气。这不能不说是北理工体育史上的重大突破。

北理工除田径高水平运动队取得优异成绩外，校足球队进入了中国足球甲级队。这在全国高校中首屈一指，极大地提高了北理工在全国乃至世界的知名度。

我校的武术队、艺术体操队、健美队、游泳队、排球队、乒乓球队等在首都高校和全国大学生运动会上都取得过优异的战绩，为京工人争得莫大的荣誉。有近三分之一的项目达到和接近全国大学生体育先进水平，北理工已成为首都高校体坛一支重要的力量。

群众需要健康，体育锻炼需要更多的人参与，才能增强人们的体质，国富民强。

桑榆情怀——我的北理故事

　　回顾70年北理工的体育发展史和战斗历程，学校体育的变化是巨大的，是来之不易的。

　　回顾北理工的竞技体育、国防体育、群众体育等各个方面，真是朝气蓬勃。岁月如歌，但愿北理工优良的体育风貌，欣欣向荣，乘改革开放的大好时光，借2008年奥运会在北京成功举行的契机，再掀起北理工体育新的辉煌。期盼北理工人"天天上操场，人人都锻炼"，为了祖国的富强，为了科学发展观的更好落实，为了每一个家庭和家人的健康和幸福，为振兴中华，欣欣向荣，昂首阔步前进！再前进！

北京理工大学体育馆

（作者：傅上之，北京理工大学体育部退休教师）

回顾"工专"往事

● 文·杨述贤

我曾在晋察冀边区工业专门学校(以下简称"工专")先后学习、工作过多年,作为"工专"历史发展建设的众多见证人之一,回顾当年,往事依依。

抗日战争时期,晋察冀边区工业部在河北省阜平县设有工业训练班,以培养一般技术人才。当张家口、宣化地区被解放后,训练班即转移至宣化。为了适应边区建设发展的需要,边区政府决定成立晋察冀边区工业专门学校。她的"办学宗旨是培养工业技术人才,为建设新中国近代工业服务。解放区的教育,向来是与实际相结合的教育,是以学以致用为目的的教育,是因时间、空间而有所不同的教育"。

学校的校址,最初设在宣化城内,后改在龙烟铁矿大楼,于1945年12月搬迁到张家口市内桥西区长胜大街,原日伪蒙疆交通学院旧址。

当时,边区政府任命边区军工局副局长刘再生同志为校长、陈琅环同志为副校长。

一所新型工业技术学校就此诞生。不日,先后多次在《晋察冀日报》登载招生简章。

不久,喜讯传来,延安自然科学院师生途经张家口,原本准备向东北进发,为战火所迫,受阻滞留。随即,由副院长恽子强率领的延安自然科学院和张家口市内的以刘再生为校长、陈琅环为副校长的晋察冀边区工业专门学校合并。根据恽子强同志的建议,仍定名为晋察冀边区工业专门学校。合并后的校长,由恽子强同志担任。时值1946年1月。随着来自延安同志们的加入,"工专"面貌发生了重大变化。办学规模扩大了,办学力量也增强了。

"工专"的办学过程,可大致分为四个阶段,即张家口、暖泉、柏岭和井陉。若就所经历的时间而言,大致是1945年年底成立,1948年9月结束。

一、张家口阶段

这一阶段,也可称"工专"初期。学校各种规章制度,边编制边逐步完善。恽校长亲自主持校务会议，有布置，有检查，定期召开。

为了做好教学工作，全校教职员工，上上下下，全力以赴。老师认真备课教书，学生锻炼身体，努力学习。恽校长一边组织领导全校工作一边编写教材（《半微量定性分析》）。同时，为一班（大学班）讲课。

在恽校长率领下，以创建"延安自然科学院"的精神，处长、科长、班主任各尽其责。不少干部，一身二任，做行政管理工作又兼教书育人等教学任务。总之，学校各级领导、教师和工作人员，在建校初期繁忙紧张、井然有序。

教书育人为其办学特点。为了创造良好的教学环境，整顿治理校园环境，在旧校址基础上，扩建了教室、宿舍，购置了图书仪器，新建了化学实验室、制图室和修械厂等。

学校领导还十分重视体育活动，修整了篮球场、网球场、俱乐部和礼堂，为师生开展文体活动提供条件。

为了改善师生饮食生活条件，还建有豆腐房、养猪场等。

"工专"办学环境、校容面貌，焕然一新，一派新气象展现在师生面前。

恽校长根据边区政府指示多次派人奔赴北平采购电子示波器、分析天平、经纬仪、计算尺和萨本栋著的《物理》《范氏大代数》等书籍。

"工专"初期，在紧张和谐的景象中，一面抓紧教学、后勤建设，充实师资，一面进行学生入学考试、资格审查、体格检查、分组编班等开学前的一系列准备工作。

恽校长以及各级领导尤为重视师生员工的思想政治工作。由于诞生于战火纷飞的年代中，因而，对于"工专"这一群体而言，高于一切的要求，莫过于革命需要；对于每一个具体个人而言，莫过于一切服从党的安排。所以"工专"的宗旨是革命需要高于一切，个人服从组织，努力学习科学技术，全心全意为人民服务。简言之，"工专"是以培养又红又专的人才为唯一目的。

思想政治工作，是紧密和实际活动相结合的。当张家口市开展市参议员选举活动时，"工专"结合竞选活动，大力开展校候选人的先进事迹学习、宣传热潮。"工专"有两名市参议员候选人名额。经过多次全校竞选，校长恽子强、学生代表杜干辉，被选为候选人。最后，经市选区选举，恽子强校长当选为市参议员。

杜干辉同志在全校成立校学生会时，被全校学生一致选为校学生会主席。

思想政治工作的开展形式，也是灵活多样的。各班、组除订有报纸阅读外，还设有政治课等。全校结合时事政治形势，邀请有关人员到校作形势报告，如邀请北平军调部中共代表团办的《解放三日刊》编辑部成员于光远同志（现为高龄长寿的著名经济学家）来校作报告，介绍在北平和国民党斗争的情况。思想政治工作结合实际，摸得着，看得见，对人教育深，效果比较好。

节假日期间，学校还组织开展班组球类比赛，歌咏联欢等活动。通过多种形式的活动，极大地鼓舞振奋了师生的革命精神，激发了师生的工作和学习热情。

全校处处呈现着喜气洋洋、欣欣向荣的景象。尤其是恽校长当选为张家口市参议员并被选为市政府委员兼市教育局长后，全校员工被这一喜讯所振奋、所鼓舞。

在全校的庆祝大会上，礼堂内贴满了祝贺恽校长当选参议员的庆祝标语口号。欢庆大会，十分热闹，十分感人。抚今追昔，历历在目，令人终生难忘。

二、暖泉阶段

这一时期，可谓"工专"建设发展中的旅途办学时期。我们是在极其艰苦条件下坚持办学的。由于国民党撕毁了《双十协定》，向我解放区发起全面进攻。国民党傅作义部队向我张家口市发动大规模军事进攻。"工专"奉命撤离张家口。边区政府在短短的几个月的时间里，以较快的速度调拨了大量资金，配备了众多干部，汇聚了各方面的人才，创建了边区培养近代工业所需的技术干部的摇篮，不能毁于一旦。

"工专"根据边区政府的指示，于1946年7月1日召开第十七次校务会议，准备从张家口撤离，向老解放区转移。

由于形势需要，一班大部分同学先后于8月提前分配工作。黄鲁（黄毅诚）、杨国福、戚元靖等到宣化钢铁公司新化机械厂；李鹏去东北；彭士禄、杜干辉等到新华冶炼公司；兰英、黄明、龚明基等到灵丘县上寨村沈鸿同志领导的雁北机械工作室工作；蔡毅、刘毅到地矿研究所工作；杜璇、廖予群等人留校继续学习分析化学等课程。

1946年9月19日"工专"撤离张家口时，全校教职工以行军编队形式告别。每班编为一队，队长就是原来的班长。"工专"全体师生编为一个大队，负责人为时任教导处处长的王甲纲同志。为了探察行军路线，先派出一个先遣队。先遣队，是由总务处负责，处长是田明清、科长是苏甦。先遣队任务是为后续大队人马安排食住的后勤保障工作的。

当日晚，"工专"离开张家口市。

在撤离后，学校各级领导做了充分准备，并向群众做了宣传，说明撤离的得失。正如三班李文周在《史料》中的忆文所述："战争的胜负不在于一城一地的得失。""蒋军必败，我军必胜。""我们一定会回来的。"这句话表达了"工专"师生，离别张家口时惋惜而豪迈的心情，而且很快就被解放战争的胜利所证实。张家口于1948年12月24日又重新回到人民的怀抱里。

9月19日晚乘火车离开张家口后，半夜宿于天镇，休息两天。迎着秋风，披着晚霞，来到被日寇屠杀的两千死难同胞的纪念碑前默默凭吊，激发起心头愤怒的烈火。后经阳原县城过桑干河，一路上虽遭敌机低空扫射，也无法阻止我们直奔暖泉镇。

经过四五天休整，由战时行军状态转入和平办学状态。

暖泉是河北省桑干河南的大镇。镇子里有暖泉三池，主泉名曰逢源池，因为冬不结冰，故曰暖泉。泉水清澈见底，水草丛生，小鱼成群，古树环岸，建有水阁、钟楼，俯临清池，匾额题字："鱼跃鸢飞"。这里，每月逢二、五、八日是村民赶集购货、货物交换之时，故称赶集日。每逢集日，人来人往，热闹非凡。

为了准备上课，总务处安排教室、住房、伙房，各班桌椅暂向暖泉小学借用。各班组织机构重新选举。校学生会主席由章冲担任，杨廷藩由三班选出，为伙食委员，文娱委员由二乙班的杜汶渌担任。

全校陆续开始上课，生活走入正轨。

这时，学校人员组织有很大变化。一班已绝大部分离开"工专"，走向工作岗位。二甲、二乙班有少数人员参军，也有极个别原张宣地区本地人员没有跟随学校撤离张家口，而是留居自己家乡。学校到达暖泉后，曾有长期在此办学的打算，曾让二甲班同学曾宪林等进行地形测量，以备改建校舍。

1946年10月，由于国民党傅作义部队偷袭张家口市，我军于11月被迫撤出。学校亦奉命于10月19日早上开始按班撤离暖泉。在撤离暖泉和向山西广灵县城行进中，遭到国民党飞机的低空扫射和轰炸，虽然遭受一些损失，幸无人员伤亡。

在行军途中，接到边区政府教育处处长刘恺风的电报，要求学校搬迁到河北省建屏县（现名平山县）。

到此"工专"办学过程中的暖泉阶段结束了。新的里程接着而来，向老根据地建屏柏岭进发。

三、柏岭阶段

这一阶段，也可称为"工专"办学的过渡阶段。师生冒着战火一路风风雨雨，爬山越岭，日夜兼程，向老根据地奔驰。终于在1946年11月初冬胜利地到达河北省建屏县（现名平山县）柏岭村。

柏岭是个老革命根据地的小山村。她背靠太行山，面临滹沱河，一条小溪从村中潺湲而过，山村被分成两半。"工专"的校部，二甲班和二乙班分别被安置在村西部的农家小院，而三班被安置在柏岭村的东部。村前是一条东西向的大道，沿着河岸伸向远方。村庄的南边，临近滹沱河自然而然地形成一片肥沃良田。河的南岸，有一小村是西黄泥村。"工专"的四班曾在此地短暂设置。柏岭村，是个英雄村。在抗日战争中，对入侵根据地的日本帝国主义侵略军予以顽强的抵抗。就是在这片英雄的土地上，人们曾经历了最严酷的战争考验。村中的残墙断壁，就是日寇留下的侵略罪证。山区人民是不可侮的。为了明天的幸福，八路军指挥员周建屏同志把一腔热血洒在这片土地上。人们为了怀念他、热爱他，因而将他生前战斗过的地方，命名为建屏县。

"工专"师生幸运地搬迁到这块英雄土地柏岭村。在此地经过全面整顿，重新组织，学校得以由战时动荡状态转为正常教学活动，一面学习，一面生产，半工半读。师生团结一致，度过了最为艰苦、最为困难的时期。

1947年1月，学校与晋察冀边区铁路学院合并，成立晋察冀边区工业交通学院，原"工专"改为该院的预科。干部也有所调整，王甲纲被任命为学院教务处副主任兼预科主任，张惠生调任院部教务科科长。新的工业交通学院成立后，边区工业局决定筹建化工研究所。恽子强校长调任该所所长。1947年夏，新成立四班，班主任由闻风担任。该班学生年龄较小，主要来自原铁路学院、晋察冀边区中学，其中包括陈亚涛（男），他是三班陈清（女）的弟弟，李琼（女）是一班李鹏的胞妹等。

1947年解放战争，战火激烈，边区经济损失较大。为此，边区人民开展节衣缩食活动，支援前线，打击敌人。学校师生员工发扬延安艰苦奋斗精神，设法生产自给，坚持办学，种植蔬菜，做鞋，染布，用草造纸，尽力减少边区人民负担。在蔬菜供应不接时，我们还吃过杨树叶子、高粱和黑豆。后几种粮食，原本是马、骡等牲畜的饲料，经常吃的是小米干饭加盐水煮土豆片和干萝卜条。此时，生活艰苦，衣、食、住各方面暂时都遇到一些困难。但是，受到党的教育培养，尤其是由延安来的同志亲身表率，困难一个个都被我们克服掉了。党支部在各种困难中，更显现出战斗堡垒作用。他们吃苦在先，干活抢先，学习努力，勇于助人，助人为乐事例很多。这里仅举一位栗政华同志的例子。在栗政华（女）同志带动下，我们上山割野草用来铺炕取暖，改善了住宿条件。

生活虽然困难，但是我们精神却充实饱满。老师们自己动手编写讲义。陈殊和艾提老师教数学；三班班主任马恩沛老师教化学；周华仁和孙桐（现名安其春）教物理；世界语专家冯文洛老师一边结合实践编写英语教材一边讲授英语，他们生动活泼，颇受欢迎。

一直从事总务工作的总务科科长苏甦，更是忙于老本行"总务"，千方百计地广开物资来源，利用稻草造纸以解决女同志的生活需用，为求"高质量"还要用蒸笼来蒸。至于养猪种菜，那更是苏甦同志的拿手戏。不仅逢年过节我们能吃上丰盛的"宴席"，就是周末也能改善一下生活，吃上荤菜。猪肉块大，不仅解馋，还很有分量的。当年，学校猪满圈、菜满园，是出了名的。这也是延安精神的体现，"自己动手，丰衣足食"。

1947年春夏之间，我们的朱德总司令在柏岭村附近召集了一次会，听取了兵工部门的汇报，还指示要把学校好好地办下去。荣幸的是，朱总司令还亲切地接见了王甲纲同志。这就又给了我们克服困难、努力办学的巨大力量。为了活跃生活，各班组织歌咏、球类等文娱比赛。各班经常出板报、壁报，开展时事政治评介，进行思想心得交流，以期加强同学对时事政治、军事动态的关心。具体生动的前方战士的英雄战斗事迹，增强了师生的革命理想和信念。

由于解放战争的胜利进展,各方面都需要干部,学校的组织机构、人员情况发生了很大变动。有的参军上前线,有的调入工厂,有的转调东北。留校师生于1947年12月搬迁到井陉煤矿矿区。今天想起柏岭生活,让人回味无穷,那种生活充满着热气腾腾、蒸蒸日上的气象。

四、井陉阶段

这是"工专"办学的最后阶段。师生在王甲纲同志率领下到达矿区后,克服困难,继续坚持办学,命名为"晋察冀边区工业学校"。校长由王甲纲担任。这时学校规模扩大了,学员增加了,老师也有新来的。学校注入了新生力量,开办了干部班和普通班;同时,还为井陉煤矿开办了工人夜校。

办学期间,国民党飞机对学校所在地井陉矿区进行了多次轰炸。与此同时,国民党部队企图对我党中央所在地平山县西柏坡村进行偷袭。这些都使办学受到很大影响。为了减少轰炸损失,师生边学习边挖防空壕,建立防空警报系统。敲打警钟,手摇铃铛,组织人员疏散,搬藏设备,采取一切措施避免损失,保证教学照常进行。

不久,晋察冀边区工业学校和晋冀鲁豫边区北方大学工学院合并,成立华北大学工学院。

"工专"时期办学的整个过程结束了。由1945年年底到1948年9月,近三年间,"工专"师生不仅坚持了办学,而且经受了战争考验,支援了前线,培养了人才,做出了贡献。

光阴荏苒,人事沧桑。往事已成为半个多世纪前的轶事,岁月也将我从一名风华正茂的少年变为一名鬓发苍苍的老者。

但是,那时的记忆,仍然深深地铭刻在脑海里,非但没有磨灭,反而变得更加清晰。我想,作为一个历史的见证人。我有义务把那些珍贵的史料记录下来。供后人参考。

抚今追昔,感慨万千。

延安精神,永放光芒!

(作者:杨述贤,北京理工大学图书馆离休干部)

科 学 研 究

第一台国产大型天象仪

●文·严沛然

人类使用仪器观测和模拟天象的历史，在我国和文明史比较久远的其他国家，都已经历了很长的历史年代。各种观测模拟天象的仪器很早就开始使用。我国历史上一直把测天的仪器"浑仪"和象天的仪器"浑象"并称为"仪象"。历史上有记述的精巧天文仪器不少。据记载东汉张衡和古希腊的阿基米德都曾设计制作过以水力运转的天体运行模型。到哥白尼的日心系统学说开始被接受和证实以后，有不少新仪器在欧洲出现，设计制作的中心问题逐渐集中到太阳系星体行星视运动的正确模拟，因而这类仪器往往被称作"行星仪"。现代"天象仪"沿用了这一名称。

为了演示天球上恒星的周日视运动，我国和国外自古都曾制作和使用各种球仪。后来也都出现过形体较大、以小孔孔径代表不同星星、星体的内视式天球。我国宋代苏颂的这种制作比欧洲人的同类装置的出现年代要早得多。

以上两类仪器在设计上虽日趋精巧，但终究只能供少数人观看，也不能产生逼真而形象化的视运动效果，尤其是太阳系星体的视运动。

德国耶拿的蔡司工厂于1923年为慕尼黑的德国博物馆制作了一台全新的投射式天象仪，恒星星空和太阳系星体各以不同的光学系统投射到球形屏幕上成像。仪器通过传动系统给这些星体以相应的运动——全天球的周日运动，太阳相对恒星天空的周年运动，目视行星和月亮较为复杂的轨道视运动，以至周期很长的岁差运动等等。以后的仪器上又增加了其他的一些表演内容。

蔡司天象仪的出现，以其技术上的成功突破在全世界受到一致的赞誉，一时被称为"耶拿的奇迹"。第二次世界大战开始前，世界各国共安装、引进27台蔡司仪器。战后生产的第3台仪器安装在北京天文馆，于1957年9月29日展出。这也是亚洲大陆的第一座大型天文馆。天文馆和天象仪一时在国内外引起十分广泛的注意和兴趣。

1957年10月，人造卫星上天所引起的轰动，激起了全世界人们学习天文知识的热情，同时引发了人们对天文馆和天象仪更广泛的兴趣。

1958年夏，北京工业学院仪器系师生开始了很多项仪器仪表课题研究，其中一项就是大型天象仪的研制。

当时北京天文馆的科技人员和职工也设想要研制一台中型或小型天象仪以满足国内天文科普工作的需求。双方进行了联系，交换了设想。仪器系师生进一步深入地对仪器进行了分析和了解，并在天文馆人员的热情帮助下确定了研制工作的初步方案：决定先研制一台较蔡司天象仪略小，但并不删除任何功能的仪器。

在总体方案确定以后，合理组织人力，分别从恒星球、行星笼、中央传动和支架、电路及控制系统等组成部分入手，进行论证、设计直到加工和组装。这一过程中遇到种种的难题，都是集思广益，请教系内外、院内外的行家能人，反复攻关，逐一得到解决的，如恒星球的成型、星板的制作、非球面零件的加工等等。

从1958年7月到国庆，师生们在3个月的极短时间内终于完成了第一台国产大型天象仪样机，接着在天文馆进行了调试和表演。当时，国内主要报刊和新闻广播都对此进行了报道。

通过这一台仪器的研制，一方面坚定了大家的信心，确信只要以科学的态度、苦干的精神认真从事科研，年轻的科技队伍是能够做出成绩的。但另一方面，在进一步思考以后也认识到，这台仪器毕竟是仓促间搞出来的，必然存在不少有待总结改进的地方，因此有必要认真地、实事求是地分析提高，才能拿出质量上合格的产品。

经过重新组织力量，反复试验和讨论，又在1962年至1964年期间独立设计制作了一台大型天象仪。这台仪器在总结1958年和以后所积累经验的基础上，已是一台成熟的仪器，较之蔡司大型天象仪有了发展和改进，提高了太阳系模拟机构的精度，加入了中国古代天文成果的演示。1964年，在天文馆经历了详尽的调试和测定，进行了不少场次的表演；1965年，参加了全国仪器仪表新产品展览，颇得好评。可惜的是，翌年开始的"文化大革命"灾难，使仪器未能得到利用和妥善保存。

1973年后，学校重新组织队伍从事天象仪的设计和试制，并由北京市组织北京光学仪器厂（负责光机加工）和无线电电源控制设备厂（负责控制系统配套）参加，配合天文馆的力量，于1973年至1975年期间共同研制了一台全新的大型天象仪。1976年年初，在天文馆组装调试，并成功试演，最后用这台仪器替代了原来的蔡司仪器。

这台仪器在设计研制时对当时国外同类仪器的水平和特点作了详细的调查研究，又对蔡司仪器进行了全面的性能测试，掌握了大量数据，也充分利用了上一台仪器中既有的经验，在同年代出现的同类仪器中具有自己的特色和优点。与原用的蔡司仪器相比，除了具备原有的各项性能外，又做了多方面的改进。在仪器的造型布局上更新了复杂陈旧的桁架结构和矩形车架，妥善地处理了外形，使整个仪器符合现代工业造型的美学标准。在各投射系统上做了一些有助于提高表演效果的改进，如恒星投射改用了反摄系统，使视场照度分布较原系统更为均匀；增加了几种天球坐标系统的投射系统、中外星座形象和名称投射系统等等；日、月、五星（尤其是其中的月球）也普遍提高了照度。在仪器传动方面，选用了性能上能适应极低转速运转并能在较宽范围内调速工作的力矩电机驱动，比之原来的直流伺服电机有明显的优越性。仪器设计中考虑了中国源远流长的天文学传统，能表演二十四节气、三垣二十八宿的形象连线和名称等内容。对太阳系星体视运动的模拟，进一步做了多方面的改进，提高了模拟精度。模拟机构改用误差较小的地心布局，使模拟误差比蔡司仪器大为降低。实测数据证明，新仪器在模拟精度上确有了明显提高。

从总体来看，我国当时研制的大型天象仪在总结国内设计研制成就的基础上，认真吸取了同时代国外产品的优点，具有一系列独创性和特色。

1984年7月，国产大型天象仪在天文馆进行鉴定，以王大珩同志为主任的鉴定委员评价认为，仪器"在放映内容上具有明显的中国特色，在太阳系机构上采用与国外不同的独特设计，消除了某些原理误差，是成功的，有创造性的"，并认为仪器"体现了我国设计人员的高设计水平"。该项目于1985年获北京市科技成果一等奖，同年获国家科技进步二等奖。

这台仪器从1976年正式投入使用，经历了整30年的连续运行（其中进行了两次保养性检查维修），从其利用率、每周使用机时数和接待观众总数来看，都应该排在同类设施的最前列。

从1958年的第一台样机到1964年的成品，又到1975年的实用机型，我国第一台天象仪的研制过程，反映了科技人员实事求是、战胜种种困难、不断探索前进的精神。"实事求是，不自以为是"是北京理工大学所应该继承的延安精神。大型天象仪的成功研制，是这一精神得到成功贯彻的一个良好范例。

（作者：严沛然，北京理工大学学校办公室离休干部）

忆中国"第一电视频道"和"北京工业学院实验电视台"

●文·蒋坤华

校庆 70 周年时,意外走进北京理工大学校史馆,在王民馆长的指引下,看到当年主楼顶上我和焊工张师傅安装电视天线的照片资料,不禁让我回想起一幕幕往事。从 20 世纪 50 年代入学,到 90 年代退休,我亲历了学校发展壮大的过程,也跟随着学校的逐步发展而学习、成长。在这一瞬间,想起了中国"第一电视频道",浮现出 1958 年"北京工业学院实验电视台"的艰苦研制过程以及我在主楼顶上安装调试电视发射天线的情境。

中国"第一电视频道"的来历

1953 年,是北京工业学院迁来北京的初创时期,无线电专业成立了一个业余无线电电视小组,由我校苏联专家库列柯夫斯基负责指导,开展无线电电视的研究。在当时的中国,这是前无古人的工作。参加这一工作的是 1951 级的部分学生。其中,王浩负责电视发射机电源和发射信号加工处理,黄辉宁负责电视信号的接收放大和显示,毛二可负责电视收发信号的同步统调,刘静贞负责收发天线和馈线。

当时北京市对无线电频道控制很严,须向公安局申请频道。当时是以刘静贞的名字向市公安局无线电处申请电视工作频道的。也许当时申请单位仅此一家,市局批给了电视最低端工作频道,也即后来被称作的中国"第一电视频道"。小组里的同学还把刘静贞戏称为"电视台台长"。从此,业余无线电电视小组在专家指导下,有计划地开展业余研究活动。

当时的工作环境和工作条件都非常艰苦,许多器件、部件只能由手工制作。1954 年前后,增添了钳工,加工条件有了改善。由于加工精度所限,当时的同步统调是用机械同步的办法来实现的,显示屏是从废旧雷达上拆下改装而成,天线则是用竹竿绕上铜线制成。为了验证电视发射和接收的效果,同学们还曾把这套设备运至中山公园,进行过几次发射和接收试验。

业余无线电电视小组在 1953—1954 年的这段工作,在苏联专家指导下,敢想敢干,从无到有,锻炼了队伍。而这一工作的开展,客观上却为北京工业学院争得了中国"第一电视频道"的称号，同时也看到了我们的电子工业和无线电技术水平跟国外的差距。

"北京工业学院实验电视台"的艰难研制

　　1954年以后，国内（如清华等单位）开始开展电视教学和技术设备的研究，我们从人才到设备都开始有了一些基础。当时1951级的王浩还专门去清华进修，听专家开设的电视课程。从1955年开始，我校的电视教学和技术研究（被称为民用专业）被搁置了两年。1957年，当时9532班学生史韬选择"电视设备"做毕业设计，其指导教师就是当年无线电电视小组成员王浩。经过一年的工作，史韬在王浩的指导下研制出了样机，取得了好成绩。1958年史韬留校任教，被分配到当年成立的电视课程小组。当时电视课程小组的成员有王浩、史韬、张振宇，另外还有两名实验员和两名搞毕业设计的学生。由于史韬是共产党员，领导出于"要多做工作"的考虑，任命她为电视课程小组组长。她与王浩配合，继续开展组内电视设备课程的教学与科研工作。1958年国庆节前后，校领导提出向翌年的国庆10周年献礼。献礼项目中，包括了建立"北京工业学院实验电视台"的科研项目，即建立电视发射台，并要求该课题组在国庆10周年时向北京市发送电视节目，向全市人民祝贺节日。史韬又被任命为该课题组组长，从制订方案、落实计划、明确分工、进度检查，以至各分机联机测试的协调等，她无不全力以赴。

　　当时，史韬不仅是电视发射各项性能指标的总体设计人员之一，而且还承担分机电路设计和测试工作，同时还负责并指挥各分机的联机调试。她经常几天都不离开实验室，困了，打个盹后起来再干。她经常眼底充满血丝，但仍以旺盛的精力、一丝不苟的工作精神精心组织各项工作，带领全组成员齐心协力攻克难关。实验电视台的研制工作还是在史韬作为组长的电视课程组内进行的，无论是成套设备的关键器件、技术水平，还是性能质量、标准化程度等，与原来业余无线电电视小组所研制的已经有天壤之别，完全是一套迥然不同的全新装置。

　　虽然史韬他们夜以继日，全力以赴，但在当时要靠本课题组的力量建立电视天线却是一大难题，缺乏临门一脚，联机实验难以进行。离预定献礼的日期越来越近了，全系上下忧心如焚。在这种情况下，系领导于1959年"五一"前后找我谈话，要我立即放下当前的所有工作，参加实验电视台研制小组，全力以赴，去完成电视天线的架设、安装和调试等工作，保证能完美地向国庆10周年献礼。接受任务后，我即于"五一"后参加了天线组的工作。天线馈线的设计由张德齐负责，我参加天线馈线的架设、安装和调试工作。在烈日下，我爬在天线主杆顶上，协助焊工师傅吊装和焊接天线叶片，测试和调整天线位置等情景，至今记忆犹新。

　　在史韬、王浩他们的协调安排和各方配合下，课题组最终成功地完成了实验电视台的各项研制、测试和最后的联机统调。1959 年 10 月 1 日上午 8 点整，我们用全国"第一电视频道"向全市发送出呼号"北京工业学院实验电视台""中国共产党万岁""中华人民共和国万岁""祝全市人民节日快乐"等标语口号以及有关照片和图像。当时学校里的几台电视机都接收到了第一频道清晰的电视信号，胜利地完成了国庆 10 周年的献礼任务。围绕实验电视台的创建和奋斗，一场场、一幕幕都已经成为无法更改的历史，它将被记录在后人的书面中。

如果说，1953 年中国"第一电视频道"还只是一个电视频道的最低工作频率，因历史条件所限，它距实用还有一个相当大的距离。那么，从"北京工业学院实验电视台"第一次向北京市发送电视信号时开始，就可以向世人郑重宣布：京工名副其实地创建了中国第一个实验电视台。

（作者：蒋坤华，北京理工大学信息与电子学院退休教师）

矢志不渝　为科研之梦奋勇前行
——回忆我的科研历程

●文·周培德

大学毕业至今已经48年了，1965—1982年的17年间，"文化大革命"占去了十多年，这段时间是我科研工作的探索期。那时没有确定的科研方向和研究课题，科研的梦想之花凋敝，因而心情十分沉重。1982年，我将计算机算法、计算几何及计算理论作为研究方向，特别是计算几何，这一干就是30余年，而且越干越有劲，因为梦想之花结出的科研成果给我带来了无穷的欢乐。

1982年之前，我有两项工作值得一提：多功能台式机与系统可靠性研究。1973—1975年，我参与了多功能台式机研制小组工作，分给我的任务是研编"模拟程序""微程序中的编程部分"。那时候困难多，又没有资料可供参考，阎天民、陆容安和我三人经常讨论所遇到的各种问题。经过一段时间的刻苦攻关，我们各自完成了任务，并在441-B机上检验微程序的正确性。我和陆容安吃住在441-B机房，经过6个多月的艰辛努力，查出微程序中相当多的错误，从而使后续工作顺利完成，这是利用计算机辅助设计制造的一次成功实例，在国内是首创的。后来我写了两篇论文，在全国学术交流会上宣读。1979—1981年，中科院举办的系统可靠性研讨班吸引了我，使我在该领域研究了三年，发表了11篇论文，并撰写了一部讲义，给五机部可靠性培训班开了"系统可靠性"课程，后因缺乏数据、项目及经费，我退出了该领域的研究。

1982—2001年，我以教学和撰写教材为主，科研为辅。因为每个学期都要上课，平时就没有时间从事科研，只有寒暑假可以利用。这段时间我在多种学术期刊上发表了30篇学术论文，出版了一部学术专著（全国计算几何领域唯一的一部专著，也是我校计算机专业成立至今唯一一部进入中国计算机学会学术著作丛书的专著）和两部研究生教材（其中一部获部级优秀教材一等奖）。

对于我来说，这是一个奠基阶段，这一时期学习了大量的计算机科学方向的基础知识，比如算法、计算理论、自动机与形式语言、可计算性理论等。我认为学习基础知识不是目的，最终目标是利用这些知识解决各种问题，包括理论问题和应用性问题。经过多年的实践，我感到下述途径是成立的。

$$A + B + C \to D_i$$

其中，A 代表问题，包括前人提出的问题与自己提出的问题；B 表示自己掌握的各种知识；C 为自己拥有的灵感，也就是解决问题的能力；D 是研究成果，即解决问题的方法；"→"表示趋势。这是一个复杂的动态过程，因为初始得到的结果 D_1 不一定理想，所以要反馈，依据新的知识与新的灵感产生新的结果 D_2，D_2 优于 D_1，继续下去，便得到一个结果序列：D_1、D_2……D_n。从这个序列中便可以选择满足自己要求的 D_i。举个例子，众所周知，货郎担问题是检验求解回路问题方法的试金石。长期以来，它吸引了许多学者为其奋斗。本人为研究该问题也持续了几年，付出了辛勤的劳动。我提出的第 1 种方法，用中国 31 个省会城市的数据进行检查，得到了一条长度为 15 492 千米的回路；第 2 种方法使得回路长度缩短为 154 040 千米；第 3 种方法获得长度为 15 393 千米的极佳回路。在这一实例计算的基础上，对我能见到的所有实例都进行了计算。结果表明，我的方法均优于他人提出的方法，这就是一个不断优化的过程。

这一时期，我的主攻方向就是计算几何，尽管当时没有得到任何人的支持和理解，更无经费资助，但我认为，用计算机处理数字图像是一个必然的趋势，而计算几何的许多知识恰好能为计算机处理数字图像提供技术上的有力支持。后来计算机科学的发展恰恰证明了我当初的判断，我认为一名有远见的科研工作者应该有这样的预见能力，否则就只能是一个跟着别人走的随从。那时候看到国内出版的算法书籍几乎无一例外都是介绍外国人发明的算法，便梦想着有朝一日中国人也要在计算几何领域有所突破。

2001 年 9 月我退休了，能够把精力完全集中在科研之中。迄今，这 12 年对我来说是一个井喷阶段，这个阶段我独立发明算法 312 个（在职期间发明了 43 个算法），平均每月 2 个算法。同时提出 60 个新问题，得到国际同行的高度认可，实现了作为一名中国人在计算几何领域扬眉于世界的梦想。2002—2004 年，撰写并发表学术论文 20 余篇，为了集中精力解决更多的问题，2005 年停止撰写论文，研究成果以专著形式发表。我认为专著比论文更系统，便于传播和保存。出版专著三部，申报并获批专利 3 项。此外，荣获国家科研进步二等奖（排名第三），北京市科学技术一等奖（排名第一），工信部离退休"先进个人"奖，北京市教工委"学习之星"奖。特别是专著《计算几何——算法设计与分析》（第 4 版）中的 303 个算法，是在其他参考文献中找不到的，这是一部地地道道的个人学术专著。这期间，既研究了计算几何本身的基本问题，也研究了许多实际应用问题，而且效果显著。下图为 280 个编码算法的发明时间表述。

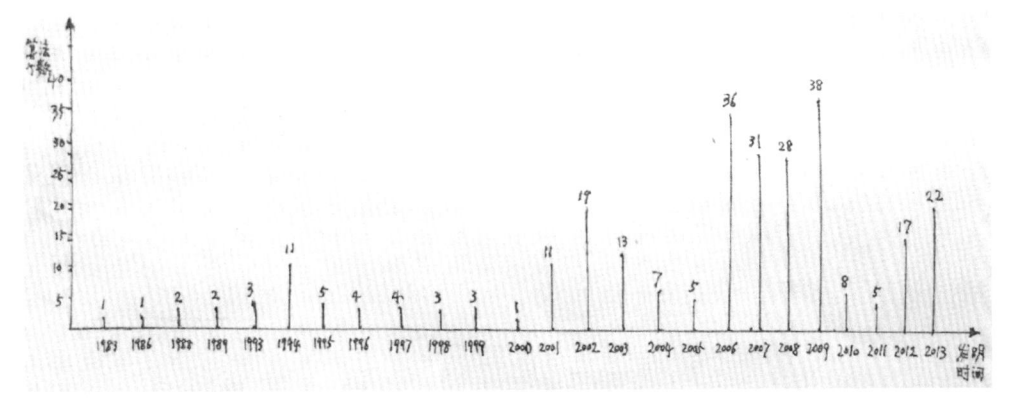

算法个数与时间关系表

2002年4月至今，我被返聘在科研岗位上，同我校付梦印院长合作搞科研11年，不仅取得了丰硕的科研成果，而且培养了学生，上述国家科技进步奖与北京科学技术奖就是合作的结果。这是不同学科交叉的典范，既开拓了计算几何新的应用领域，又使自动控制学科融入了新的研究途径。付院长专业知识极其丰富，思想活跃，创新能力极强，在我的晚年能有机会与这位优秀人才合作，我感到十分幸运。

不论是学术论文还是学术专著，不能只看篇数、本数，而是要看含有多少个创新点以及每个创新点的创新力度。同时，不能只统计被多少篇论文引用了，而是要看引用力度，即别人是否跟着研究。只有达到了这样的标准，那才是高质量的学术论文、高质量的学术专著。《计算几何——算法设计与分析》（第4版）及本人其他论著，至少被1 300多篇论文引用，而且有些是跟着研究的。这已达到了我的初步愿望，但我还是要继续努力。

在学习研究紧张的时候我常常吃不下饭，睡不好觉，身体健康也受到严重的影响，但我无怨无悔，现在虽然已是七十有余，但仍要坚持学习和研究工作，争取生产出更好更多的算法，为着心中的梦想辛勤耕耘，让个人的梦融入中国梦，为国家和社会创造更多的价值！

（作者：周培德，北京理工大学计算机学院退休教师）

我们为"长征"火箭走出国门添加推力

● 文·姚德源

1990年4月7日,在西昌卫星发射中心,中国研制的"长征-3号"运载火箭将美国休斯公司研制的卫星(出售给亚洲卫星公司后称作"亚星-1号"卫星)成功发射到亚洲上空预定轨道。这不仅是亚洲上空第一颗商业通信卫星,而且也是中国"长征"火箭承接的第一笔搭载"外星"的外贸生意,其政治、社会、商业意义巨大,世界各大通讯社都立即做了大幅报道,认为这颗卫星对亚洲的发展和世界重心东移有重大意义。"长征"火箭出色完成搭载"外星"的任务在中国火箭技术发展史上具有里程碑意义,国务院为此发出贺信,国家领导人也纷纷表示祝贺。

由于中国"长征"运载火箭搭载舱的制式标准和美国卫星的制式标准存在差异,要成功完成这个搭载任务必须妥善解决好"星-箭"的接口问题,这个接口的专业名称为"星-箭过渡锥"。1987年年底,中国运载火箭技术研究院总体设计部将"星-箭过渡锥"的理论研究课题委托给我们来做,我们按照总体设计部提出的严格技术要求在规定时间内圆满完成了研究内容,及时为总体设计部设计"星-箭过渡锥"提供了可靠理论依据,从而为中国"长征"运载火箭成功将亚洲卫星公司的"亚星-1号"卫星准确送入预定轨道施加了一把推力!

铝蜂窝夹层结构是仿照蜜蜂窝形状用铝箔制成的一种仿生复合材料结构,具有很高的刚度质量比,是航天器优先选用的一种结构材料,我们的任务就是研究这种结构的动态特性,提供它在不同边界条件下的、各种型式振动的频率和振型的研究报告,业内人士一看就知道这是一项理论研究和实验研究相结合的、科技含金量很高的研究课题。科研组成员有我、杨国树(应用力学系)、刘素文,我带的一名硕士研究生做了些辅助性工作,外协人员有三系振动实验室的张英和李晓雷老师,应用力学系实验室刘启效老师也曾帮过忙。前后大致工作了半年时间,最后中国运载火箭技术研究院总体设计部、702所、中国空间技术研究院航天器总体设计部、511所等派出七位专家来学校验收我们的工作。

我们的研究成果得到航天部运载火箭和航天器两大部门专家的认可。半年后从媒体得知中国"长征-3号"火箭将亚洲卫星公司"亚星-1号"通信卫星成功送入太空预定轨道,后来又得知"星-箭过渡锥"设计获航天部1991年科技进步二等奖,中国运载火箭技术研究院总体设计部对我们的工作写来一份证明材料。

科研组主要成员在实验室留影

航天部专家验收工作

　　回首那段艰苦的日子、后来又感到了快乐和荣耀,两百个日日夜夜,我们无怨无悔,我们"没有虚度年华"。作为科研组负责人,我要感谢课题组成员力学系杨国树老师在理论分析方面做出的重要贡献、感谢帮我们做了大量实验工作的三系振动实验室张英、李晓雷老师,感谢为准备大量实验工作远赴哈尔滨工业大学参加振动实验技术学习班、在设计制作实验专用装置上做出成绩的刘素文老师,感谢帮我们焊接制作专用实验装置的水暖队祥师傅,是他们的专业智慧和无私奉献成就了科研组的工作。写作此文之初多少有些"好汉不提当年勇"的顾虑,但对这些同志们的"当年勇"还是应当"提"一笔的。

　　半个世纪以来,在教师岗位上,教书育人,投身科研,目睹了祖国航天事业的发展历程,在与师长、同事的交往中,处处感受到"航天人"身上自力更生、艰苦奋斗、不计报酬的无私奉献精神。如在节假日、工作日晚上和702所王其政研究员的工作电话从来都是拨往他办公室,一谈就是几十分钟,他戏称这是一种"信息高速公路"。有时他们来学校协调科研工作，我们就一起在职工食堂用餐，不仅节省了科研经费，而且增进了工作感情。王其政研究员曾跟我说过这样一件事：20世纪80年代初，他在某卫星发射场排除了一次重大故障，保证了运载火箭顺利发射，受到的嘉奖是一块时髦的电子表。阅读王其政的工作简历，这位对国家航天事业做出重要贡献的资深"航天人"公开发表的学术论文只有二十来篇，更多的只能被存放在保密资料室的柜子中，这种隐名埋姓、不计个人名利的精神让人敬佩！

自己设计加工专用实验装置

刘素文老师在自制专用实验装置

如今老一辈"航天人"，有的已是耄耋之年，有的身患疾病，有的已作古，让我们记住他们吧。向这些大师级"航天人"表示深切的敬意和怀念！

（作者：姚德源，北京理工大学宇航学院退休教师）

我国自己设计制造的大型天象仪

● 文·伍少昊
　　严沛然
　　谈天民

大型天象仪是天文馆演示人造星空的主要设备，被称为天文馆的心脏。北京天文馆在 1957 年建馆初期使用的德国蔡司(Zeiss) 厂生产的 23/2 型天象仪，是当时世界上最先进的、也是唯一能购买到的大型天象仪。蔡司天象仪从 1957 年至 1966 年在北京天文馆总共运行了 9 年，1976 年被新的国产大型天象仪所代替。国产大型天象仪在北京天文馆连续运行 31 年，直至 2007 年退役，现陈列于北京天文馆展览厅。

Zeiss 23/2 大型天象仪　　　　　　　　**国产大型天象仪**

大型天象仪是光学仪器领域的大精尖产品，直至 19 世纪 50 年代末期全世界只有德国的蔡司光学仪器厂独家生产。由于价格昂贵，每年平均只销售 2～3 台。1958 年日本的五藤（GOTO）光学研究所开始研制天象仪，1962 年宣告试制成功，1971 年才正式供应大型天象仪。稍后日本的美能达（Minolta）公司也加入天象仪生产行列，但产量很少。

我国研制大型天象仪开始于 1958 年，在当时国内形势的影响下，各个单位都提倡解放思想，破除迷信。北京工业学院仪器系（当时包括光学仪器和自动控制两个专业）的师生，也结合自身的条件和特长，解放思想，积极寻找能自我突破、体现"大跃进"精神的攻关项目。1957年，刚刚开幕的北京天文馆吸引了我们的目光。先是系的领导去考察，然后组织教师和学生参观，很快就凝聚了共识，决心挑战这台世界上最复杂的光学仪器。1958年7月1日，召开了全系誓师大会，提出"大战3个月试制出天象仪向国庆节献礼"。

在这战斗的3个月中，在天文馆的帮助下，我们从学习天文基础知识和天象仪基本工作原理开始，确实是不分白天黑夜地奋战。当时天象仪只是仪器系的自拟项目，因此设计和加工都是在系内承担。设计工作以仪器系光学仪器专业1953级毕业班的学生为主，开始阶段教师有樊大钧（中央部分）、严沛然（行星部分）参加。伍少昊和潘广钺是稍后于7月中旬参与研制工作的。当时为了赶进度，提倡"边设计边加工"。仪器系的机加车间和光学车间承担加工任务。光学零件全部由光学车间完成，但机加有些大件，限于设备条件请求院工厂支援。仪器系低年级的学生由于专业知识欠缺，就参与跑外协和采购元器件的工作。确实在那段时间里，全系上下，师生员工全体总动员，为早日拿下天象仪而竭尽所能。

恒星球壳是用紫铜板采用爆炸成形加工的，为此用钢筋水泥做了一个很大的半圆凹模。但爆炸的压力不够，只成形了70%左右，剩下未成形的部分，是用手工敲出来的。同学们找来大哑铃，继续在水泥模具里一锤一锤地敲打，直至敲成球形。

制作天象仪，恒星星板是个难点。当时我们还没有学会用数学计算的方法来确定星板上的恒星星孔位置。不得已买来了一本恒星星图，先用白色颜料把图上不需要的星星和坐标网格抹掉，然后把照相机倾斜一定角度后照相制板。

总装工作是在自动控制专业的大型实验室进行的，那里原是指挥仪的实验室。只有该大型实验室的跨度和层高能容得下天象仪总装。总装阶段工作就更紧张了，完全是24小时连轴转。我们把被褥搬到大型实验室，找一个旮旯睡觉，有了情况就叫醒一起研究解决。当时经常要开情况碰头会，解决一些总装进程中临时遇到的问题。

在那段激情燃烧的岁月里，大家都不遗余力地艰苦奋战，终于在10月7日完成了天象仪的装配，并随后于10月中旬在北京天文馆进行了表演，产生一定的影响。各主要媒体都作了报道。1959年年初《人民画报》《新观察》等杂志，还以它的彩色照片作为封面。新华社对天象仪研制成功作了新闻报道，德国大使馆商务参赞等一批外宾，也闻讯赶来观看演出，散场后还围绕着仪器久久不散去。但这台试验样机的性能较差，还不能满足实际使用要求。

10月底天象仪拉回学校后，当时参加设计的主力——光学仪器专业的1953级毕业班学生已分配离校，仪器系又重新调整了研制队伍。主要参加人员有伍少昊、严沛然、潘广钺、贺修桂、盛拱北、李开源、易瑞麟、徐光英、陈秀云、张贵琴等。学院重视这个项目，准备扩大生产。显然靠仪器系的力量很难把项目坚持下去，1959

年起项目主要由院工厂抓。于是，熊威廉、王荣兴、鞠养怡、宗景瑞、王庚午、陈永福、吴震生等也陆续加入进来。1963年，学校全面加强了对天象仪项目的支持力度，并派谈天民到天象仪科研组负责组织领导工作。就这样在1958年第一台试验样机的基础上，又经过7年多持续不断的实验研究和多次关键部件试制的实践，终于在1965年研制出性能相当完善的第三台天象仪样机。

1958年的第一台国产天象仪试验样机

从1958年第一台天象仪研制结束后，研制人员就已切身感受到，有必要在开展下一步工作之前认真总结经验教训，加强研制的科学性。这时原来被摆在北京天文馆，但一直未被顾及的蔡司天象仪开始受到重视。和蔡司天象仪的优良表现一一对比，很自然地自制天象仪存在的一系列毛病就显露出来，两者在结构设计上的差别和性能表现上的差距很大。在强烈的对比面前，我们更加深切感到了加强学习和资料调研工作的必要性，花费很大精力认真阅读和研究了蔡司随仪器提供的全套部件装配图和电器控制原理图、接线图。从图纸上看不清楚的地方，北京天文馆的同志甚至把机器拆开让我们看个究竟。

我们还全面、详细地测试了蔡司天象仪的各项性能参数。这个对比过程是非常有益的，要学得深、懂得透，必须和我们1958年的实践紧密结合。在1959年之后的天象仪研制中，在具体的结构设计上，我们确实从蔡司天象仪上吸取了很多有益的经验。

没有对蔡司天象仪的深刻理解，要超越它是不可能的。我们1976年的天象仪确实超越了蔡司23/2型天象仪。其后的多年中蔡司虽然改型生产过Cosmorama等新型号的天象仪，但其主要结构基本未变，只是改变了外形。直至80年代末期的机械模拟式蔡司天象仪，仍与23/2型处于同一水平，在技术上并未赶上当时的国产大型天象仪。蔡司这一类机械模拟式天象仪的生产一直延续到90年代初期。随后，由于计算机技术的进步，1996年终于促使天象仪的太阳系模拟方案，完成了从"机械模拟—光学放映"向新一代的"计算机模拟—光学放映"的转变。从此天象仪上复杂的齿轮和机械模拟装置被计算机模拟所取代。但作为最高精度的一代机械模拟式天象仪，国产天象仪将永远保持它历史上的巅峰地位，再无后人能够超越。

我们能做出这一成绩，是因为 1959 年以后在认真总结过去的经验与教训的基础上，广泛调研和大量收集有关资料，并坚持科技攻关和不断实践的结果，也反映了我们在处理学习、继承和创新的关系上比较实事求是。1959 年在我们深入剖析蔡司天象仪时，发现它并非是绝对完美的，存在不小的原理误差。经过刻苦研究，大胆探索，在天文馆的帮助下，终于创造出自己独特的太阳系地心模拟方案，取得研制工作的重大突破。国产天象仪既然以中国独特的太阳系地心模拟方案为基础，就从根本上区别于世界上一切采用蔡司日心模拟方案的天象仪而独树一帜。当然我们也明白，在决定采用自己的地心模拟方案的同时，就意味着在天象仪研制方面，我们必须完全走自主创新之路，在总体结构和布局上不可能有仿制或抄袭的"捷径"。

1965 年的第三台国产天象仪样机

虽然在具体结构的设计上吸取了蔡司天象仪的某些成功经验，但在总体原理方案上却突破了蔡司天象仪的局限。因为我们研究发现，蔡司的日心模拟方案存在放映线偏离球心的原理误差，而且蔡司只对行星椭圆轨道的开普勒变速进行修正，而把地球当作等速圆运动，这将导致火星、金星、水星各有 2°18′、3°24′、1°36′ 的原理误差。而我们的太阳系地心模拟方案，能彻底消除放映线偏离球心的原理误差，而且用新型的开普勒变速机构重新组合后，在同等复杂的程度下，可对行星和地球都作开普勒变速修正，使火星、金星、水星的原理误差各减到 22′、51′ 和 37′。月亮的摄动很大，但蔡司等仪器只校正了交点逆行，对月亮高达 ±6°15′ 的开普勒变速，因其近地点顺行而无法校正。6°15′ 在天空的角距离相当于 12 个满月，是不容忽视的。为此国产天象仪使用四个齿轮构成的差动修正机构，在实现近地点顺行的同时，也将这项误差降低到 ±8′。太阳系星体轨道位置产生 1° 累积误差的时间，从蔡司等仪器的 5 000 年增至 8 000 年。众所周知，原理误差是仪器固有的误差。也就是说：无论蔡司仪器制造得多么精密，日心方案的原理误差也是无法消除的。因此在和蔡司天象仪日心方案的竞赛中，我们的地心方案处于先天有利的位置。

"鼓足干劲，力争上游，制造出世界上精度最高的天象仪"。1959 年我们按自己独创的太阳系地心模拟方案重新设计了天象仪。1959—1962 年按新设计虽然改进了仪器性能，但还缺少对技术难点的实验攻关，新模拟方案的优势还未能充分发挥，整体技术还没有达到装备天文馆的水平。

1963 年，再度认真总结经验，并对蔡司天象仪进行全面的性能测试，获得了机械、光学、电气三本厚厚的测试数据。在充分论证的基础上，决定集中力量提高光学系统质量，在工艺上解决各行星轨道参数的精确设定，并对太阳系机构传动的震抖等一些关键技术问题进行攻关。通过一系列单项实验，彻底解决了各种设计和工艺问题以后，在新的基础上再次对天象仪的核心——太阳系机构进行第三次全面改进，终于在 1965 年春研制出性能相当完善的第三轮样机，并参加了 1965 年全国仪器仪表新产品展览会，获得好评。该样机已能基本满足使用要求。

根据我们多年的研制成果，经过我们积极的争取，1973 年国家计委、科学院（1974）计字 160 号文正式下达任务，由北京工业学院、北京光学仪器厂、北京电源控制设备厂和北京天文馆，重新研制新天象仪。北京工业学院负责设计，北京光学仪器厂、北京电源控制设备厂负责加工。在北京市的领导和组织下集中优势力量，经过两年多的努力，在北京工业学院 1965 年第三轮样机的基础上，融入当时的最新技术成果，第四次设计制造出新的天象仪，并于 1976 年开始在北京天文馆运行，获得成功。其后在天文馆同志们的精心维护和使用下，国产大型天象仪正常工作了 30 余年。30 年来虽然随着计算机和电子技术的发展，控制系统几度更新，但作为天象仪基础的光学机械结构至今仍处于完好状态。

在北京天文馆演出的国产大型天象仪

国产大型天象仪主机高 5 米，重 3 吨，包含 20 多类共 200 多套光学系统，由 2 000 多种近 4 万个专用零件组成。与主机配套的还有 9 大附属仪器。国产大型

桑榆情怀——我的北理故事

天象仪能做周日、周年、岁差、极高、地平、地经、赤经 7 项运动（蔡司仪器只具有前 4 项运动），由 7 台电动机驱动。传动系统有 200 多个齿轮，通过差动器交互耦合，以实现各种天文运动。全部齿轮系速比都按天文数据，精确到 8 位以上有效数字。

着手研制这台新天象仪时，我们对当时国内外同类仪器的水平、特点和发展趋势做了深入的调研，同时认真总结了以前几台仪器研制的经验教训，精心设计，使国产大型天象仪在同年代出现的同类仪器中，具有自己的特色和优点。

根据 1984 年 7 月仪器鉴定会按紫金山天文台历算组提供的数据，实测该仪器 1900—2000 年 100 年间的行星视位置，火星、金星、水星的最大误差小于 1°30′；土星、木星的最大误差小于 1°；月亮的最大误差小于 4°。由于各项实测数据均已小于蔡司仪器的原理误差，因此可以判定：国产天象仪是所有光学—机械式天象仪中精度最高的。根据 1984 年的测试结果，鉴定委员会认为："仪器在已经使用 8 年后，仍能达到以上水平，说明仪器质量较好。"

蔡司等日心模拟方案的天象仪，在太阳系机构旋转的齿轮上，必须直接承载放映镜筒的偏心负荷。双镜筒很重，而且运行时在笼架内来回扫动，不可能设立一个固定的支撑点，导致行星镜筒运行时的震抖问题，始终无法彻底解决。国产天象仪改用地心模拟方案后，一举两得，不但消除了原理误差，而且使沉重的放映镜筒，能稳固、平衡地支撑在固定的中央轴承上，使齿轮轻载运行，顺便克服了蔡司天象仪的行星抖动的老大难问题，进一步显示了我们地心模拟方案的优越性。地心方案的所有镜筒，都紧紧地围绕着中央支撑轴回转，不但提高了镜筒运行的平稳性，而且星笼的空间利用率高。因此在星笼外径相同的情况下，我们可以采用了较蔡司天象仪更大的比例尺，这又意味着我们能获得更高的精度。

蔡司日心方案行星笼架　　　　国产天象仪地心方案行星笼架

我们还根据天象仪的特殊要求，改进了光学系统。32 个恒星放映镜头，最影响天象仪放映效果。蔡司采用天塞型物镜，而国产天象仪设计了 5 片反摄远物镜，在像方视场角同为 52°时，将物方视场角从 52°压缩到 30°，大大降低边缘光线反射损失。同时反摄远物镜的轴外光束没有几何渐晕，并产生一定的像差渐晕，能有效提高全视场照度的均匀性，这对保证恒星等准确度有重要意义。经实测蔡司恒星物镜视场中心照度 3.5 lx，视场边缘照度为中心照度的 40%，最大恒星光斑 45mm。而国产反摄远物镜视场中心照度 8 lx，视场边缘照度为中心的 60%，最大恒星光斑仅 20mm。因此国产仪器恒星天空亮度高，星斑直径小，星空更加逼真。改进后的太阳和行星光学系统也大幅度提高照度，如蔡司的太阳和行星照度为 11 lx 和 8 lx，而国产仪器的照度为 330 lx 和 140 lx。月亮放映器改为透射式以后，照度也显著提高。

国产天象仪的坐标系统，不但比蔡司天象仪齐全得多，而且至今仍是世界上所有光学—机械式大型天象仪中最完善的。国产天象仪丰富的辅助放映系统大大增强了仪器的教学科普功能。至于能表演二十四节气这一至今深刻影响农业生产和老百姓日常生活的我国古代天文学成就，以及能放映中国古星名及三垣二十八宿连线等，更体现了国产天象仪的特色。

天象仪是科普仪器，面对广大观众，外形印象很重要。国产天象仪在造型和布局上，改变了当时通行的桁架结构和矩形车台，将零乱的功能部件作妥善处理，避免外露，各部分比例匀称，使整台仪器符合现代造型审美标准，与同时或稍后出现的仪器相比，表现了自己的特色。

1984 年，国产天象仪通过了由北京市科委组织的国内权威专家的鉴定，并给予了较高的评价。以中国光学学会理事长、中国科学院院士王大珩为首的鉴定委员会认为"国产大型天象仪的研制成功，填补了国内空白，进入了少数几个能够制造大型天象仪的国家行列……体现了我国的高设计水平"。国产大型天象仪 1978 年获全国科技大会奖，1985 年获北京市科技进步一等奖、国家科技进步二等奖。

国产天象仪从 1958 年起步到 1984 年通过国家鉴定止，锲而不舍地坚持 26 年，走过曲折的道路。其中稳定的核心技术骨干和项目组织领导者近 10 人，前后参与设计工作的 50 余人，主要承担单位和协作单位共 29 个，是共同劳动的成果。

特别应当指出的是，大型天象仪的研制自始至终得到了北京天文馆的积极参与和热情支持。他们在开始阶段为参研人员热情讲解天文和天象仪的知识，努力搜集和提供有关资料，共同研究仪器的原理方案。从使用方的角度，对仪器的表演内容、操作台的布局等都提供了许多重要的意见和天文资料。很多专家给予了热情的指导。可以说全馆上下，全力支持，有求必应。国产天象仪在天文馆正常运行 30 多年，更是和天文馆的同志们精心维护分不开的。这也是北京天文馆对我国天文科普事业的重要贡献。

科学技术是不断发展的，转眼几十年间，天象仪技术已经历了纯机械模拟、机械模拟—光学投影、计算机模拟—光学投影等几个发展阶段，现正向计算机图像直接投影过渡。国产大型天象仪是 70 年代机械模拟—光学投影阶段的产品,由于它采用了我国自己的太阳系地心模拟原理,确保了它的行星位置精度和运动平稳性这两项关键的技术指标有所超越,达到了机械模拟—光学投影这一代天象仪的高峰,在天象仪技术发展的历史上留下了中国人的足迹。

(作者:伍少昊,北京理工大学机械与车辆学院退休教师;严沛然,北京理工大学学校办公室离休干部;谈天民,北京理工大学学校办公室退休干部)

参加"红箭-73"研制的一些回忆

● 文·甘仞初

我是 1973 年从"五七"干校回来后参加"红箭-73"科研工作的。在这之前，我校原一系、二系的同志对样品已做了不少分解、测试与分析工作。我参加的科研组是当时二系的"1553-2"科研组，工作任务主要是导弹控制系统分析和实物仿真系统的建设与试验。我有时去工厂参加技术攻关和靶场试验，也曾对工厂技术人员和部队有关人员培训。我参加工作后遇到的头一个问题就是如何描述旋转导弹的运动，建立它的运动方程组和仿真模型。"红箭-73"是高速旋转的遥控反坦克导弹。当时我国未研制过这类导弹，缺乏这类导弹的分析设计资料。用苏联专家讲义上的方法建立弹体运动方程组，偏航和俯仰两通道交连很复杂，许多参数受到弹体高速运转的限制，分析起来十分困难。此外，在研制过程中需要做导弹系统仿真试验。我们从当时的七机部调来了一套大型电子模拟计算机。但按上述弹体运动方程组经简化得出的仿真电子模型，需要的电子放大器与积分器数量很大，现有设备无法满足。我们通过研究与论证，提出了一套描述旋转导弹运动的新坐标体系。在此基础上建立旋转导弹运动方程组与仿真模型，可以很方便地研究旋转导弹的运动特性和两个控制通道之间的交连等问题。系统仿真时模拟计算及所需电子部件数显著减少，现有设备完全可以满足需要。这套描述旋转导弹运动的新坐标体系、运动方程组及电子仿真模型，系国内首创，在我国整个"红箭-73"及其改进型和二代的研制过程中采用，亦可推广到其他导弹高速运转的制导与非制导武器系统研究中。

因没有技术资料，对控制系统的参数只能通过测试与试验确定。我参加了弹上控制装置的分析，得出了陀螺仪的电刷安装角是控制系统重要性能参数的结论，分析了它对控制系统性能和导弹有控飞行轨迹的关系。在此基础上，研制了数字式陀螺回输信号模拟器和控制力模拟器，成为"红箭-73"仿真系统的重要组成部分，亦系国内首创。

"红箭-73"仿真系统建成后，我们科研组做了大量的仿真试验，为"红箭-73"反坦克导弹的研制和生产、定型提供了重要依据，也为以后"红箭-73"改进型和"红箭-73"二代的研制打下了基础。

桑榆情怀——我的北理故事

实验装置（一）

1979年下半年，我因公派出国进修两年，离开了"红箭-73"科研组。回国后又从事其他方面的工作。我离开以后，科研组的工作又有了进一步的发展。回想我和科研组的同志们在一起的日子，大家为了我国国防事业，奋力拼搏，积极开拓创新，攻克了一个个技术难关，取得了一系列国内首创的研究成果。1973年，"文化大革命"尚未结束，大家不计较个人恩怨得失，团结奋斗。研制工作与四个试制总装厂（均为军工大企业）关系十分密切。我们研究成果一出来，往往立即传到有关工厂，得到应用。我校为"红箭-73"反坦克导弹的研制成功，发挥了关键的重要作用。

实验装置（二）

（作者：甘仞初，北京理工大学管理与经济学院退休教师）

"265-1" 诞生记

● 文 · 文仲辉

1958年年初，飞行器设计专业（当时是火箭导弹设计专业）成立后不久，在全国"大跃进"形势推动下，飞行器工程系各个专业的师生都投入了破除迷信、解放思想、大搞科学研究中。为了确定研究任务和课题，师生们到军队和领导机关进行充分的调查研究，查阅大量国内外文献，并分析国际形势发展，最后，根据当时我国、我军的战略方针和政策确定了研究项目。

考虑到我军的装备情况、防御能力和防御性战争的急需，首先要做的研究项目是反坦克武器。因此，校领导决定，首项就是为我军研制一种新型反坦克武器——反坦克导弹（代号"265-1"）。根据需要和可能，制定了主要战术技术指标。

根据拟定的主要战术技术指标，师生们经过多次反复讨论，并听取了方方面面的意见和建议，在查看并参考国外反坦克导弹资料的基础上，制订了具体技术方案。方案确定后，师生们从1958年夏开始进行设计、研制和试验。教师带领学生分别负责各项研究工作，师生们发奋图强，不分白天黑夜地工作，积极开展设计、制造、试验研究。全武器系统的研究工作，按专业分工，有飞行器总体、制导系统、控制系统与部件、推进剂、战斗部等，各专业负责各个分系统的研究。飞行器总体专业的教师和即将毕业的学生，按设计任务要求分为几个作战小组，各组分工负责设计、研制与试验,并承担总装及飞行试验等任务。

飞行器总体专业由于承担的任务重,工作繁杂,与上级机关及外单位的联系也很多,显得特别忙碌。因此,除毕业班外,将四年级的部分学生也组织起来,承担一些生产加工、外场试验的联系及实验室准备工作等。尽管当时的任务繁重,工作紧张,但是师生们团结一致,齐心协力,相互配合,夜以继日的工作,有时一连几天几夜都不休息。当时的口号是"革命加拼命""完成科研任务,向党献礼",真是干得热火朝天。

年轻教师与毕业班学生担负着最重要的设计、试验和组织协调工作。为了保证工作顺利完成,师生统一编成了几个战斗组,在党支部的领导下,分工负责。发动机地面试验由王元有老师负责组织师生进行,最初在三号楼前的平房里建的试验台上做,后移到三号楼后的平房里建立的试验台上进行。先用的立式试验台,后改用卧式试验台。试验过程中,发生过多次事故(包括喷管被推出、带喷管的法兰盘脱落、发动机燃烧室烧伤及爆炸等事件),所以也曾将发动机试验搬到露天做。由于发动机试验技术复杂,遇到的问题多,出的故障也多,并且发生过爆炸事件,需要各方面的支持与帮助,所以,本专业很多人都参加了这项工作。空气动力吹风试验由杨述贤老师负责联系并组织师生到哈尔滨军事工程学院去做。机械加工和零部件加工、组装等由王中正负责与工厂联系,其他教师和学生负责提出图纸及技术条件、加工要求等。飞行试验的总指挥是当时我系主管科研的副主任王子平,杨述贤、余超志等负责与靶场联系,学校组织师生到南口靶场去做飞行试验。最初由于发射架的设计强度和刚度不满足要求,导弹在发射架上发动机点火后飞不出去,发射架就倒塌。经过改进后,发射基本成功。后来几次,导弹飞行不稳定,或飞行不太远就掉地,或偏离发射瞄准线较远。经过多次反复试验研究,无控飞行试验基本成功,达到一个比较满意的水平。到1958年7月1日前几天开始进行放线飞行试验,准备进行有控飞行试验。8月1日早晨,在南口靶场进行了放线飞行试验,导弹成功的飞行了大约 2 000 米，大家比较满意。试验结束后，校、系和专业的领导参加了国防部为庆祝"八一"建军节举办的招待会。

由于反坦克导弹的研制是一项很复杂的大型系统工程，研制过程中需要各大系统和各分系统以至于各部门、各单位密切合作与相互促进。因而，学校在党委领导下成立了以魏思文院长为首的指挥部，学校各部门和各系的主要负责人都参加。这样一来不仅使我们在校内各单位联系工作很方便，而且我们去校外各单位、各部门联系业务也很方便。例如，当时为了解决发动机的防烧蚀问题，我们曾经去北京大学物理系、北京钢铁学院、北京钢铁研究院等联系耐热烧蚀材料、优质合金材料、加工喷管及涂料时都得到了很大的支持。为了安排靶场试验，我们去中国人民解放军炮兵司令部训练处联系，受到高度重视，并给予我们很好的接待与安排。

我们的研究工作，经过大量的室内、外地面试验，发动机工作基本稳定后，转入靶场飞行试验。在无控飞行基本可靠的情况下，才开始做放线飞行试验，但因导线质量和线管设计中存在一些技术问题，放线试验进行不够顺利，达不到预想的结果，有控飞行试验尚未如期进行。尽管如此，党中央、中央军委和上级党政领导对我们的研究成果还是给予高度评价，很支持，也很重视。当时的国防部长彭德怀元帅在 1958 年 8 月 1 日国防部举办的国防科技献礼大会上，表扬了我们学校，宴请了我校魏思文院长，学院有好几个领导和教师都去参加了。并且在 1959 年国防部为庆祝国庆 10 周年而举办的国防科技新成果展览会上，展出了我校研究的反坦克导弹雏形。刘少奇、周恩来、朱德、彭德怀、邓小平、徐向前、聂荣臻、贺龙、叶剑英、彭真、罗瑞卿、张爱萍等等都先后去参观了。学校负责讲解的有徐耀华（负责讲总体）、俞宝传（负责讲制导）、马庆云（负责讲解推进技术）。

当时取得的研究成果是在我国科学技术水平不高、工业不发达、基础研究较差的情况下取得的初创型成果。自然还存在很多不完善或不成熟的地方，有许多需要改进和提高技术水平的地方。但是，我们一群年轻人在白手起家、自力更生的条件下，使我国的第一代反坦克导弹诞生了。它为我国后来反坦克导弹的研制成功和装备部队，打下了一个良好的基础。也正因为如此才得到党中央、中央军委、国家和政府各级领导的肯定与支持。

1959—1960年，各单位根据试验过程中暴露的问题，进一步对各个分系统和部件的技术关键进行攻关。特别是成立了21所后，该所在所长王子平老师的领导下做了大量的工作。经过一年多的努力研究，仍然存在不少问题和难点，特别是制导系统和制导与控制系统中的一些关键性部件难点较多。再加上1960年以后遇到国家经济困难，群众生活也很困难，国家财政开支难度较大，许多建设项目都不得不停顿，科研工作很难开展，于是该型号研究工作停顿了一段时间。

1961年以后，根据国防科学技术委员会等领导机关的安排，要求我校派出研究人员到沈阳去与中国人民解放军炮兵技术研究院共同协作研究反坦克导弹。于是，学校在原来参加"265-1"号的研究人员中，挑选了一批教师到沈阳炮兵技术研究院去长期协作。两个单位的科研人员在一起同心协力，共同奋斗，研究了好几年。开始时采用我校提出的反坦克导弹方案进行研究和试验，查阅文献。后来通过情报检索与分析研究并参考有关部门的资料，获得了一些国内外有参考价值的资料，其中最有用的是德国与法国联合研制成功的"柯布拉"（Cobra）反坦克导弹。于是经过反复研究后，决定将总体方案改变成与当时德、法两国研制成功的"柯布拉"（Cobra）相近的方案，继续进行研究。两个单位协作研究一直到1963年。

1964年，炮兵技术研究院转业并搬家以后，新成立的兵器工业203研究所接着继续发展研究，直到1970年以后研究成功并定型，名称为"J-201"反坦克导弹。"J-201"反坦克导弹在中国人民解放军各大军区做过使用飞行试验，并经过寒区低温和热区高温的环境飞行试验，均受到军队的欢迎。但是由于种种原因，始终没有装备使用。

1972年，国家有关部门通过外交途径，获得了苏联研制的反坦克导弹"萨格尔"

（Sagger），在兵器工业部第二生产局的领导下，我校以飞行器工程系为主，并组织各有关单位教师进行测绘、试验、分析研究，提出生产部门所需要的图纸和技术资料。兵器工业部于1973年组织其所属的几个工厂与我校共同开发研制"萨格尔"反坦克导弹（代号为"红箭-73"），我校承担技术攻关，帮助各个生产单位培养人才并给予技术支持。兵器工业部从我校借调了几名教师到部里帮助管理生产。生产厂家、生产指标和技术规范的制定均有我校教师参与。各厂生产中碰到技术难题由我校通过试验、分析进行技术攻关，提出技术咨询意见。生产过程中我校派出教师参加各节点、各阶段的检查、考核、验收等等。经过各工厂和各部门的通力合作，广大干部、工程技术人员、广大职工的努力奋斗，到1978年研制成功并完成设计定型。随即经过使用试验考核，国家鉴定、验收后就装备部队，投入使用。于是"J-201"反坦克导弹就被存入档案，作为历史文物资料保存。

（作者：文仲辉，北京理工大学宇航学院退休教师）

激光专业的建立和发展离不开科学研究

● 文·邓仁亮

从激光测距机到激光目标指示器

1969年夏秋季节，北京军区63军找我们学校做激光测距机，"文化大革命"期间没有多少事，做什么都可以。领导答应下来，安排到了431教研室。记得1970年下半年有一天，我在工厂四车间盯测距机零件加工时，教研室主任张国威到车间征求我的意见："我们教研室以后不搞红外改搞激光怎么样？"我说："可以呀，现在不是已经干上激光了吗？"也就是说我们的激光专业在 1969—1970 年就开始了相关工作。

激光测距机我们一共做了三轮，测程都是 10 000 米，前两轮不是潜望式的，精度为±10 米、±5 米，第三轮交付了 4 台潜望式激光测距机、精度为±5 米。参加此项工作的有周仁忠、何理、林幼娜、张自襄和我等。我们与研究所、工厂和部队合作，查阅资料、设计图纸、加工机械零件，终于研制出了激光测距机。

1972 年，开始以激光专业的名义招生，当时称为工农兵学员。我们研制的激光测距机理所当然地成为历届工农兵学员的教具，我甚至还为北京大学的第一届（1970 级）工农兵学员开了激光测距机的专题讲座。至于本专业教学环节中的课程设计、毕业设计等均以激光测距机及其部件（尤其是激光器）为题目。1978 年，携带激光测距机参加全国 784 激光学术会议，我第一次在全国学术会议上发表论文，并且根据在会议上了解的情报向学校科研处提交开展"1.06 微米 BDN 调 Q 染料片"的建议。在科技处范琼英的安排下，经过六系郭炳南和我们教研室李家泽等人的努力取得了满意的成果。

1976 年以后，我被安排转入激光半主动制导课题，参加激光目标指示器的研制。其内容与激光测距机的不同在于：激光测距机的激光器基本上是单次的，马达调 Q 的，而激光目标指示器的激光器是重频的，电光调 Q 的；激光测距机必须有接收系统，激光目标指示器本身不用接收系统。1977 年，我被安排为激光目标指示器课题的技术负责人。在"1245"的圈子里折腾了好多年。

"1245"——北京工业学院历史上的重要符号

1973年，在上海举办的一次规划会议上确定了开展激光制导研究工作，1974年五机部二局、三局布置我校和248厂、308厂进行激光回波半主动制导的先期研究。

我校四系404、411、431教研室在四系崔仁海、李振沂、张经武等同志的领导下成立了激光导引头和激光指示器两个科研组。由这些教研室的党政负责人担任课题组长。

我校和248厂的同志将PL-2红外导引头改造为激光导引头。办法是去调制盘和PbS红外探测器，换上209所研制的四象限激光探测器，并配以相应的电路，实现信号接收、处理和对目标的跟踪，同时做成两种用于旋转弹的导引方案。我校的工作由周仁忠、何理、卢春生、张化鹏等承担。

308厂采用马达调Q的激光目标指示器，我校采用电光调Q的激光目标指示器，都研制成功了。我校的工作由郝淑英、陆乃驹、邓仁亮、徐荣甫、穆恭谦、张自襄等承担。

在大约六年断断续续的工作期间，上述各单位用做成的导引头和指示器进行多次室内外联合试验，证明原理可行。于是，就有了五机部的"586"会议，沿用了我校1975年成立前的"1245"课题的名称，由对空激光制导转向反坦克导弹激光制导。"1245"的成立和活动纪实如下：

（1）1980年6月25日—7月2日，由五机部二局主持召开"586"会议，研究如何开展三代反坦克导弹的研制工作。参加会议的有14个单位40余人，其中有我校的齐尧、文仲辉、周仁忠、邓仁亮、徐荣甫、张经武、杨述贤、张运、蔡敬、何理、康景利。会议上由我校周仁忠、邓仁亮，308厂李绍育，248厂应澎耀等介绍激光制导技术方面的先期研究的详细技术内容和室内外联合试验情况，并且在我校观看了指示器与导引头的室内联合试验，我校还向会议提供了书面资料。会议充分肯定前阶段的成绩，并且决定开展以激光半主动制导为前提的三代反坦克导弹的全面预研工作。同时指出导引头和照射器的各两个方案可以并存一段时间，进行更深入的研究、做出更好的样机，经过试验比较后再行取舍。会议决定为此成立项目总体组，我校领导齐尧、844厂王总工程师、308厂赵以仁副总工程师、248厂梁副总工程师为负责人。相应地，我校成立总体组，仍然称为"1245"。

（2）1980年7月9日，四系431教研室决定以"1245-4"的名义参加学院"1245"的工作。

（3）1980年7月15—17日，由一系主任胡延年主持召开"1245"总体组会议，布置相关工作。

（4）1980年10月7—11日，由五机部二局主持召开"107"会议，讨论总体方案。"1245"总体组胡延年、周仁忠、邓仁亮分别介绍了导弹总体、导引头、指示器的相关内容。会议决定按照会议确定的战术技术指标开展深入的研究工作。关于指示器出于满足编码的要求决定采用电光调 Q 方式的激光器。

（5）"1245"总体组根据校领导齐尧、丁傲的指示，在实际负责人俞宝传、杨述贤的组织下开展了导弹总体结构、飞行弹道、战斗部引信、发动机、制导控制、编解码、导引头、指示器等方面的研究，文仲辉、李昌龙、徐令昌、康景利、周仁忠、邓仁亮、万春熙、俞仁顺、袁曾凤、张志芳、李景云等同志在 1981 年 1 月、3 月"1245"总体会上汇报了各自的见解。

（6）1981 年 4 月 6—11 日，由五机部二局主持召开"8146"会议，论证总体方案、战术技术指标，安排当年工作。参加会议的有 12 个单位 50 余人，其中有我校的丁傲、俞宝传、杨述贤、王春利、万春熙、李昌龙、徐令昌、张春晓、文仲辉、方纪明、李景云、周仁忠、邓仁亮、何理、徐荣甫、张经武、康景利、蔡敬、汪淑兰、俞增惠。在会上我校介绍了方案，由俞宝传、文仲辉、王春利、康景利、邓仁亮、周仁忠、李景云分别讲解。邓仁亮、周仁忠还向会议提供了详细的书面材料。会议决定进一步开展总体方案论证、深入研究导引头和指示器的关键技术。1981 年 4 月 13 日，在五机部二局研究激光目标指示器的工作，参加会议的有五机部二局左文英、刘景玉、丁翠英，308 厂赵以仁、李绍育、刘传生，我校俞宝传、邓仁亮、徐荣甫、穆恭谦。会议明确 308 厂做整机，我校进行关键技术研究。

（7）自"8146"会议以后到 1984 年中，各个单位开展相关工作。1982 年，五机部召开了"826"会议。1983 年 12 月 16—19 日在 308 厂召开项目协调会。为配合科研，五机部邀请某国于 1984 年 7—8 月在白城靶场表演他们的激光半主动制导导弹 FLAME，介绍他们的激光指令制导反坦克导弹，有关单位和人员到场参观。另外五机部组织少数人在小范围内听取某公司介绍他们的激光半主动制导"铜斑蛇"炮弹，听取以色列介绍他们的激光目标指示器。

因为我们承担激光目标指示器关键技术的研究，所以我们的重点在激光器方面，并取得了可喜的成绩。

① 全面了解国内外半主动回波制导用目标指示器。

② 全面了解国内外目标指示器用的激光器，并重点试验、研究了"采用交叉直角棱镜腔的电光调 QNdYAG 激光器"。有多篇论文发表在 1982 年的《工程光学》《激光与光学》《兵器激光》上。开了鉴定会，获得五机部科技进步三等奖。

③ 发明"交叉棱镜望远镜激光谐振腔"，研究了"采用交叉棱镜望远腔的 NdYAG 重频巨脉冲激光器"。论文在 1982 年广州国际激光会议、《光学学报》（1983，4）、美国《中国物理》（1984，8）发表。通过鉴定会并获得国家发明三等奖。

④ 制作了采用交叉棱镜望远镜激光谐振腔的指示器试验样机。

⑤ 发明固体激光器用的聚四氟乙烯泵浦腔，1992 年获得国家发明三等奖。

1985年以后形势有变，五机部的管理体制也有变化，但是围绕激光半主动制导的研究工作仍然在进行，只是纳入"轻型反坦克导弹制导技术预先研究"的范畴了。我在1985年以后的研究工作也转向了激光导引头。由于学校强调统一领导，课题指标、经费、进度等等都由一系牵头，我是技术实际负责人。激光导引头的工作事实上是冯龙龄、张自襄和我完成的。我校参加"轻型反坦克导弹制导技术预先研究"的各个方面、以激光技术教研室为主研制的激光导引头于1996年通过部级鉴定。

激光导引头的预先研究中申请到两项国防发明专利，第一发明人分别是我和孟庆元。

1992年国防工业出版社出版了我编著的《光学制导技术》。该书获得1993年国防工业出版社优秀图书二等奖、1995年兵器工业总公司优秀教材一等奖。

1992年7月我被安排去俄罗斯考察激光制导炮弹。

1994年国家引进此项目，科研工作就转向了，我负责（"红土地"）激光导引头的引头"反设计"、消化图纸、开会、靶场试验、故障分析等等，直到1996年2月退休。

（作者：邓仁亮，北京理工大学光电学院退休教师）

土得掉渣的"土火箭"
——四十六年前的一段科研往事

● 文·姚德源

  2008年8月8日晚8时北京第29届奥运会开幕式如期举行，天气预报当晚有大雨的"鸟巢"开幕式会场滴雨未下。北京市气象局和河北省气象局使用高科技手段于当天下午在北京西部雨云上游地区发射了1 100余发人工增雨火箭弹，让大雨提前在远离北京"鸟巢"的上游地区降下，"拦截"住了快速移向北京"鸟巢"的雨云，使得全世界40亿卫星电视观众瞩目的北京奥运会开幕式平安顺利举行。在对使用"洋火箭"进行人工影响天气特殊作业这一高科技手段的回味中，勾起我对46年前的一段科研往事的回忆……

  1965年夏天，结束山东曲阜的"四清"，我们返校后不久接到科研处通知：领受北京市委下达的一项研制"防雹土火箭"的科研任务。北京市委第一书记彭真和国家科委主任韩光到西南视察时，看了少数民族向空中发射简陋爆竹驱散冰雹与天灾做斗争事迹后，让我们专业人员论证研制用于防雹用途、非专业人员（农民）能制造、使用的"土火箭"。任务急，让尽快拿出调研论证方案。

  "洋火箭"咱还见过，"土火箭"也不是没见过，过年放的"二踢脚"不就是最原始的"土火箭"吗？就顺着这个思路开始了调研论证，首先拿着学校开的介绍信来到了永定门外北京花炮厂。计划经济那个年代，大单位的介绍信还真好使，向厂方说明来意，人家热情接待了我。参观了生产国庆节天安门广场燃放礼花弹的车间后，收获极大，心中有了谱。"土火箭"的雏形、方案很快形成了：用牛皮纸做火箭壳体材料，黑火药做发射药。我虽有火箭设计方面的知识，但火药又隔行了，得有化工专业教师参加，在暂时没有经费支持情况下，两个人的编制就够了。将这些想法向科研处领导汇报后，经费仍没有落实，但给我找来了化工系火药专业韩自文老师。韩老师是位极富奉献精神、吃苦耐劳的好合作伙伴。我们几个月的合作非常愉快、融洽，工作有成效。

  经过分析计算，火箭图纸很快设计、绘制出来了。关键部件火箭发动机壳体（也是火箭主壳体）就使用花炮厂的卷筒机将牛皮纸涂上胶一层一层卷起来，喷管和燃烧室前的堵头（专业术语称中间底）用掺有石棉纤维（增强喷管的耐烧蚀性和强度）的胶泥制作。花炮厂无偿为我们加工了几十个牛皮纸壳体，运回了学校。接下来的工作是为发动机装填火药。火药是咱老祖宗四大发明之一，有点化学知识的人都知道火药是由"一硝（石）二硫（磺）三木炭"的比例制成。作为火箭固体推进剂需将粉状火药制成具有一定燃烧规律的药柱。为缓解纸壳体过早受热烧毁，药型设计成管状，让燃烧从药柱内壁向外沿壁厚的方向进行，那如何把粉状火药制成管形呢？没有压药设备，我们设计了带有一定楔度的铝制芯棒和相应模具，用12磅大铁锤将一层层粉状火药直接砸实在牛皮纸筒内，我和韩老师轮换着，一个抡大锤、一个用小勺装填药粉并用手扶持模具，不一会儿俩人汗流浃背，脸上的汗水再沾上飞扬着的黑药粉，就像刚走出矿井的煤矿工人那样。时值全国开展学习解放军英雄人物王杰的"一不怕苦、二不怕死"革命精神，我们备受鼓舞。半天时间只能制作成一两根药柱，后来我们找来学生帮忙制作药柱，加快了进度，很快制成了一批供地面试验用的固体火箭发动机。

地面试验主要是考核纸筒强度够不够、火药柱燃烧稳定不稳定。试验地点选在校内戌区（那时学校的戌区很荒芜、没什么建筑物），在地上挖个坑，把制成的发动机"屁股"（喷管）朝天埋在土坑里，向喷管里塞进夹有点火药的纸捻直接点燃药柱。当时简陋的试验工作就像放个大炮仗一样，土得真是要掉渣。"土火箭"点燃后出奇地令人满意，一道火焰嗖嗖地从喷管垂直向上喷出，但也有几发由于喷管固定不牢而被燃气吹掉，还差点砸着人，试验中暴露了一些问题。总之，试验是成功的，接着要考虑制作发射架和飞行试验了。

"土火箭"驱雹机原理是用一段导火索引爆弹头里的炸药，用爆轰波来驱散雹云，根据弹道计算的飞行高度用导火索长短来控制引爆时间。为了安全，飞行试验用的"土火箭"弹头没装炸药，换装沙土作配重。为保证稳定飞行，在"土火箭"尾部用强力胶粘上四片三合板制作的尾翼。用四根钢条焊成的能起导向作用、垂直向上的简易发射架，来不及设计调节射向的机构。发射场地选在永定门外花炮厂试验礼花弹的空场，否则要在首都北京按"土火箭"找发射场就得向公安部门申请，批不批是一回事，就是批，选址和等候的时间也等不起，所以花炮厂真帮了我们大忙。飞行试验那天，学校科研处和系领导都来观看，在场的还有花炮厂的领导，试验目的就是考核"土火箭"能不能飞、飞得稳不稳。原本想在几发弹头里装点炸药，根据光、声传播速度差用秒表测出这段时间来计算出飞行高度，但由于准备工作没做好，决定下次飞行试验再测。说心里话，试飞时的心情还是有点紧张，担心火箭飞不起来出"丑"。准备妥当后，一声令下："点火！"只听"噌"的一声"土火箭"拖着一股黑烟尾巴垂直飞上了天，还真给了我们面子，试飞初告成功。但怎么知道飞行的高度呢？因那天下午高空有一片乌云，"土火箭"钻进去看不见了，不知在场的哪位"有心人"说了句："那乌云有多高？"这一句话提醒了我，赶紧给北京气象局打个电话询问，气象局工作人员起先说"不知道"，急于想知道"土火箭"飞行高度的我就"缠"着人家说："你们是专业人员，凭经验给估一估吧！"对方放下电话（估计是到室外看高空的乌云去啦），过一会儿在电话那端说了声："有八九百米高吧！"这就是我们掌握的"土火箭"飞行高度的重要参考数据。土得掉渣的"土火箭"能有这样的成绩，在当时是对我们莫大的鼓舞！我们正想乘胜把"土火箭"性能、制作工艺和发射架完善起来并便于使用（如设计成手电筒式电点火机构）的时候，"文化大革命"发生了，前后搞了半年时间的"土火箭"科研项目也被停止了。

"土火箭"是我专业生涯中第一个真刀真枪的科研项目，经历时间虽短、科研成果也不"斐然"，但它让我独立走了一次"调研论证、设计计算绘图、工艺制作、地面试验、飞行试验等"研制火箭的全过程。

"土火箭"科研虽停了，但研制"土火箭"这项工作却让我开始了火箭作为运载工具进行人工影响天气的工作。我曾利用科研出差机会到大西北甘肃省永登县（干旱缺雨、冰雹灾害多发地区）进行社会调查，走访当地气象局，听到、看到当地农民制造土炮弹轰散雹云与天灾做斗争的感人事迹，还听到没有专业知识的农民在用碾子压制火药时引燃火药造成人员伤亡的悲惨事故，激发了我的社会责任感。在中央气象局人工影响天气研究所和省市气象局人工影响办公室指导下，我多次和我校化工系罗秉和、施纯熙等教授合作为重庆152厂、江西新余9394厂成功研制了人工影响天气（防雹的、增雨的）火箭弹，把军事用途的火箭技术用于制作与天灾做斗争的工具。当然后来搞的这些人工影响天气的火箭弹也与时俱进成"洋火箭"了。

（作者：姚德源，北京理工大学宇航学院退休教师）

关于青海核武器基地的记忆
——记一次参加高科技试验的经历

● 文·罗文碧

西海镇的三角海晏城,位于青海省西宁市往北约102公里,这儿是青海湖畔著名旅游胜地金银滩。它是一块土地肥沃的大草原,牦牛、骡马、绵羊成群。

昔日,中国第一颗原子弹、中国第一颗氢弹的许许多多高科技研究的实验、生产,都是在其中一畦四面环山的斗大盆地里进行的。我国爆炸成功的第一颗原子弹、第一颗氢弹也是在这里研制、生产和出厂的。这里是"两弹一星"精神孕育形成的221厂核武器研制基地。

20世纪90年代,我国有关政府部门按照国际上最严格规定,投入大量资金和人力历时五年,进行核设施退役处理工程;执行环境检测指定标准,对这块土地的土壤、水质、牧草取样分析验收,使其仍然保持为一块葱郁的净土,对人类生活、牲畜和工农业生产不会有任何不良影响。1993年6月通过了国家验收,圆满完成三级退役要求,整个工程质量优良。移交青海省政府安排利用时的评价为:世界核基地退役处理工作,符合要求、做得最好的是221厂。而今,西海镇是青海省海北藏族自治州的州府。近十年来,这个新州府逐渐成为自治州从传统的、封闭的农牧业经济迈向开放的、现代化的工业发展基地。

这里曾是我国第一个核武器研制基地221厂,现在是国家爱国主义教育示范基地的纪念馆,是全国重点文物保护单位。时任中央军委副秘书长、国防部部长张爱萍将军为纪念碑题字"中国第一个核武器研制基地"。忆往事犹新,我们年轻一代的北理工人曾参加国家科技的大事业——原子弹研制的大系统工程。

温故而知新,历史是一面镜子,回顾过去才能认识现在,把握未来。艰苦创业的经验是一笔珍贵的财富,它将促进我们再创辉煌。

遵照毛泽东主席"要大力协同做好这件工作"的最高指示,清华大学、北京工业学院、南开大学等许多高等院校与国内有关单位联合攻克尖端技术研究、专用仪器设备和新型材料研究等方面的一系列技术难题。

1962年11月7日,刘少奇同志在中央政治局会议上正式宣布成立中央15人专门委员会,就在当天周恩来主持召开了中央专门委员会第一次会议,会上决定设立中央专委办公室,周恩来同志指定罗瑞卿兼任办公室主任,赵尔陆兼任常务副主任,张爱萍、刘杰、郑汉涛为副主任,并设立了中央专委办事机构。1962年11月29日,周恩来主持召开中央专委会第二次会议,他十分详细地听取核工业部刘杰部长的汇报,敏锐地察觉到核工业部当前的薄弱环节是人才问题。中央专委会会议做出决定,限令各有关部门、军事单位以及高等院校、科学院所等单位,于1962年12月底前为核工业部选调优秀人员。1962年12月4日,中央专委会召开了具有实质性的、非常重要的第三次会议。会议讨论议题是刘杰部长向中央专委提出的《1963年、1964年原子武器工业建设、生产计划大纲》。周总理在讨论大纲后精辟指出:我国即使能在1965年爆炸第一颗原子弹,也是一件了不起的大事;我们在工作中,要实事求是,循序渐进,坚持不懈,戒骄戒躁,如期实现,并强调实事求是既是思想方法,又是指导原则。1963年3月21日,中央专委会召开第五次会议,会议批准核工业部补充修订的一项重要计划——原子弹核装置爆炸的时间锁定在1964年年底,之后按时间倒排各项工作的计划。原子弹爆炸的实现,从理论设计到试验实践,都要完整地攻克许多技术难关。每次中央专委会形成的决议,专委办公室人员都认真负责地整理成会议纪要,送周恩来审阅。然后,摘录有关内容分发给全国各有关部门。各部门、各地区有关人员对中央专委会文件特别重视,大家都是自觉地、积极地、严格地执行《中央专委会会议纪要》,效率、极高,进度最快。为此,周恩来确定了我国第一颗原子弹爆炸的零时!

1962年年底,炸药加工和中子源材料的工作分别完成后,准备进行各个原子弹的部件组装,并整体爆轰场地试验。试验分成两步走:第一步爆轰试验时采用尺寸缩小一半的模型;第二步爆轰试验时采用全尺寸模型。当然,在进行两步试验时,是用力学性能相同的材料来代替实际的裂变材料。

彭桓武院士是卓越的理论物理学家,他和王淦昌院士是同一天跨进核武器研究院大门的。在彭桓武同志的建议下,核武器研制队伍的年轻科技人员每个星期召开一次专题研讨会,对难题"会诊""鸣放",集思广益,知无不言,充分发扬科学民主,从不同的意见中吸取每一点有价值的东西。当时的年轻物理学家、理论部副主任周光召院士和学力学、数学的大学毕业生、一些科辅人员在半自动电动计算器上,开始用特征线法的数值计算——"九次运算"。历时半年,终于摸清了原子弹爆炸过程的物理规律和诸多交叉作用因素的交互影响,为理论设计奠定了稳固基础。彭桓武同志运用强有力的理论物理手段完成了原子弹反应过程的粗估计算,为掌握原子弹反应的基本规律和物理图像起到重要作用。他后来回忆说:"我们穷人有穷人的办法,想了些窍门,可能计算上比人家省些时间。"1960—1961年,邓稼先院士和理论部的设计人员做了两年的理论工作准备,获得了关于爆炸力学、中子传输、核反应和高温高压下的材料属性方面的大量数据,准备进行原子弹的实际设计和造型。

1964年10月16日15时,中国第一颗原子弹在新疆罗布泊试验场地爆炸成功。

试验现场总指挥张爱萍将军用电话向周恩来总理报告了这一喜讯："原子弹爆炸了，已经看到了蘑菇云！"当天 22 时，我国政府发表了新闻公报和政府声明，国内外中华儿女扬眉吐气。不出几天，美国总统约翰逊及其情报人员在对捕捉到的云尘进行测量分析后，发现中国人爆炸的第一颗原子弹使用的裂变材料是铀 235，而不是钚 239，并且采用的爆炸结构是按内爆型设计的。他们只得承认中国第一颗原子弹比美国投到日本广岛的原子弹设计更为完善。

我们北京理工大学（原名北京工业学院）作为重要的国防科技工业院校，是中共创办的第一所理工大学，是培养国防科技精英的基地。1962 年 11 月 29 日第二次中央专委会决定，1962 年 12 月底前为核工业部选调优秀人员。北京理工大学是高等院校选调单位之一。1963 年 3 月中旬，我校选调人员聆听了中央专委张爱萍将军作赴西北科研基地 221 厂工作的动员报告。不久，我们这批年轻人就随着实验部党委书记吴益三、部主任陈能宽、部副主任钱晋等领导乘列火车直达青海省西宁市。我们受到实验部副主任苏跃光工程师热情接待，几天后他指导我们全体人员安全通过金银滩盆地的农牧生产地区，又乘厂区火车正式进入基地，受到北理工老校友、老同学韩树勋、吴文明和李承德等同志的热情迎接。

为了制造原子弹一些关键部件，遇到前人难以预料的科学技术尖端难题，当时唯一可靠的解决办法是靠理论结合实际，靠"专家、工人师傅、领导"和"研究所、高等院校、工厂"两个"三结合"，发挥集体智慧。一个难题又一个难题被我们攻破，解决部件性能机制的时候，我们从事爆轰物理试验的工程技术人员，为保证爆轰试验设备终年处于临战状态而奔忙着，匆匆的车轮滚滚声回荡在试验场地的碉堡工房内。

高原秋高气爽时节，是我们工程技术人员最为宝贵的黄金时光。在这个季节里，碉堡工房内的各种性能优良的仪器设备运转着，所有的监视仪器都透过工房探测窗口，对准口外的测试部件。待一切准备反复检查妥当无误后，场地值班的一位司令员才将各个安全联锁钥匙发给每个岗位的操作员。场地警报器一按，笛声响起，各级工程技术人员严密注视着各个仪器设备运行状况并从速处理所获得的测量数据的结果。我国第一颗原子弹爆炸成功前的各次模拟和预演试验，都是在这样的情况下如期实现的。

20 世纪 60 年代初期，我国正值经济困难之际，苏联老大哥与我们翻脸，他们釜底抽薪，撤走专家，带走技术，给中国的经济建设造成极大的损失。美苏两个超级大国都曾几次要动用核武器威胁中国。它深深地刺激了全中国人民，我们的老外交部部长陈毅元帅说："有了那玩意儿，我的腰杆便直。"这一切硬逼着我们独立自主，自力更生，立足国内，依靠本国培养的人才和自行研制的测试设备，在较短时间内制造出原子弹。我们北理工人亲身参加这项伟大科学实验的工程技术人员，更加深刻理解国家战略决策，深知我们中国人民没有原子弹是绝对不行的。

原子弹的主要关键部件的性能，在多次爆轰试验中主要是通过高速摄影技术观测高速流逝物理过程。关键部件在做爆轰试验时，它的爆炸爆轰波将沿着部件的各个零件传播发光，发光流逝的过程瞬息万变，瞬间即逝，其时间分辨率短到微秒、毫微秒，甚至更小。所以，在爆轰物理试验领域要配备多种高速摄影设备，工程技术人员必须熟练掌握光学高速摄影测试技术。可是，当时我们国家正处在三年自然灾害困难时期，我国亿万人民还十分清贫，况且就是能拿出钱买这些国外昂贵的设备，垄断这类绝密技术的核大国根本不卖给我们社会主义国家。唯有用了这种设备才能直接或间接观测到在原子弹弹体结构的爆轰试验过程中，发生的各种物理、化学反应和力学效应。此时，我们只能凭借肉眼和仪器从记录的胶片上直接测量。我们将试验中所得的胶片重新编辑，制作成普通的电影胶片，之后将它们放入电影放映机上重复放映，生动而直观地重现被摄的爆轰物理现象的高速流逝过程，因而也收到了"时间放大"的科学效果。

在爆轰试验场地运用最多的是超高速光学转镜摄影机，顾名思义，它的重要组成部件一般是高速旋转速度可达每分钟几十万至百万转的精细反射镜。它的结构设计和制造工艺难度在于：反射镜调整旋转时，镜体内腔结构工艺设计要保证内腔中的空气流动对摄影成像质量影响最小。反射镜的转动轴承采用高精密的封闭自润的微型滚珠轴承。反射镜镜体结构和材料的强度、刚度、稳定度及其静、动平衡都符合力学设计计算的要求。如此众多的超高速摄影设备的科技难题，最终是依靠理论结合实际和发挥集体智慧的方法解决完成的。

最紧要的一步是要做到次次试验都要捕捉住被拍摄的目标，因为周恩来总理的十六字令中要求"万无一失"。为此，我们要把试验次数减少到必需的最低限度，除了需要设计、研制一系列试验用的工艺辅助装置外，还必须"周到细致"地考虑，切实杜绝可能发生的工程技术事故、人身安全事故等。在爆轰试验工房场地管理工作中，我们运用了一整套较完备、行之有效的规章制度、上岗技术培训和考核若干规定、测试设备按月按季按年维修保养计划、按点线检查操作制度，认真记录、填表存档等。这样我们的工程技术人员在爆轰中始终具有过硬的试验技术和严格按厂、部规范执行任务的有效措施。我们的科研生产试验工作在失误概率甚小的情况下，短时间内获得圆满成功。

20世纪五六十年代，严酷的国际局势，使我们中国领导人下定决心。毛泽东主席1960年7月在北戴河会议上强调指出："要下决心搞尖端技术。赫鲁晓夫不给我们尖端技术，极好！如果给了，这个账是很难还的。"中国人民被迫走上了自力更生、独立自主研制核武器的道路。中国发展核武器是为了打破核大国的核垄断，也是为了消灭核武器。为了维护国家和民族的最高利益，我们中国不得不进行必要的最少量的核试验。我国政府和人民将同全世界各国政府和人民一道，为早日实现无核武器世界的崇高目标坚持不懈努力。1996年9月以后，我国已实行暂时停止核试验，并在国际全面禁止核试验条约上签字。我国政府的一贯立场深受广大参加这一工程事业的科技人员的欢迎和拥护。

（作者：罗文碧，北京理工大学光电学院退休教师）

研究生学习的回忆

●文·周仁忠

2014年1月6日校报第四版上一张"军用光学教研室全体教师欢送费道托夫教授合影"照片勾起了我深切的记忆。费道托夫副教授正是我当时研究生学习的苏联导师。

我于1955年7月从大连理工大学（当时的大连工学院）毕业，被保送到北理工（当时的北京工业学院）来跟苏联专家学习。我觉得从事国防工业很光荣，责任也很大。

告别大连工学院，来到北京工业学院，入住四号学生宿舍楼，同室4人。

初到学校 　　　　　　　　　　　　在天安门

在教务处办好入学手续后，被带到科研处，周发歧处长接待了我们。他说明了向苏联专家学习的重要性，并介绍学校是从延安迁来的，有优良的革命传统，要我们努力学好现代化军事技术，为将来建设国防工业做出贡献。

我的导师是苏联莫斯科鲍曼（БАУМАНА）高等技术学院的副教授费道托夫，具有丰富的办学和教学经验。他在本校工作了三年，帮助培养军用光学仪器专业的教师、组建军用光学仪器教研室，编写了讲义《炮兵光学机械与航空机械仪器》，培养了一名研究生。

费道托夫接见我的第一天，先是用俄文字母给我的名字做了拼音 Жоу Жэнъ Чжун（周仁忠），然后询问了我在大学学习的主要功课情况。

不久，费道托夫按照苏联模式给我安排了研究生学习计划。

研究生期间开设课程

课程	教师	成绩
唯物主义与辩证法	吴威	考查通过
俄语		优
光学仪器理论	马士修	优
精密机械	樊大钧	良
精密机械课程设计	王公侃	优
军用光学仪器	费道托夫	未安排考试，只接见时询问学习情况
火炮概论		考查通过
部队实习		
工厂实习 1		
工厂实习 2		
毕业论文	马志清	优

费道托夫每星期接见我一次，询问我的学习情况、存在的问题，指出需要注意的问题，解答我提出的问题。我非常想了解军用光学仪器的现况和发展趋势，在多次接见中我都提过这一问题，他也逐次作了全面回答。他介绍了苏联和世界主要的军用光学仪器现状，也指出一些军用光学仪器正向自动化方向发展。他重点说明，当时高射炮用的光学瞄准具是最复杂的军用光学仪器，要求我好好学习并掌握它，且安排以此瞄准具作为我毕业论文的题目。

在接见中，费道托夫经常介绍一些俄文专业名词，说明它的多义性，这对我阅读俄文书籍很有帮助。

费道托夫对我要求很严格，如他参加了精密机械课对我的口试，在确定考试成绩时，樊大均本拟给我评为优，但他认为我对口试中的一道题回答得不够肯定，所以只能得"良"。这是后来参加口试的其他教师告诉我的，我得知后十分感激费道托夫。

费道托夫 1956 年 7 月回苏联，缺少了他对我毕业论文的指导，因而遇到了很大困难。之后，指导我的老师是马志清先生。

我的研究生课程学习得很轻松，所以还增选了计划外的多门课程。

主学课程中，俄语的阅读和翻译能力得到很大提高。有时老师给的作业是苏联

桑榆情怀——我的北理故事

外长莫洛托夫在联大的发言稿,其中有一些难译的外交辞令,这为我今后阅读俄文书籍打下了良好基础。但是,我的俄语听力很差,我只能听懂费道托夫的少量讲话。

学习光学仪器理论课程很轻松,我的课程笔记总会写一些学习心得,所以常被同学拿去作参考。

对于精密机械课,我学得也很轻松。精密机械课程设计的题目是"照相机帘式快门的设计",我拆了一台帘式快门照相机,然后建立了该快门的运动方程式,确定了机构参数,顺利完成了设计。

学习中,我有很多节余时间,所以又增修了一些课程。

研究生期间增修课程

物理光学	自学
自动控制原理	旁听大学生课
自动控制元件	旁听大学生课
概率论	自学
线性代数	自学

这大大扩展了我的专业知识,为毕业论文和以后工作打下了很好的基础。

课程学习结束后,开始了三次实习。

1956年12月我到河北省鹿泉县某炮兵团实习。

在炮兵团实习

实习中，除过部队生活外，就是要参观各种火炮和火炮用的光学瞄准具，学习使用方法。特别是要熟悉37高射炮瞄准具的使用方法，以便完成随后的毕业论文。实习临近结束阶段，还进行过两次实弹射击，第一次，我操纵80无后坐力火箭炮对靶标进行射击，但没有打中。第二次，进行37高射炮射击，这种射击需要4人配合才能完成，一人用一米光学测距仪不断测出空中目标的距离，一人目测目标飞行航向，并操纵瞄准具上的航向指标，使之与目标航向平行，一人操纵火炮的方向转轮，使瞄准具上的垂直线与目标重合，一人将目标距离参数输入瞄准具，操纵火炮高低转轮，将瞄准具上的十字线对准目标，适时踏动按钮，将炮弹发射出去。但是，这次射击又没有命中目标，我很懊恼。不过军事教官反而过来安慰我说，未经过长期刻苦训练，初次射击是很难命中目标的。

半个月后，我赴298厂（昆明光学仪器厂）实习。那时还无火车直达昆明，只能乘火车绕道广西桂林到达贵州的独山。当时，贵州山区还有土匪，晚宿独山时，还听到高音喇叭广播，要大家防盗防匪。继续前进，乘了三天公共汽车，途经贵州的都匀、贵阳和安顺到达云南的沾益。一路上欣赏了云贵高原的壮丽山河，心情十分舒畅。从沾益到昆明有法国人造的窄轨火车，乘坐它顺利到达了四季如春的昆明。

在昆明298厂，我先在设计科阅读了该厂所有光学仪器的图纸，并特别将各产品的公差配合制表作了统计，所以很快掌握了它的规律，对以后设计光学仪器很有帮助。带队的潘德昇老师查看我的实习笔记时，看到了这些表格，说只有我一个学生做了这一工作。

随后，我到该工厂的车间实习。在车间，我阅读了全部光学仪器的工艺资料，参观了光学零件加工方法和光学仪器的装配方法，还实际进行了机械零件配合部的修刮和研磨操作。之后，还装配了一台炮兵用的周视瞄准镜。

非常幸运的是，我在工艺车间实习时，正遇上朱德委员长来厂视察，就从我身旁一米远处经过。大家都热烈鼓掌，表示敬意。我看到朱委员长年事已高，体态上显现出历经风雨的沧桑。

接着，我去重庆497厂（望江机械制造厂）实习，该厂生产37高射炮和其上的瞄准具。这是我重点实习的工厂，我到设计科详细阅读了瞄准具的全部图纸，了解了它的全部结构，并向科内工程师们了解该瞄准具的工作原理，但是却没有一个人了解它的工作原理。此外，我在靶场观看了37高射炮的实弹射击试验，不巧的是，射击完三发炮弹后，瞄准具中的一个零件就损坏了。这就是新中国成立初期我国国防工业的状况，我感到了建设国防工业的责任。

研究生学习的最后阶段是完成毕业论文。我的毕业论文题目是"37高射炮瞄准具的研究"，因为不了解它的工作原理，我遇到很大困难。

我花了很长时间研究该瞄准具的结构和机构的运动规律，逐渐明白了机构运动如何实现模拟计算工作，接着，从瞄准具的基本作用——构置前置角和高角出发，逐渐弄清了它的工作原理，最后推出了该瞄准具的数学模型。我的论文工作有了明显进展。

但是，因为"反右"运动，论文工作断断续续进行着，直到 1957 年 9 月才完成了该项工作。9 月底，进行了论文答辩，成绩为优。

我的研究生学习是紧张的、无华的，也是愉快的。通过研究生学习，我增加了专业知识，培养了自学能力和独立工作能力，为未来工作打下了良好基础。

（作者：周仁忠，北京理工大学光电学院退休教师）

小型光学惯性稳像跟踪仪器的研制

●文·谷素梅

小型光学惯性稳像跟踪仪器的核心部件为小型光学惯性稳像跟踪系统，即在普通的手持望远镜中加入光学惯性稳像跟踪组件得到手持稳像望远镜。我从事这项科研工作，始于1979年9月初，终于1997年年末。

光学惯性稳像跟踪系统可分为大型光学惯性稳像跟踪系统和小型光学惯性稳像跟踪系统两大类。大型光学惯性稳像跟踪系统，顾名思义，该系统是被应用在大型设备上，如飞机、坦克、舰艇上的光学惯性稳像跟踪仪器；而望远镜、照相机、新闻摄像机等小型设备上使用的光学惯性稳像跟踪仪器为小型光学惯性稳像跟踪系统。在20世纪70年代末，只有飞机上使用的光学瞄准具是采用大型光学惯性稳像跟踪系统，当时，我国尚未研制手持稳像望远镜等。出于军用飞机和地面侦察车的配备需要，1979年五机部下达给我院一项研究课题——光学稳定的方法和原理。仪器系光学仪器教研室承担了此任务，我参与了该课题研究；经教研室领导同意，还请了汪莲懋老师协助我们完成课题。我们查阅了许多资料，美国从60年代末开始就有人开始从事这方面的理论研究工作。1980年3月，根据搜集到的资料，我们写出光学像稳定原理与方法的综合报告，约23 000字，并在学期末，由我向教研室有关老师介绍了该报告。与此同时，我们教研室的连铜淑老师带领一些老师专门研究利用各种棱镜稳定光学系统的方法。

后来，上级又下达给我们科研组研制单眼手持望远镜的稳像任务。我们经分析讨论认为，若要在震动的环境下使目标像相对于视觉中心或分划板十字线的中心稳定不动可以采用空中射击瞄准具的方法，即使光学惯性稳像跟踪系统小型化。

研究重点是如何利用自行设计的二自由度陀螺仪稳定像反射镜。绘出零件后，交给我院4车间加工。陀螺转子的动平衡主要由汪莲懋老师负责。平像问题的研究借用二系的动平衡机，并得到二系的彭贵泉和王奇珍两位老师的大力协助。一型实验阶段装置装配调整后，经过实验，稳像效果尚可，但体积太大，需小型化。通过这个实验装置的设计加工、装配和实验，我们基本上掌握了小型光学惯性稳像跟踪系统的原理、惯性稳像源的设计及各种参数的选择和匹配等问题，1984年8月，写出了手持稳像望远镜试验装置设计试验小结，约12 400字。本协议的科研费为2万元。

1982年6月，在国务院国防工业办公室编印的《武器装备发展讨论文集（二）》中，针对观察仪器我提出"开展稳像的观察和瞄准仪器的研制"……因为研制出这种仪器可消除震动对观察的影响，随着载体摆动时，像点在视线内的位置不发生变化。但要想研制这种仪器，当前须对小型化陀螺、稳像方案、稳像精度等方面进行研究。

1983年，总参炮兵科研处因侦察校射直升机需要，向日本订购了两台英国宇航一动力公司生产的GS907型单眼稳像望远镜。因为在60年代初我系派我负责研制大倍率炮队镜时认识了该处的田耕读参谋。田参谋给我打电话说送我院一台GS907型单眼稳像望远镜用于研究；我接到电话时，心中万分激动，就像天上掉下馅饼。

回校后，我就消化资料，着手翻译，并拆开壳体，研究其惯性稳像源，总参炮兵技术研究所也提供了一份GS907型的翻译资料。

1984年1月—1986年12月，原兵器部五局火控处向我校与5318厂下达了联合研制的任务（5318厂位于江西省往兴县的山沟里）。此外，北工与5318厂在1983年9月签订了手持式稳像望远镜的研制协议；1985年9月，签订了关于研制手持式稳像望远镜的补充协议；1987年3月，签署了关于完成1986年承包合同的会议纪要。在此期间研制工作得到原兵器部五局和兵科院的大力支持。

北工与5318厂完成了三型手持稳像望远镜实验装置。第三型手持稳像望远镜实验装置是以军方所需双眼稳像望远镜为背景研制的。从设计、加工到装配调试共用了15个月时间，其形式为样机型。

此外，总参炮兵装备技术研究所马应泉同志参加了北工和5318厂对日本富士公司的双眼稳像望远镜的分析测试。

研制组的成员有我、汪莲懋、赵生俊、张经武，5318厂的江瑞颖、谢信兴、孙兵、高峰。我任科研组组长。

1986年，从日本富士公司进口了三台双眼稳像望远镜。我们分到了一台。

在数年的研制期间，我科研组成员对日本和英国的两台望远镜进行了分析、测试、计标、论证。因为该仪器所涉及的科学领域很多，光学系统、稳像原件，尤其是惯性稳像源和跟踪系统，几乎将我上大学时所学的专业课和技术基础课都用上了。另外我还自学了水力学。记得在1989年，我和孙兵为了了解日本双眼稳像望远镜的阻尼器，我们还到中国照相馆拍照、分析，发现用的是液体阻尼器。

单眼手持稳像望远镜的战术技术指标是1986年1月由我院、5318厂与原兵器部五局火控处的承包合同制定的。

为了加快科研进度、节约经费，设计图纸时使用了5318厂现有的望远镜的部分光学零件。

稳像望远镜光学稳定系统由保护玻璃、稳像元件、物镜、平面反射镜、普柔棱镜FPIV—010、密位分划版和目镜组成。

稳像元件采用物镜之前的平面反射镜。将该反射镜用胶固定在带反射镜小轴的镜座上，该小轴与内环轴平行。在设计时，反射镜及其镜座应相对反射镜小轴静平衡，并在装调时予以调整。

惯稳源由转子、铝碗、外环、外环轴、内环、内环轴、电机和电机座组成。内环轴和外环轴应交于一点，并成为悬挂点。电机被固定在电机座上并通过联轴节驱动转子和铝碗高速旋转。在稳态时，转子的转速可达 10 000 r/min。转子的轴线应通过悬挂点。因此，实质上惯稳源是一个二自由度陀螺，且光稳元件及其镜座是该陀螺的组成部分，并在装调时参与静平衡的调整。荔湾固定在转子轴的末端并随转子高速旋转。电机、电机座、转子、转子房、内环、内环轴、铝碗、配重环构成内环组件，其质心位于悬挂点处。

经过数年的努力，我们自行研制的单眼手持稳像望远镜终于在 1989 年 5 月由 5318 厂生产并装配出来。而后我们写出了科学技术成果鉴定所需的资料，1989 年 10 月 9 日，我院召开了手持稳像望远镜科学技术成果鉴定会，鉴定形式为专家评议。组织鉴定单位为机械电子工业部兵器科学研究院，鉴定委员会共 16 人，其中主任为清华大学光学仪器系的沈剑教授，副主任为装甲兵工程学院军用光学仪器系的高风武教授和机电部兵器科学研究院的欧阳刚总工程师。

在手持稳像望远镜生产出来后，在马应泉参谋组织下在吉普车上试用了该望远镜。

1991 年 12 月，手持稳像望远镜获中国兵器工业总公司三等奖。

（作者：谷素梅，北京理工大学光电学院退休教师）

青春回忆

未竟人生的梳理和回忆

●文·王远

一、八年抗战中动荡的中小学时期

我出生于1930年（庚午）10月7日（农历八月十六日）子时，母亲在过完中秋节后生下了我。因为子时是跨越两天的（从前一天的23时到后一天的1时），为了便于记忆和开展活动，我后来就干脆把生日固定在农历的中秋节。

我家在苏州胥门内吉庆街，是个没落的官僚家庭，高祖王大经曾在清代当过某省的副职（在三卷本《曾国藩》中有记载）。院落占地不小，建筑有一定规制，但很多地方已久不使用。屋后有临街的小园，种有桑、柿子、枇杷等树木，还有可以种菜的地。

从出生到小学，这一阶段能记起来的事，已经不多了。在离我家不太远处有一所苏州女子师范学校，我上的小学就是女师附小。学校办得很正规，条件也不错。一年级时的班主任陆老师，衣着朴素，和蔼可亲，她影响了我的性格和一生。刚上完小学一年级，抗战就爆发了，我随家人离开苏州，避难到了上海。由于战争，我在小学和初中阶段的学习是很不连贯的。

1938—1942年是我因避战乱而迁居上海的阶段。我们近十口人租住在上海法租界的西摩路（现在的陕西北路），那是有楼的"石库门"房子。我在私立光实小学插班读完小学二年级，后来又在康脑脱路（现在的康定路）上比较好的"上海小学"，一直读到五年级。校舍是弄堂房子，分成几部分，楼上楼下都有教室。当时上海的小学一般从二三年级开始学英语，这使我在学习英语方面有了较好的基础。我学习了多个数相加的"速算法"，并一直使用至今。在四年级时，我们穿着打补丁的服装，高唱着"我的家在东北松花江上"，排演抗日的活报剧。

上完小学五年级，利用暑假，家里请我的一位从浙江之江大学毕业的舅舅来我家，帮我补学一些必要的知识。在他们鼓励下我以"同等学力"资格"跳班"考上了当时在上海新闸路上的大同大学附中。这所中学以数学教育出名，校长胡敦复兄弟都是数学家。可惜的是我在那里只念完了初一。1941年12月7日上午，我在学校的楼上目睹了日寇的装甲车开进了上海租界,太平洋战争爆发了,第二年我随家人再次返回苏州老家。

那时老家情况有了较大的变化,主要是我姑母全家寄住在那里,一下子增加了好多人,非常热闹。1942年夏天,家里请了姑父的一位学中医的同学王硕卿先生为我补习功课,为再次"跳班"做准备。王先生师从清代御医曹沧州的儿子曹靛侯,是御医的"小门人"。他一周来两三次,就在我老家的大花园里为我补习语文、数学和英语。王先生对我的智商和接受能力评价较高,甚至有"神童"的过誉。1942年秋,我插班进入苏州私立崇实中学,就在道前街附近的况钟祠。在那里我遇见了至今没忘的教数学的严先生、教英语的马先生,特别是对我语文学习有较大影响的滕元白先生。因为我在班上年龄小,学习又较好,所以老师往往是一面摸着我的头一面讲课。那时语文课的作文要用毛笔誊写,老师用红墨水批改下评语。有一次,他对我作文写了"文字双清,段落分明"八字评语。滕先生曾对我说:"在前清,你至少是个翰林。"在这一年里,还发生了一件大事。那时日寇侵占了苏州,规定学校不许教英语,学生一律改学日语。于是英语教师讲了"The Last Lesson",学生们默默无语地把英语课本交到了讲台上。

1943年秋,我进入苏州有名的吴县县立中学,学习了三年,直到高中毕业。起初,学校设在一座旧官衙内,到毕业前最后一学期才迁到苏州著名园林沧浪亭的对面。这三年对我来说无论是德还是才都是打基础的重要阶段。家长要求我珍爱名节,要爱国,要分清敌我。祖母对我说:"三代(夏、商、周)以下未有不好名者。"家里要求我勤奋学习,将来勤奋工作,为人耿直,不趋炎附势。母亲根据我的学习情况和口才,曾预言我适合当教师。慈母一语成真,做儿子的当了一辈子的教师。在学校里我有幸遇见了教语文的尤墨君先生。他是一位清贫文人,曾因"大众文化"问题和鲁迅打过笔仗。他不仅在课堂上为我们讲解了很多中国历代优秀的文学名篇,还介绍了一些著名的笔记文学,如清代李慈铭的《越缦堂日记》,一些名句我至今还能背诵。那时,中学教师连每个月的工资都无法保证。夫人劝他:"你的书可以不要教了吧!"他却还在课堂上吟诗明志:"霜重知寒冱,叶落怅道穷。自当珍晚节,奋志自磨砻!"他很欣赏我的语文基础。临毕业前,有一次他下课后特地来找我,隔着教室的窗问我想考什么大学。他说:"你应该去考中央大学中国文学系。但我知道你不会去考,因为毕业后会没有饭吃!"但那时学校里也有崇洋媚外、思想反动的教师,在课堂上公然骂中国人,甚至扬言要杀中国人。进步学生当堂与之对抗,最后愤离教室。

二、我的大学时期——兼忆母校上海交通大学

1946年,我家在经济上出现了大问题,我能否继续上大学都在考虑之中。后经

亲友建言，才勉强确定下来。那时报考是比较自由的，一个人可以同时报考几所大学，然后自行选择。作为试点，我先报考了在上海的东吴大学法学院，考取了但没有去。第二所学校报考的是吴淞商船学校，报了轮机专业，当时考虑到学这个专业毕业后工作稳定、待遇好。发榜后，我笔试成绩很好，连监考人员都有印象，但体检时因眼睛近视，没有被录取。我又报考了上海同济大学电机系，是在报上发榜的，我被录取了，但也没去，因为要多读一年德文。上海交通大学是最后发榜的。其实那时在上海，中学毕业后想读工科的，主要目标都是上海交大，尤其是上海交大的电机工程系。交大本来就很难考，更何况那时抗战刚胜利，积压了一批学习优秀的考生，所以录取率更低了。发榜后，我被录取在"先修班B组"，要多读一年，我毫不犹豫选择了交大。

  1947年年底，我正式进入上海交大电机工程系。随后的四年本科学习，母校为我打下了坚实的基础，也给我留下了深刻而难忘的印象。首先是学校有着光荣传统和崇高声誉，培养出了众多杰出人才。进入交大，总觉学习气氛异常浓厚，压力很大，学生不敢有丝毫懈怠。我自己就始终有"要对得起交大"的想法，无论是在校学习时和参加工作后都是这样。我想，如果一所学校的学生都有这种信念，就没有办不好的。其次，教学工作安排得当。一是把最优秀的大师级的师资安排到低年级的教学任务上，为学生打好基础。例如，当时教我们物理的是著名的裘维裕教授和理学院院长；教微积分的是留学德国的一级教授朱奕钧，参加他的考试得七十分就不易；教主干课"电工原理"的是著名的林海明教授；教主干课"直流电机"的是严晙教授；教"交流电机"的是系主任、号称"南钟"和"中国电机之父"的一级教授钟兆琳。连后来教专业课"电机设计"的老师都是特聘的，时任上海电机厂副厂长兼总工程师、留学英国的孟庆元教授。二是学习安排先紧后松。一年级时学习负担很重，课外作业都是成本的、预先印好的。到三四年级时，课程数量就比较少，选修课主要是自学。三是教学方法百花齐放，流派纷呈。我在退休后，为电子技术课程教学研究会撰写过一篇文章《试论教学方法的改革》，其中详细介绍了这些情况。例如，主讲"交流电机"的钟先生，他的课堂气氛轻松，讲授的内容少而精，对一些基本概念反复强调，抓住不放。他经常把学生叫起来提问，内容也是围绕基本概念。学生答得简练准确，他就异常高兴，连声说道："very good！"有些来不及讲的内容就指定自学，而考试时却都在范围之内。有一次期末考试，一共五道题，竟有两道题是课堂没有讲过的。还有一位中国科学院院士张钟俊先生，他是美国MIT的博士，当时才三十多岁，是交大教授中的"少壮派"。他在我国高校第一次开设了选修课"伺服机构"，用的教材是美国1946年刚出版的一本书。他的教学方法更具独创性，当时选课的学生（包括我）共八人，张先生把教材分成八部分，指定我们每人准备一部分到讲台上去讲，最后他一总结，这门选修课就结课了。

三、四十多年的教学工作

1951年，我大学本科毕业，刚好遇上了新中国大学毕业生的第一次国家统一分配。为此，在我们交大举办了近一个月的暑期政治训练班，主要目的就是通过学习统一思想、服从分配。动员会上"华东军政委员会"的饶漱石、陈毅等都来了。学习班结束时，绝大多数毕业生都服从了分配，在我们班只有一人例外。新中国刚刚成立，百废待举，特别是首都北京急需人才。我们上海交大电机工程系制造组一共19名毕业生，其中有9人被分配到北京，而且都在重工业部，7人被分配到华北大学工学院，2人被分配到重工业学校。我被分配到华北大学工学院。我从小娇生惯养，直到大学毕业，从未远离过家。面对分配结果，我并没有犹豫，反倒有一种兴奋和跃跃欲试的感觉。那时从上海坐火车到北京要三十多小时，光是过长江，就要两个多小时。我们9月初到学校报到。不久我就被派往上海电机厂实习，返回北京已是1952年10月。

当时经过院系调整，学校已更名为北京工业学院。但原来招收的学生尚未毕业，所以我最初承担的教学任务还是华大工学院留下来的，就是协助范崇武教授辅导专业课"电机设计"。华大工学院的教学工作我只赶上了收尾，时间很短，却留下了很深刻的印象，我至今保存着由时任副院长曾毅签署的助教聘书。20世纪90年代初，为庆祝华大建校50周年，我应邀写了一篇纪念文章《忆昔当年在华大》，详细回忆了在华大时的教学情况和特色，特别是那时师生之间的深厚感情。

北京工业学院建校之初，师资力量还不足，没有分系，只有专业组，这就要求我们这些刚参加工作的教师迅速挑起担子来，同时也给了我们锻炼成长的机会。1953年秋，经过试讲，我开始独立主讲"电机学"，当时使用的是苏联教材的中译本。第二年，我自编了教材，开设新课"整流设备"。牛刀小试，自然问题不少，主要是未顾及学生的接受能力，只图自己讲得痛快。我诚恳接受了学生们提出的意见和建议，深入思考，力图改进。在学习毛主席著作《矛盾论》时，我开始想到讲课首先要找出课程的主要矛盾，然后围绕这点反复深入地讲。20世纪50年代中期，我为新建的火炮射击指挥仪专业主讲专业基础课"电解算装置"时试用此法，后来在主讲"电路"时，继续试用，屡试不爽，获得了学生的认可和好评。有一次，同宿舍的一位教师向我谈起，由于我在课堂讲授上取得了一些进步和成绩，引起了学生们的关注，他们甚至注意我平时在路上的一些举动。当时我深受触动，心想作为一名教师，无时无刻不在几十双、甚至几百双学生眼睛的注视下，为人师者，不可不慎重。从此，我对自己内在的修养、外在的仪容举止，特别是教学质量的提高，给予了更大的注意。20世纪80年代中，学校为提高青年教师的素质，组织了一系列讲座，为此，我撰写了《共同努力当好人民教师》一文，总结了我作为教师的成长过程和切身体会。

1958年，当时在"大跃进"形势下，系里要新建"数字计算机"专业，给我的任务是：用一周时间准备，为学生主讲"数字计算机原理"。这是一项紧迫而艰巨的任务，因为我本人既未学过也未见过计算机，而且当时国内几乎没有这方面的资料和教材。但是当年我刚28岁，年富力强，日夜奋战，居然如期完成了任务，而且获得了学生和兄弟院校的好评。2010年年初，为了迎接计算机专业建立50周年和编写专业发展史，时任计算机学院的领导同志亲临我家征文。于是我就把第一次讲授"计算机原理"的详细情况写成了《半个世纪前的回忆——北工的第一堂计算机原理课》。

此后，我的教学工作又逐渐转向自动控制。这对我来说倒是不陌生的，因为在上海交大四年级时，我的选修课就是"伺服机构"，这是当时对自动控制系统的叫法。我在20世纪60年代初开始主讲"自动调节原理"，用的是苏联教材的中译本。这门课体系严整，脉络清晰，备课、讲课并无大的困难。第一次是给外专业学生讲，课程结束后，有一次遇见系领导，他说："你的讲课反响很热烈！"这可能是学生和辅导教师的反映。这门课我以后又讲过多次，还吸引了外地和外校的教师来听课，有的人在我校招待所一住就是几个月，有的还到我家来表扬我的讲课艺术。"文化大革命"后期，我带着编写教材的任务下专业厂，边实践边写书。教材印出后，又为专业厂的人员讲课。

1978年，国内政治形势发生巨变。随着党的十一届三中全会的召开和邓小平同志的复出，作为知识分子的我在短短的一年中，不仅获得了尊重和荣誉，还参加了几次重要的会议。2008年，为庆祝改革开放三十周年，我为我校离退休人员自己的刊物《秋韵》撰写了《改革开放三十年回眸》，详细追忆了1978年的情况。

1978年年底，随着学校教学工作的整顿，我担任了重新组建的电子和电路教研室主任，承接讲授"电子技术基础"课程的教学任务。

在重建的教研室里，有不少以前讲授这门课的教师，比较有经验，我们一起分析研究后认为"电子技术基础"，特别是它的"模拟"部分是比较难讲的。它与"自动调节原理"有很大的不同。它的内容复杂，重点不突出，主线不分明；它的难点在先，一开始就要涉及"半导体物理"。学生从学习理论基础课转向学习技术基础课，首当其冲，要为学生开始建立"工程观点"和"实际观点"。它上面需要"电路原理"课的基础，下面又与后续的"控制理论"课紧密相连。判断反馈系统是否稳定的著名的"Niquist判据"最初就是为研究电子放大电路而建立的。所以在1980年第一次讲课前，我用了很大精力备课，几易讲稿，连重要的话怎么说、板书怎么安排都反复斟酌。讲课从秋天开始，那时我因久治难愈的哮喘病住在校医院，病体初愈，每次上课由辅导教师用自行车送到教室，下课又送回。讲课在一个大合班教室进行，除了学生，还来了很多旁听人员，连系主任也来了，自始至终，几乎从不缺席。课程结束后，系主任对我说："你这门课不好教！你是靠了你的教学经验，以前又讲过电路和自动调节原理。"20世纪80年代初，我们教研室参加了全国和华北地区电子技术课程教学研究会的活动，提交了论文，论述了这门课的特点、难点和教学对策，逐渐扩大了我校的影响。我还应邀参加了为本课程教师举办的学习班，为同行们介绍了课程难点"反馈"部分的教学方法。80年代中期，我曾应邀去北京和外地的兄弟院校交流这门课的教学经验。那时还是改革开放之初，我由于传统观念，竟退回了别人寄来的讲课酬金。随着教学工作的进行，我逐渐成了别人眼中"小有名气"的人。1983年，我被评为北京市教育系统先进工作者，代表大家在全校大会上发言，表示要继续努力，做好"承先启后"的中年教师。院党委宣传部的同志对我进行了两次采访，在校刊上分两期刊载了文章《努力耕耘的人》。五一劳动节，作为我校的唯一代表，我在中南海怀仁堂光荣地受到了邓小平等中央领导同志的接见。在那一次，我还遇见了北京大学著名的王选院士，他送给我一本用激光照排制作的书。

从1979年开始，我开始通过科研任务招收硕士研究生。1984和1985年有多名兄弟院校的年轻教师来报考深造；参加了"模拟电路故障诊断"的研究课题。至今还有好几位毕业研究生和我保持着联系。有一位毕业研究生对我当年的严格要求记忆犹新，他已是所在高等学校的研究生院领导和科研带头人。

临近退休时，恰好部里的"电子课程协作组"开始组织各院校的教师编写"电子技术基础"教材。在协作组会议上，大家经过讨论认为，编写教材的目的在于总结自己的教学经验，精练而便于使用的教材重在揭示组成电子电路的规律。我和教研室其他几位教师分别参加了模拟部分和数字部分教材的编写，协作组会议决定由我担任"模拟电子技术基础"教材的主编。教材初稿写出后，举行了课程协作组组织的集体审稿。1992年，由机械工业出版社出版的教材开始在教学中使用。学校要我首先试用。我珍惜这一次最后走上讲台的机会，除了努力备课、精心讲课之外，还动用了电化教学设备。除了和辅导教师一起参加课外答疑之外，还总结从学生作业中发现的问题，作为课堂讲授的补充，定期举行晚间的习题课。我还利用课外时间去学生宿舍征求意见，改进教学。课程结束后进行的评教评学活动，学生几乎给了我们满分，我深知这是学生们对我们教师的鼓励。

教学工作与其他工作相比，既有共性又有特殊性。热爱教学工作，热爱学生；教师的工作对象是学生，是活生生的人，所以教师在"授业"的同时必然也在"传道"，在"育人"。教师要从思想、品德、做人等各方面严格要求自己，做学生的"师表"。单从"授业"来说，教学工作既有"科学性"，又有"艺术性"。教师不但在本门学科上要有精选的理论基础和丰富的实践经验，要"广积"，而且要研究如何最有效地传授给学生，精心备课时主要还不在获取知识，而是选择最容易为学生接受的讲法，在研究如何"深入浅出"，如何"薄发"。教师决不可故弄玄虚，"秀"自己的业务知识。要根据不同性质的课程，研究和选择不同的教学方法，"因课程而异"。勇于教学实践，自觉地从实践中更快地充实自己，提高教学能力。要虚心学习，做到"教学相长"。正因为教学工作的对象是学生，他（她）们既是接受者，又会有反应，他（她）们实际上就是检验教学工作成效最好的对象。教师有心积累的自己和其他教师为学生答疑的资料是我们编写学习指导书的重要源泉。有经验的教师就能根据学生反映，及时调节，提高教学效果。

四、在研究生院的工作

1984年秋，我随学校的七人代表团访美，历时一月有余。我们从东往西走了七个城市，访问了近十所美国名校，收获颇丰。回国不久，学校领导进行了调整。那时，国家教委开始在全国33所高校中试办研究生院。文件中明确指出，研究生院副院长应由教务长级别的人员担任。我院候选人可能有三四位，最后决定要我担任。当时我在自动控制系主管教学的副主任岗位上，到1985年才去研究生院就职。在随后的六年中，我工作繁重，超过了"双肩挑"。为了指导研究生，我分身乏术，只能让研究生直接到办公室来找我，然后选择图书馆或校园中的石桌进行辅导。除了校内工作外，我还有社会兼职。由于我校研究生院院长的学术名望，北京市高教局把新成立的"北京市高等学校研究生教育学会"挂靠在我校，研究生院院长是当然的理事长，我是主持日常运转的秘书长。学会下设"培养组""学位组"等，由其他院校负责。研究生院初创，要研究的问题很多。为了推动工作，我经常去各校联系，还亲自参加他们的讨论。我在研究生院的工作既有贡献也有缺陷。由于我们的工作，提高了学校的声誉，各兄弟院校都认为北理工对北京市的研究生教育工作起了推动作用。缺陷是由于我的修养不够和处理问题的方法不好，我和群众之间出现了隔阂。

五、退休生活

我1992年退休，当年就开始领取国务院颁发的特殊津贴，并拿到了证书。说来也很不幸，1993年我得了重病，经过三所著名医院的大夫会诊，确定为亚急性脊髓神经联合变性。这是一种罕见的病，因其罕见，也就难治，连协和医院神经内科教授级的大夫也要翻书为我治病。病的起因至今不明。两次住院的结果是四肢，特别是下肢麻木，走路困难。不夸张地说，二十年来我是在家人（特别是爱人）的关心和帮助下、利用国家给予的比较优越的医疗条件"带病延年"的！但是我生性要强，虽然退休了，又有病我的生活还是丰富多彩的。

1. 政治上以共产党员标准严格要求自己

退休后，我虽因病而行动不便，仍严格要求自己，定期参加党支部会议，从不缺席。曾因此在2001年被评为离退休干部党委优秀共产党员。2005年，校党委自4月1日起组织"党员保持先进性"教育，历时三个月。我认真听报告，学文件，写心得，并主动找支部其他同志谈心，征求意见。当年我被评为校优秀共产党员。

2. 积极锻炼治疗，延缓衰老和疾病发展

我深信要健康长寿，除可遇而不可求的基因条件外，主要靠自己，而靠自己又主要在调整心态，修身养性，乐观自信地对待生活和疾病。转机发生在1995年，我去对口单位北医三院治病时，遇见了中医科的袁硕大夫，他诚恳地为我介绍了快乐治病的道理。至今我每天清晨都用一定时间练习"入静"，在静坐时，力求做到心情舒畅，情绪安定，心平气和，大脑清净。我深知"江山易改，本性难移"，必须脱胎换骨，改造个性。我相信"生命在于适当的运动"，必须动静结合。二十多年来，我坚持每天在户外走路锻炼一两个小时，除因天气条件外，几乎做到了从不间断。与此同时，我也结交了更多新朋旧友，得到了他们的高度赞扬，被看作有毅力的锻炼标杆。

3. 继续从事教材编写和学术活动

根据所编教材在各院校的使用情况和收集到的意见，与参加编写的教师一起定期修改、充实和完善《模拟电子技术基础》一书。第1版获机械工业部优秀教材二等奖。第2版获得教育部全国普通高等学校优秀教材二等奖，得到了学校发的奖金。教材第3版则被列入全国教材的"十一五"规划。现在，我已退出了编写教材的工作。

在身体状况比较稳定的1997—2004年，我又在爱人的帮助下，以"特邀代表"身份，每年一次赴全国各地参加电子技术课程教学研究会的活动。除了在会上发言和参加讨论外，还为会刊写文章。

4. 重拾平生的业余爱好

我虽然是学工科的，也一直从事工科的教学和科研工作，但我的业余爱好却在文史和戏曲。退休后通过读书和收看电视节目，我在文史方面又获得了大量知识，取得了不小的发展。

我从高中开始阅读《红楼梦》，至今已通读多遍。在业余研究方面，我遵循由胡适开创、周汝昌发扬的"新自叙说"。近年来我读了不少有关的著作，听了"百家讲坛"上有关《红楼梦》的讲座，最近又听了丝绸专家名为"丝绸密码"的讲座，其中详细分析了"贾、史、王、薛"四大家族与清康熙、雍正年间"江南三织造"的关系。我还不时重读历代文学名篇，达到重新欣赏和愉悦心情的目的。

在学习历史方面，我从收听"百家讲坛"中清史专家阎崇年"正说清史"开始，采取由近及远的方法，通过阅读和收听，初步熟悉了清、明、宋各朝代的帝王和历史。在学习历史时，我有一种观点，主张为历史上有争议但确有作为和贡献的人物平反，如明朝的永乐、清朝的雍正和三国时期的曹操。鲁迅对曹操有个正面的评价，说他"至少是个英雄"。我说不仅如此，曹操还是政治家、军事家和引领"建安文学"和"建安风骨"的文学家。

我平生另一业余爱好是学唱京剧，曾为《秋韵》撰写过《平生爱好话京剧》。退

休后，我和过去同时参加过"交大京剧社"的老同学偶然重逢，恢复了学唱京剧。我还参加了"北京高校京剧清唱会"的活动。

5. 为离退休教职工的刊物《秋韵》投稿

从2006年开始，我校离退休工作处创办了季刊《秋韵》，这是我们离退休干部自己的刊物，理应热情支持。创刊号上，我写了《迎秋韵有感》一文。我的态度是文章要有感而发，决不无病呻吟。以后每逢重要的节庆日，如改革开放三十周年、建党九十周年和教师节或是自己对某些方面有了感悟，我都以亲身经历和感受写成文字投稿，积累至今，基本上每年一篇，最近我又以今年以来生活中的乐趣和感受写成《生活记趣（2014）》一文，投送《秋韵》。

我一直信奉孔子"朝闻道，夕死可矣"的精神，抱着"活到老，学到老，改造到老"的态度，希望在有生之年，在品德、知识、健康等各方面都还能有所进步，有所积累，有所贡献。

（作者：王远，北京理工大学自动化学院退休教师）

走，跟着共产党走，初心铸定

● 文·赵长水

我 1935 年 7 月出生于河南黄帝故里新郑市。从 1935 年到 1949 年的十几年间饱受了中原大地旱、涝、蝗、汤四大灾害的蹂躏，天灾人祸，民不聊生。20 世纪 40 年代 3 年大旱，几乎颗粒无收，无粮可吃。为活命，老百姓把所有榆树皮削光、吃光，地上凡是能吃的也拔光、吃光。我家住在竹林里，是万鸟的天堂，无吃的就到竹林里找豆子吃，后来知道这豆是鸟吃的尚未消化掉的国槐豆。大旱之年必有蝗灾。黄河滩是蝗虫的发生地，蝗灾一来遮天蔽日，树枝被压断，玉米过后只剩秸秆。没粮吃，家家户户就吃死去的蝗虫。再说涝，蒋介石为阻日军南下，炸开了郑州花园口黄河堤，滚滚的黄河水淹没了豫东十几个县，死伤几十万人，形成千里黄泛区。汤是国民党河南驻军将领汤恩伯，日本鬼子要来，他拔腿就跑，老百姓称他为逃跑将军。日本鬼子的铁蹄踏遍中原大地，蹂躏河南人民。这四大灾害我除了没有看到黄河决堤外，其他三样都亲自感受。苦难的日子，使我在少年时代心底种下了对国民党和旧社会的不满与仇恨。苦尽甜来，1949 年南下大军到来之前，延安妇女大学和解放军警通连作为前站驻扎在我村起家寨，当时地下党员做宣传，家家户户都贴上"欢迎南下大军到我家居住"的标语。进驻我村后特别注意三大纪律八项注意，妇女大学和警通连的任务就是发动群众，组织群众，搞宣传，开诉苦大会，让受苦群众上台诉苦。妇女大学演出反映受苦群众的话剧"赤叶河"和白毛女片段，老百姓觉悟提高了，阶级界限分明了，为大军南下扫清了道路，也在我少年心灵中打下了共产党好、朱德、毛泽东好、解放军好的烙印。几个月后，这两支队伍突然接到上级命令继续南下，我有好几个同村小伙伴跟着队伍也南下了。因我当时住的地方离赵家寨有一里多地，不知撤走的消息，否则我也会是南下大军的一员了。接着，郑州和平解放。后来知道是皮定均将军率领解放军解放了中原大地。我的两个叔叔和一个姑姑参加了革命。我的父亲解放初因种棉花有方，被评为县劳动模范。我被动员继续上学，因当时我们家是大家族，同辈人中我是老大，爷爷决定只允许我上学，读完了小学，又考上了县第一中学。初中三年又经历了土地改革、抗美援朝等运动。因我家是贫下中农，分得了一些土地和农具，生活得到了改善。学校动员我们这些学生回乡搞宣传，办扫盲识字班，组织跳秧歌。通过这些活动，我加深了对共产党的认知。

  1953年初中毕业,要考高中。当时郑州只有两所高中,一所是郑州和一高级中学,一所是郑州铁路高级中学。为了满足中考生的需要,政府决定成立郑州第二高级中学,允许郑州和周围几十个县的学生报考。因为我学习还行,顺利考取了郑州第二高级中学。郑州第二高级中学校长、党支部书记吕云,我们班的班主任赵议章都是共产党员。因家庭出身好,又是班级干部,思想又比较开明,我被列为发展对象。那时的党员发展考查非常慎重,这些工作做完后,分两批发展,我是第二批,前后一共发展了8位党员。入了党,成为党的人,一切都要按党章办事,要处处听党的安排,要严守党的秘密。1956年高中毕业,考什么大学得听从党的安排。我对文较感兴趣,本打算考中国人民大学。但1965年全国政协第二届二次会议上,周恩来总理代表党中央、毛主席到会讲了话,发出了"向现代化科学大跃进的号召"。这一号召也传到了郑州第二高级中学。时年,北京工业学院是第一所国防性质的大学,中央决定将西北工学院列为第二所国防性质的大学。据领导讲,西北工学院和西南联大一样,是在抗日战争时期从内地迁往西北地区的大学,学校师资力量雄厚。领导找我们谈话,动员我们报考西北工学院,我们几个党员都报考了西北工学院,考试后全被录取,我被录取到火炮专业。入学教育非常严:作为党员,要认真学习,早日成为红色的科技人才;作为党员,要严守组织观念和党的纪律。1957年,西北工学院和南京某学院合并改为西北工业大学,学校由咸阳搬到西安,火炮专业的学生愿意留下的改专业留下,不愿意留下的转学。按照当时教育部规定,只要你够哪所大学当年的录取分数线,就可以转到哪里。我们当年就是本着为国防事业奋斗的愿望报考的,还是想学国防,于是我和近20位同学转到北京工业学院,改学坦克专业。

  1957年9月,我们转到北京工业学院学习。我们吃住在车道沟校舍,和兵器工业原一所在一个院内,和《把一切献给党》的作者吴运铎经常见面。学校要求学生树立正确的学习目的,端正学习态度,改进学习方法,在全校大兴读书之风。我当时是班长,后来是党支部书记,学习上处在能跟得上水平,工作、学习都搞好压力很大,我采取笨鸟先飞、多飞的办法,少玩少休息。为此三年没有回过家看望父母,一是没钱买火车票,二是利用假期补习功课。

  1960年大学四年级,当时大学面临教师不足的问题,经过上级批准,采取"拔青苗"的办法将尚未毕业的高年级学生提前毕业,以解决哈工大、北航、本校教师不足的问题。当时我是班长,党支部书记赵玉林是调干生。我们一合计,说好不容易上了大学,差一点就要读完了,别提前抽调了。服从组织决定,但最后我们还是接受了提前抽调。

  我被抽调做了不到一年的半导体工作,后又被抽调做党务工作。我先后做过班主任、辅导员、团总书记、宣传部干事、总支副书记、总支书记、监察室主任、信访主任、党委统战部部长。期间,经过无数次运动,也吃过不少苦,但作为党员,

桑榆情怀——我的北理故事

信念不变，初心不变，虽然在某个阶段，对一些说法、做法，有点想不通也有不同看法，但最后还是服从上级领导决定，我始终坚守着一名中共党员的信仰。

退休已22年了。这22年我的信念不变、初心不变，以我的微薄之力为党的事业奋斗终生。

最后将我在2016年11月红军长征胜利80周年作的一首诗作为结束语。

初心不变

神州大地奏乐典，
共庆长征八十年。
红军精神代代传，
大美中国立世间。

走好当下长征路，
坚定理想和信念。
四个全面需牢记，
四个意识刻心间。

党龄已逾六十年，
耄耋之年心不老。
尽微薄力心也甘，
跟党走初心不变。

（作者：赵长水，北京理工大学统战部退休干部）

十三陵水库回想曲

● 文·周本相

1958年夏，著名作家田汉以前所未有的速度创作了电影《十三陵水库畅想曲》。同时，电影艺术家崔嵬也创作了电影《宋景诗》。他们的作品对当时热火朝天的形势起到了擂鼓助威的作用，引起了社会极大的反响。59年后的今天，田汉的十三陵畅想早已实现。而一支建设十三陵水库回想的新曲，已然在我的心中唱响，使我久久不能平息。

翻开59年前我日记中写的一首诗歌："去，到十三陵去！/那里行进着中国巨人的步伐；/那里是'大跃进'浪潮的峰顶；/那里高唱着震慑世界的歌声。/去，到十三陵去；/快跳到沸腾的水库中洗个澡，/清除知识分子身上的脏东西；/投身到这马丁炉中，/接受这劳动烈火的冶炼……"这就是我当时作为四年级大学生积极参加修建十三陵水库劳动的初衷。

那是1958年的五一劳动节，北京工业学院（北京理工大学的前身）数百名大学生，遵照北京市委的部署，分期分批到昌平十三陵水库建设工地参加劳动。一来是为首都建设做一份贡献；同时也是在劳动实践中改造思想、锻炼品格，希冀获得思想、劳动双丰收的美好愿望。初到水库工地，我们住的帐篷立在一片乱石滩上。那时正是北京春天特有的刮风季，从皇陵后的天寿山刮来的狂风，呼啸、震荡，飞沙走石，豆大的小石子打在人身上生疼。我们虽然穿着棉衣，但还是抵挡不了北京西北郊山区春寒料峭的威力，这是大自然给我们这批初来乍到小青年别样的"见面礼"。然而看看工地上劳动的人们：整个工地，歌声和劳动号子声响成一片，红旗如森林般在寒风中猎猎飘扬。劳动者像冲锋陷阵的战士，一个个挑着沉重的砂石，以小跑的速度冲上高高的料台；有的同志推着堆积如小山一样的砂石小车奔驰疾进，他们的身影霎时隐没在漫天的沙暴黄尘之中。他们是谁?他们为何舍身忘我地劳动?他们就是由劳动者组成的"武松排"（十几名强壮小伙子组成的战斗队）、"九兰组"（九位姓名带兰字的姑娘组成的劳动战斗小组）、"黄忠班"（由十名年龄较大的老同志组成的老英雄集体）……他们拼搏的目标就是为中国人争气，要用短时间的奋斗改变中国一穷二白的落后面貌，争取改善中国人的生活，使之过上和平幸福的日子。

我们安顿好住处之后，就迅速投入战斗。我们负责挑砂石，一个人开始能挑两个柳条筐的砂石，有100余斤重，扁担在肩上找到重心后，脚下的小碎步配合肩上扁担振动的频率,像风似的冲上高高的料台。头一天肩膀就因磨压红肿了,但我们咬牙坚持着,两天后,肩部肌肉自然脱皮、变硬。最吃劲的是腰部和腿部,往往到每天快收工时,腰部都感觉不能承受肩上的重压,腿部不由自主地打颤。大伙分析,这可能是劳动中体力消耗太大,能量不足造成,因此必须增加体内能量。于是每顿增加饭量,一般每人每顿都得吃三至五个棒子面窝窝头,并就大量的咸菜和开水。在后来的劳动中,大家完全掌握了挑担的技巧,故而将担上两筐砂石变为堆尖的两大筐,继而增为四筐,足有200多斤重,大家戏称为挑4个窝窝头。

经过半个月的劳动,我们从十三陵水库工地回校了。放眼一望,水库大坝因我们用汗水浇灌而节节升高;再看看身旁的伙伴,个个脸膛透红,容光焕发。大家不约而同地唱起了在十三陵水库工地流行的自编歌曲。

窝窝头歌

窝窝头呀窝窝头,
从前见了你就发愁。
医生说你有营养呀,
我说他是瞎忽悠!
如今来到工地上,
我和窝窝头交了朋友。
这回吃得特别香呀,
原来你能改造思想!

(作者:周本相,北京理工大学党委宣传部退休干部)

"入党"永远在路上

● 文·戴永增

我是 1956 年 2 月 16 日入党的，至今已过去六十几年了，回想往事似在昨天。

没想到入党有波折

我的入党介绍人是王省三（党支部书记）和韩元臣（党小组长）。很久以后，老韩告诉我说："支部会上很多人不同意吸收你入党，老王拍桌子说：'你们不同意戴永增这样的同志入党，你们还吸收谁入党？'"我当时是班上的团支部书记，组织委员、宣传委员都是党员，这使我觉得必须积极努力，一切工作都要走在前面，处处严格要求自己。为了班集体，在严于律己的同时也严格要求每个人，即使对年纪大几岁的调干生党员也一样，该批评时毫不客气。这种性格和作风在高中就养成了。那时读了《钢铁是怎样炼成的》及作者奥斯特洛夫斯基的演说书信论文集，很受影响，以致入大学填写登记表时，在"最崇敬的人"一栏中填上了——奥斯特洛夫斯基。我的这种工作作风，只讲严格要求，不懂宽以待人，且工作方法有点简单粗暴，不够细致、耐心，没法做到以理服人。这对我是一次很好的教训。

没想到留校任教

1958 年 7 月，大学四年级即将结束。一天下午，系里来人通知我们班几个同学到系主任室开会。我们赶到李主任办公室刚坐下，"把你们调出来了，当助教！"一句话像晴天霹雳把我从梦中惊醒！当时我和许多同学一样，一心想毕业后到工厂参加祖国的社会主义工业化建设，从来没想到当教师。可是我身为党员必须服从组织安排。我于 7 月 27 日报到成了一名助教。

没想到我会留校当教师，因为在我心目中只有品学兼优的学生才合格。我自认为品德还可以，可是学习成绩不好，在班上居中等偏下水平，成绩多为及格，良较少，优更少。我不愿当教师还因为教师讲课若讲不好，或稍有差错必被学生非议。

这个问题始终在我心中萦绕不去。

若干年后的一天，我和金老师一起散步，经过一个单元门口，李主任正巧从该单元门走出来，热情邀我二人到他家中坐坐。当谈到为什么把我留校时，他说："那年教改，学生写小字报给老师提意见，我看了你给无线电技术基础课的意见，好几篇都写得简洁明确、思路清晰，理由充分。当时我就决定：这个学生一定要把他留下当教师！"真没想到这个理由改变了我的人生之路教师。

没想到开出了第一课

我主讲的第一门课程是"导弹上的无线电设备的结构与工艺"。当时，国防科工委决定：在北京工业学院办一个大专班，学员是中技校水平的技术员和技工。教材是我们教研室主任和两位助教编的，40学时。接受任务时有些为难、担心！教材只是一份很薄的油印材料，内容多是原理、原则，具体的结构工艺很少。这对我来说，是一个严峻的挑战，也是一次重大的机遇！我下决心：一定要成功，不能失败。古人讲："世上无难事，只怕有心人。"毛主席也说过："世界上怕就怕'认真'二字，共产党就最讲认真。"我一定要认真讲好，不能讲坏！我千方百计搜集资料，充实内容。果然上天不负有心人，居然在保密科的资料室发现了一本《超小型无线电机》。这对我们这些从来没见过导弹，对导弹上的无线电设备更是一无所知的人，至少是接近真实的，可供参考的。这样讲的内容就有根据了。

讲好课才称得上是一名真正的教师。讲好课的教师什么样？回想中学、大学，凡讲课好的老师，有一个共同的特点——不看讲稿，不看书！我能做到吗？只能做到！

当我讲完第一节课时，一位同学走到讲台前问我："老师，您在工厂工作过多少年呀？"这句话是肯定，是结论，是我作为一名大学教师的合格证，证明我开出了当年北京工业学院从来没有人开过的第一课！上课前一天三默写、三默讲、牢记加工系数等等，练就了我作为一名主讲教师的自信，从而使我走向了不愿当教师的反面——爱上了教师这个行业。

没想到"自信"也会走向反面

我六年内连开了三门课。教学改革，实行单元教学，按单元教学的要求实际主持了"线性电路"前半部的编写并主讲，试点开卷考试等也都比较成功，不幸被"文化大革命"冲断。期间，我系为北京市无线电类工厂开办了一个青年工人学员班。学员没有学过高等数学，我针对他们编写了适合他们的"电路基础"教材，所以对教好这门课信心十足！没想到居然有一次在讲解一个例题时出错了，以致有一位女同学走到黑板前指出错在哪里,我才明白真是错了!我心想:我这个曾经专挑老师错的学生,今天也被学生当堂指出错误。这不是"报应"吗?不是报应,也是惩罚,是对我过分自信的惩戒!然而真正明白走向反面的根源,却是在学习研究徐特立教育思想20多年后。所谓过分自信皆因"自以为是",自以为是就不会实事求是,不实事求是必然犯错误,即便是成功者也会走向失败;反之失败者能实事求是,也会走向反面——成功!失败是成功之母,这是历史的规律。为什么这样说呢?

早在两千多年前,孔子的孙子子思言于卫侯曰:"君之国将日非矣。君出言自以为是,而卿大夫莫敢矫其非。卿大夫自以为是,而士庶人莫敢矫其非。君臣既自贤矣,贤之则顺而有福,矫之则逆而有祸。"就是说自以为是的君王将会有亡国之危险。所以1942年,毛泽东在延安整风时就讲:"自以为是"是共产党的大敌。所以徐特立为《河北教育》题词:"实事求是,不自以为是",并著文指出:知识分子最容易自以为是,尤其是"在年高、位高、学高、功高的四种高人面前,则'自以为是'四字,就是第一等的障碍物,……首先就障碍着'实事求是'。"他在《讲学录》中更深刻地指出:"实事求是是马克思主义的精髓和骨干。"到了20世纪80年代,邓小平也强调指出:"实事求是"是马克思主义的精髓!

六十几年的经历,纸短情长!一句话:"入党"永远在路上!

(作者:戴永增,北京理工大学人文与社会科学学院退休教师)

抹不去的记忆

● 文·贾展宁

校庆期间，我们老同学举行了一次难忘的聚会。往事并不如烟，有同学聊起为高能固体推进剂的研制而献身的五位同学，提起这段往事，气氛有些凝固，大家回忆着，仿佛发生在昨天。

"1958年10月31日是我终生难忘的日子。"宇航学院退休的王新华老师回忆说。"是的，这是无法磨灭的痛苦经历。"我低下头，回应着。"我是清晨2点回到宿舍，大约5点发生的爆燃。"她语速缓慢地说，"我当时不停地哭着，看着已经烧焦的尸体，难以分辨。看到未烧完的一根长辫子，我确认是方修文，她旁边尸体的脚上的皮鞋还未完全烧焦，这是杨润昌，他们斜靠在窑洞底部。余家蓉爬卧在硫化罐的炉门口。""听工厂的师傅说有两个学生，浑身是火，从硫化窑洞往下跑，师傅把他们摁倒在地，打滚，后送到医院，也没抢救过来，在场的五位同学全部牺牲。""事故发生后，我们分析了原因，决定将硫化工序搬到露天，继续进行科研，没有停。我们确实是将悲痛化力量，没有影响东北白城子靶场的发射任务。我记得，当我们最终完成发射我校第一枚二级固体探空火箭的任务后，我们到太原双塔寺公墓祭拜过牺牲的五位同学。"停顿片刻，她紧紧握住我的手说，"至今，每当我想起这悲惨的场景，总是不能平静。"

复合固体推进剂的氧化剂是过氯酸铵，燃烧剂是橡胶，还有硫化剂和其他添加剂成分。制造过程是将准备好的原料、氧化剂、燃烧剂和添加剂在人工操作下反复压延混合成为片状，再将片状料卷成一定尺寸的柱状，进入压伸机压成一定尺寸，最后在一定温度下进行硫化，成为固定尺寸的推进剂药柱。在学校小批量的研制成功后，部分学生于1958年9月20日到太原145厂进行推进剂药柱制造。当时装备探空火箭的推进剂药柱尺寸已长达2米，直径60厘米。硫化工序是在工厂山上的窑洞内进行的，事故是当药柱在硫化罐内硫化时间到了打开硫化罐时发生的。

王新华、方修文、杨润昌都是在新中国诞生后的第六年，即1955年入学，学习的是火药专业。大家清楚记得学校录取通知书上写着"你们将成为红色国防工程师"。入学后，老师给我们进行了专业思想教育："北京工业学院是我国第一所国防工业学院，国家需要大批常规兵器工程技术人才，你们毕业后将会补充兵工企业技术人才的不足，所以你们必将成为红色国防工程师。"

1958年，党中央作出研制导弹的决策，作为国防工业院校，相应地建立了导弹专业，我们火药专业成为火箭固体燃料专业。在"自力更生，高速度攀尖端"的号召下，我们学生也分组参加固体推进剂的研制。当时国家一穷二白，几乎没有科研设备，我们自力更生，艰苦奋斗，白手起家，一点一点搞起来，如小型压延机就是我们自己设计、画图、跑加工、安装、调试的。那时，哪里工作需要，我们就到哪里，没有实验室，我们就自己建。大家都是夜以继日地奋战，经常就住在实验室，睡在工作台。另外两位牺牲的同学，是1958年9月初入学的，10月就把生命留在了试验场。

高能复合固体推进剂的制造，每一个工序、每一个环节都是充满危险的，事故随时都在威胁我们的生命，推进剂用的氧化剂都是极为爆炸敏感的过氧化物，都是我们学生手工研磨成极细粉末，粒度要求过筛100目。那时，我们真是把生命置之度外，把事业看得比自己的命还重要。五位同学的牺牲，正是这种不怕牺牲精神的体现。尽管很不幸出了一起技术安全事故，但在1958年我们就制出了高能复合固体推进剂，与当时美国的复合固体推进剂处于同一技术水平，而复合固体推进剂是二级固体探空火箭发动机的固体燃料。任务完成后，我们将全部复合固体推进剂的实物和资料交给了五院（中国导弹研究院）。

1959—1960年，国家遇到自然灾害，生活困难，粮食定量低，太饿了。记得当时在食堂吃饭是划卡，主食是玉米面窝头，顿顿都是熬白菜，有时连熬白菜都没有，吃熬大蒜须，野菜做包子，感觉每一顿都吃不饱。有的学生浮肿，有的患夜盲症，饭量大的同学月底就没粮了，大家就每月省下几两互相帮助。那时生活虽然困难，但我们的精神是高昂的，同学们仍然日夜在实验室搞研究，在工厂参加生产劳动。有了吃苦的精神、挨饿的精神，生活再困难也没放在心上。在这样的条件下，我们完成了火箭固体推进剂新的制造工艺，建立了各项性能检测实验室，有的实验室是我们自己搅拌水泥、砌墙盖起来的。到1962年，火箭固体燃料专业建设已完善，北京工业学院火药专业在国内成为首屈一指的领先单位。

事故的发生让我们从中获得了教训。一个人的成熟，一项事业的成功，一个国家的强盛必然伴有失败和牺牲。只有经历了失败，获得了经验，才能成长，因为人对客观规律的认识必然经历曲折的过程，往往有多次的反复。周恩来总理曾说："一个好的科学家一定要有成功和失败两方面的经验。"事故虽然是偶然发生的，但对于我们刚刚从事了几个月科研的学生，在这项新事物面前发生事故也是必然的。今天，当我们看到我国航天事业的伟大成功，有时会流出激动的眼泪，没有这几十年的坎坷经历，没有我们经过的苦难，取得现在的辉煌成功是不可能的。

现在，我们都已是耄耋老人了，而青春的怀念总是让我们有时兴奋，有时痛苦，

桑榆情怀——我的北理故事

有时悲伤，我们的经历伴随着时代的轨迹。国家今日的辉煌，学校今日的成就，我们这一代曾付出了成长的代价、青春的代价，以至生命的代价。让我们永远记住他们的名字：

方修文，女，上海人，共青团员，三年级学生。

杨润昌，男，共青团员，三年级学生。

余家蓉，女，共产党员，五年级学生。

丁玉峰，男，共青团员，一年级学生。

王世荣，男，共产党员，一年级学生。

请你们安息吧，我们一定会发扬你们这种为国防科技事业献身的精神！

请你们放心吧，我们的国防事业后继有人！

（作者：贾展宁，北京理工大学材料学院退休教师）

从青年学生到马克思主义理论教育工作者

●文·寇　平

我1948年进入华北大学工学院学习，同年底参加平津接管工作。回校后于1951年由学校派往中国人民大学政治经济学研究生班进修，长期从事政治经济学的教学和研究工作。

一、走进华北大学工学院

1948年到的华大工学院，是我正式参加革命的开始。

我对共产党的了解是从小学开始的。上小学，听老师讲朱毛将军传，后来才知道是讲朱德和毛泽东的。抗战胜利之后，我在复旦中学上高中，觉得中国社会是没希望的。当时流行一句顺口溜："想中央，盼中央，中央来了更遭殃。"当时河南有所谓"黄蝗汤"三大害之说。"黄"是黄河水灾，"蝗"是蝗虫，"汤"就是汤恩伯，到处抓壮丁，收重税。因此，作为青年学生，心里很苦闷，急于寻找中国社会的出路。

洛阳解放后，我读到了《毛泽东选集》。当时有个在共产党办的新式学校上学的同学叫李任，他给我介绍了一些书，其中就有晋冀鲁豫出版社出版的《毛泽东选集》，一共四卷。虽然当时很多地方我看不懂，但依然觉得共产党的学问是很了不起的，很想了解共产党的学说，迫切想知道共产党到底是一个怎样的党。

刚好，华北大学工学院的前身北方大学来洛阳招生。李任同志鼓励我去学习，但我是家里的主要劳动力，家庭条件不允许。我只好撒谎说，政府要招学生去当小学教员了，家里人才同意了。从此，我的人生轨迹就改变了，走上了革命道路。

二、参加天津接管工作

中央要建立正规大学，我们要通过考试重新编班。当时同学们情况复杂，一部分是像我这样从农村来的，有的是从城市奔解放区的；有的上了几年大学，有的还没上。大家的情况都不一样，但是大家都自觉服从组织安排。经过考试，我上了大学班。所以我是华北大学工学院第一个大学班的大学生，大学班共有 30 多个学生。其他没有通过考试的同学，在先修班和预备班学习，另外成立了几个专科班，还有一个干部班，学员是一些工厂、部队的干部。当时学校开了数学、物理、力学、金工学几门课。当时正在进行三大战役，每天都传来激动人心的胜利消息。每传来一个好消息，大家都会集合起来扭秧歌，庆祝胜利，学校食堂也会改善伙食。

后来，上级指示大学班、干部班和一部分先修班的学生去做城市接管工作。头天下午开了动员会，第二天我们就出发了。我们分了两批，一批是到北京接管，一批是到天津接管。我被分到天津接管。我们坐火车先去的石家庄，但到石家庄后就是步行了。华北人民政府派来大车帮着拉行李，人员都步行。接管人员被集中在河北胜芳镇接受培训，学习接管的方针政策。

天津市市长黄敬，后来的机械部部长，给我们作报告。我们学习军管会是做什么的，学习中央对于接管天津的政策，学习人民日报陈伯达的《不打乱原来的企业结构》，学习对各种人的政策。经过学习，心里有了底，但是很多事情还是想象不到。

我参加的是天津市企业公司的军管接管小组，有三个工厂——油墨厂、制钉厂、制冰厂。在一次工人小组会上，钢丝厂的一个工人说："解放了，我们做了主人公，我们要积极干，机器也要比原来开快一点。"我写了篇报道，天津日报登了，而且是头版头条。这在军管小组引起了辩论，批评我是说假话。我也没见过啊，只能接受人家的批评。后来才知道，在那个工厂的机器上有个装置确实是可以开快开慢的。还有，最初我和另外一个同志被分配到起士林点心铺。想上厕所却不认识马桶。虽然学过了怎样使用抽水马桶，但没见过，见了也不知道是什么东西。

1946 年 6 月，我回到了井陉，紧接着 8 月工学院就进北京了。起初，在地安门、南锣鼓巷等地住宿、上课。后来中央决定中法大学不再保留，理科归华北大学工学院，文科一部分归到北京大学，一部分到南开大学。

到北京后又重新编班，成立了机电班、冶金专科、机械专科、化工专科、俄语专修科，再早还有一个地质专修班。

三、走上马克思主义理论教育工作者的道路

工学院开设有政治理论课。陈辛人同志是华北联合大学的教学骨干，应曾毅院长的邀请来工学院担任政治教员。他当时讲授的是毛主席有关新民主主义的理论。我听了几节课后，就去参加天津接管工作了。1949 年 6 月，我返回井陉后，毛主席的《论人民民主专政》发表，陈辛人同志又组织我们学习人民民主专政的理论。到北京后，陈辛人同志调走，学校请人民大学的教师来讲政治理论课，全校先学习社会发展史。1950 年，意大利共产党政治委员斯巴诺访问中国，中央派曾毅院长陪同

到南方访问。曾院长回京时从上海请来了复旦大学哲学系主任、哲学教授杨一之，负责马克思主义哲学课的教学工作。杨教授还带来了他的两个学生王书文和陈莲舫做助教，开设了辩证唯物主义和历史唯物主义课程。后来杨教授被调到了社科院。

1951年，学院决定抽调一部分人到人民大学研究生班学习马列主义理论课，以作为学院将来的政治课教员，包括我在内共有9人被选派学习。研究生班有政治经济学、中共党史、马克思主义基础（联共党史）三个学习方向。我学的是政治经济学。因为平时学习中有许多问题大家都说是政治经济学问题，而自己搞不懂的都与政治经济学相关。我很想弄明白。

研究生班从1950年暑假开课，我们1951年3月报到。辩证唯物主义、历史唯物主义、联共党史，都是从课程的一半开始学，中间还被调回参加了"三反五反"运动。后来没学完，就借了一本《资本论》和别人的笔记，自己研究。人民大学教学主要是自己阅读马列原著，我学工科，难度可想而知。我记得《资本论》中有一页我看了一天看得头晕眼花，也没看懂。1952年9月，我就回学院担任了讲课任务。

当时上第一堂课是在中法大学礼堂，曾副院长过来听课，我紧张得手都不知道放到哪儿好，后来曾院长走了，他要不走，我想那堂课就上不下来。学生们都和我是同学，只是比我低一个年级。大家都了解情况还能够谅解。那时候，不懂的问题，下课后我就找人问。应该说，我属于不合格的老师，幸亏同学的支持和谅解。后来，自己在这条道路上一直走到了现在。回头想想，我们这一代人，只要国家需要、人民需要、党需要、革命需要，就会无条件服从。

1951年9月，学院又组织了第二批同志到人民大学学习。后来，教育部又分配来几个文科毕业生。1952年，学院成立政治理论课教研组，为以后我们学校政治理论课教学奠定了基础。

（作者：寇平，北京理工大学人文与社会科学学院离休干部）

国庆标兵

●文·周本相

北京理工大学前身北京工业学院,从1952年全国高校院系调整以来,即被定位为国防工业性质的大学。因此所招学生必须经过严格的政治审查。其生涯均达到所谓"根红苗正"的要求。在政治上为中央和北京市领导所偏爱,也为其他在京院校所艳羡。理所当然,在北京的各种大型政治活动中,必"天将降大任于斯人"了。比如,在中山公园参加毛主席和越南胡志明主席亲临的"七一"游园晚会的核心区活动,非京工的大学生莫属;在毛主席迎接苏联伏罗希洛夫主席的机场和钓鱼台国宾馆大门口,一线距离,京工学子仍"鳌头独占";周总理在西郊机场迎接印度尼赫鲁总理,在车道沟路上夹道欢迎,仍然是这拨"未来的红色接班人",那时的确让京工学子——北京各大专院校的"政治骄子",着实风光无限。

显然,首都一年一度在天安门广场举行国庆庆典的一些重要任务,京工人是当仁不让的。那时,京工的铁定任务就是派学生到天安门广场的核心区域当"标兵"。何谓标兵?就是在天安门广场从东至西,分有相隔大约10米,南北大约20米的站位点。其作用是,在群众游行时,标兵站在这个点位上,将游行队伍分隔成从东向西若干条人流(当时叫游行的路,从东到西大概有十几路)。京工的标兵一般都被安排在广场靠金水桥一侧的头几路。在接受任务时,领导要做政治动员,并提出具体要求。比如,站在标兵点上,采取立定姿势,双眼目视前方,昂首挺胸,精神抖擞,纹丝不动。每隔半小时要向后转,改变朝向。试想,我们这些新中国成立前的穷孩子,能到北京上大学,那对党和毛主席的感恩之情,是可想而知的。当在近距离见到天安门城楼上我朝思暮想的毛主席时,恨不得欢呼雀跃高喊"毛主席万岁"。然而有纪律约束,只能眼含热泪在心里祝福他老人家"万寿无疆"!

我基本上每年"十一"都要去天安门当标兵。在我执行历次标兵的任务中,最难忘的要数1956年国庆游行了。早上7点钟,我们就在东长安街王府井南口集结了。我看见北京饭店门前苏式T-54坦克排列成行,待命出发;其他受阅的武器装备还有122榴弹炮、85加农炮等,火炮均由牵引车拉着,大炮昂首傲立,好不威风!参加标兵工作的京工学子,都是学习国防工程的,大家见到这些受阅武器异常亲切,都暗下决心,好好学习,将来成为一名红色国防工程师,设计制造出更先进的武器装备，为祖国的国防现代化做出贡献。最前面集结待命的是工人旗手方队，他们每人手擎一杆大红旗，汇成矩形的红色方阵，面面红旗在北京的晨风中哗哗高歌，猎猎飘扬。手执五彩花束的女青年方队，她们的脸上洋溢着兴奋幸福的笑容，比她们手中的鲜花更加美丽。她们穿的长裤外面还罩着漂亮的花裙子，等到通过天安门广场时，才把长裤管卷到裙子里面。

不到8点钟，天空开始飘起蒙蒙细雨，东长安街上等待受阅的军队和游行队伍，他们都没有携带任何雨具，大伙儿都秩序井然地原地待命，没有一个人离开队伍到路边避雨。人们若无其事地在谈话说笑。沐浴在清晨细雨中，我们显现了共和国一代青年的勃勃生机和如火的青春活力。我们很多男同学把自己的毛背心脱下来送给穿得比较单薄的女同学。那时人们之间亲如兄弟姐妹，当然要互相关心，互相爱护和互相帮助。

上午10点整，天安门响起了东方红的乐曲，党和国家领导人登上了天安门城楼。之后解放军陆海空三军方队踏着解放军进行曲的节拍正步走来。这足声和着我们的心脏有节奏地跳动，沸腾着我们的青春热血。广场上坦克和炮车在隆隆前进，空中，我们国产的喷气式歼击机群飞速从天安门上空掠过。地上、空中的钢铁洪流自东向西奔涌过去。这时我们标兵分成若干单行，夹在各路游行队伍之间，随之进入天安门广场，并在各自的标兵点上肃立，开始执行标兵任务。

秋雨并未停息，淅淅沥沥越下越大。我看到游行群众没有任何一个人使用雨具，他们迈着欢快自豪的步伐，从容有序地从天安门广场通过。雨水淋湿了他们的头发，浇透了他们的衣裤和鞋袜。他们似乎不觉得天上正下着绵绵秋雨，抑或认为此刻正沐浴在幸福的甘霖之中吧。我注视着亲爱的同胞，他们脸上奔流着"江河"，乌紫的唇间不时发出欢呼共和国华诞的口号。看，这就是新中国的铮铮铁汉，这就是蔑视困难、敢于战胜任何艰难险阻的中国人!

此时，我感到雨水的冰凉。由于寒冷和长久保持立正姿势造成的极度疲劳，我开始全身发抖，上下牙也不自主地敲击起来。这时，我命令自己，不能这样，要坚决挺住!在世界最大的广场之上站立的标兵，代表着中国人的形象，我不能给中国人丢脸。于是我咬紧牙关，让意志束缚战栗的肢体；用信念感、责任感支撑着国庆大典标兵威严的身板！这时，我校标兵队长王珂同学（他是比我高一年级的学长）趁游行队伍密集的时候，端来一瓶白酒，让各位标兵抿两口，以增强抗寒能力。并鼓励大家发扬解放军不怕苦累的精神，坚持到下午四点钟，胜利完成任务。后来，当校团委的负责同志命令我们撤岗时，大家才感到，我们的胯关节和膝关节，由于冷水浸淋和长时间的站立，已经冻僵，都迈不开步了。这一次国庆活动令我终生难忘，我经受了入党后的第一次考验，接受了人生历程中最圣洁的洗礼。

（作者：周本相，北京理工大学党委宣传部退休干部）

走出象牙塔

● 文 · 沈以淡

　　学习历史与数学的人，容易与社会生活脱节，往往被人们称为是钻入象牙塔的人。按照这种说法，在 1958 年我似乎也钻入了象牙塔。这一年 9 月，我考入了复旦大学数学系。

　　在中学时代，我就已对数学产生了浓厚的兴趣。课余，除了阅读课外读物以外，就是抽空钻研数学难题。除了做完了上海数学会为数学竞赛推出的全部练习题外，还潜心寻求《数学通报》上刊登的征解问题的解答。我报考复旦大学数学系的目的，就是到神奇的数学世界遨游。

　　没想到，原来热衷于与抽象数学打交道的我与同学们入学后居然一天数学课也没有上，就立即奔赴全民大炼钢铁的战场。我们全年级 200 多个同学，在年级指导员李大潜老师（现在是中国科学院院士）的带领下，开赴上海第五钢铁厂的工地，投入到紧张的基地建设中去。

　　为了加快钢铁石建设的进度，我们经常加班加点，有一次竟然连续劳动了 24 小时。在紧张的劳动之余，当然不会想到钻研数学难题了。不过有一天挑灯夜战的情景，至今还记忆犹新。那是在秋天的一个月夜，我与一个同学协助一位熟练的安装工安装高炉的底座。在安装时，这位师傅巧妙地运用数学知识，通过简单的测量手段确保了高炉安装的精度要求。虽然他用到的仅仅是一些简单的几何知识，但他的行动给我上了难忘的一课。在生产实践中，数学大有可为。

　　两个月以后，我们回到了复旦校园。当时浓厚的政治气氛，任何一个大学生都没有可能钻入象牙塔沉睡于书本了。但是回到课堂，数学系学生的专业学习，仍然只能是从书本到书本。毋庸讳言，当时数学系的师生大都存在重理论轻实践的倾向，仍然笼罩于象牙塔的阴影之中。

　　真正使我走出象牙塔的，是两年以后的一次自发的社会实践活动。当时与现在不同，社会实践活动尚未正式列入教学计划，至少在数学系是如此。

　　1960 年，轰轰烈烈的"技术革命运动"在全国汹涌澎湃地兴起。复旦校园再次出现了挑灯夜战的场面，眼看物理系、化学系的师生技术革新成果累累，我们数学系的师生心急如焚。

早在 1958 年，我国的一些数学工作者，就通过联系实际，大力推广线性规划，并提出了行之有效的图上作业法与表上作业法。著名数学家华罗庚在人民日报上著文《大哉数学之为用》，为推广数学的实际应用鸣锣开道。曲阜师范学院数学系，因推出"公社数学"而闻名全国。虽然我们数学系一二年级的课程很紧，但我还是抽空看了几本有关运筹学的小册子。

线性规划在交通运输方面大有用武之地。我是铁路职工的子弟，为什么不到铁路部门去闯闯呢？在父亲的指点下，我独自一人前往上海铁路局上海办事处（现在的上海铁路分局）去联系。虽然我当时只是一个年仅 18 岁的年轻人，但是主管运输调度业务的李殿元工程师还是十分热情地接待了我。我滔滔不绝地向李工程师宣传线性规划的作用。最后，他终于被我说动了，表示欢迎我们到铁路部门去推广线性规划，顿时我喜出望外。

回校后，我兴冲冲地向年级与系的领导汇报了想去铁路部门推广线性规划的愿望，很快就得到了支持。领导立即决定派出赴上海铁路局的小分队。这个小分队的成员在哪里呢？要知道，即使在当时大提倡"解放思想"的年代，在数学系里要找到心甘情愿投身于实践活动的人来，也不是一件轻而易举的事。皇天不负有心人，经过几天的联系，我终于找到了几个志同道合的同学，小分队就成立起来了。出乎意料的是，身为普通群众的我，竟然被安排为小分队的负责人。后来，居然还有一名刚毕业的本系女教师也参加了小分队的活动。

李工程师提供给我们的课题是用数学方法解决上海地区南（翔）新（龙华）支线"小运转"的调度问题。我们从深入实际起步，每天到南翔编组站调度室了解情况，有时还坐在小运转列车末尾的守车上，从南翔编组站乘到新龙华编组站，统计车流，为解决"小运转"调度问题积累资料。经过几个星期的努力，我们提出了"小运转"调度问题的数学模型。

上海铁路局成立了科学研究所。那里的研究人员正在为一个有关浙江铁路沿线黄沙调度的课题而犯愁。通过解决"小运转"调度问题的实践，上海铁路局上海办事处的李工程师看到，我们这些无名小卒并不是无能之辈，就推荐我们到铁路研究所去协助他们解决上述课题。这个课题如果沿用已有的数学模型去解决，表达形式虽然完美，但由于减少计算量，便于求出结果。这个方法很快就受到了这个研究所人员的一致好评。并被作为该所的成果向党献礼。

一个多月的实践活动，在五年漫长的大学岁月中仅仅是短暂的一页，对我后来数学专业的学习，也没有产生什么直接的影响。但是，它对我以后的治学方向产生了很重要的影响。

1961 年，有一天，数学系通知我与几个同学去开会。会后，别的同学纷纷来打听，我们异乎寻常、神秘兮兮地回答说："无可奉告。"原来，系总支委员黄城超老师召集一些教师和少数几个学生成立了一个小组，要完成一项机密的科研任务。事过境迁，现在当然没有保密的必要了。黄老师传达了一项与运筹学有关的研究课题，目标是解决长江三峡梯级水库用水合理调度的问题。这个小组中的几个教师，曾到中国科学院数学研究所去进修过运筹学，带回了几本教材。小组的活动，一开始就是报告这几本教材，并展开讨论。后来，由于各种原因，这个小组停止了活动。

虽然后来在高年级我选择的专业方向并不是运筹学。但在大学生活中的这些实践活动，强化了我对应用数学的偏爱，促使我选择了有明显应用背景的偏微分方程与积分方程为专业方向。

大学毕业以后，我被分配到北京工业学院（北京理工大学的前身）工作，在教学之余，我对与数学应用有关的活动情有独钟，延续了几十年。可以说，5年的大学生活还历历在目。使我走出象牙塔的这一次实践活动，至今还记忆犹新。

在退休前，我参与了与数学建模的竞赛和教学有关的活动，感触良多。20世纪80年代后期，美国开始举办大学生数学建模竞赛。这项赛事，很快成为一项国际性的活动。由叶其孝教授穿针引线，北京理工大学在全国率先参加这项竞赛。长期以来，我校的成绩突出，令人刮目相看。与此同时，叶其孝老师与我一起在我校开出了一门与数学应用密切相关的新课程——数学建模。数学建模竞赛，对参赛者应用数学能力的提高大有助益。参赛学生们事后说，他们所得到的收获，令自己终生难忘、一生受益。现在的大学生赶上了这样的好时机，令人称羡。现在的大学生早就走出了象牙塔，真值得庆幸！

（作者：沈以淡，北京理工大学数学与统计学院退休教师）

在苏联学习的日子

●文·张子青

中华儿女龙传人　天涯海角中国心

1960年元旦刚过,我们被派往苏联学习,本该是秋季始业,但由于赫鲁晓夫当局撕毁了协议(为中国培养一批机密专业的人才),借口须经苏联部长会议审批而被耽搁。于是,我们就在赫鲁晓夫恶化中苏关系的年代里,开始了留学生活。我们是最后一批机密专业的中国留学生。

当列车途经西伯利亚时,一对年轻夫妇进入车厢向我们席位走来,不会讲汉语的具有中国人面貌的男青年和妻子见到我们好似见到了久别重逢的亲人一样亲热与兴奋。他们讲:他们是中国人,他们的父辈都是被骗到西伯利亚卖掉的华工,现在务农。他们思念中国、热爱中国。

白雪皑皑的夜晚,我们到达了向往已久的莫斯科。次日夜晚我们要再乘坐莫斯科直达列宁格勒(圣彼得堡)的列车,寻找接收我入研究生院的大学去报到。

翌日清晨,到达了圣彼得堡,结束了漫长的旅途。前来迎接我们的除了有关各大学的中国留学生外,还有一位耄耋之年的中国老人。老人已是基洛夫工厂退休工人,有一位相依为命的俄国老伴与儿女子孙们。他十几岁就被骗到西伯利亚做苦役,累死、冻死、饿死的华工人数不少,无人过问。他参加过十月革命和卫国战争,他见过列宁,并给列宁当过卫士。他的祖籍是辽宁,半个世纪多的异国他乡岁月没能改变纯正的乡音,也没能改变他一颗思念中国的心。每次中国留学生从中国来或由此回中国去,他一定亲自前来迎送,每次都是恋恋不舍地最后离去。每当他看到很多中国留学生相聚,听着他们用汉语交谈的声音,他感觉自己像回到了思念的中国,心灵感到莫大的安慰。

斯·尼·丹尼洛夫是我攻读学位时的导师,是苏联科学院院士,高分子化学研究所所长,列宁格勒化工学院教研组组长(我从事研究生学习的教研组)。

他是一位难得的质朴、务实、具有大智慧、平易近人的科学家。教研组的成员大多数是他的学生。他是大家公认的心地善良的长者,是最受爱戴与尊重的人。教研组的成员之间相互关怀、友爱互助,都争做善良人,教研组里洋溢着和谐友爱气氛。这和谐友爱的集体给了我至诚的友爱,帮助我克服了各种困难,圆满完成了留学使命。

和谐友爱的集体　质朴睿智善良的恩师

赫鲁晓夫的分裂主义愈演愈烈：限制中国留学生的学习条件，派人监视中国留学生的言行，甚至采用政治流氓的手段在黑夜暗处殴打中国留学生。教研组只有我一个中国研究生，他们告诉我，曾有人来教研组查问我的表现。他们都回答说"人好、刻苦努力"。我的导师和教研组没给我特殊限制，我和苏联研究生享有相同学习条件并能查阅保密的科研论文期刊等。

欲速则不达。为苏联一号宇宙飞行员加加林从太空返回地球举办庆祝大会那天，研究生实验室只有我一人做实验，可以利用的通风橱都空着。我决定抓紧机会同时开设几个实验，不料第一个实验发生了爆炸，我的脸和手的流血部位因化学毒性作用肿胀严重，救护车把我送到军事医学科学院附属医院，主治医生是曾到过中国的专家。他非常珍惜中苏友谊，因而对我也非常热情负责。我在友好的气氛中有惊无险地度过了疗伤生活。

出院后方知，我离开后，在通风橱内的几个实验也连续发生爆炸。研究生实验室内通风橱的玻璃全炸碎了，但都及时修复并更换成防爆玻璃。此时，我才知道，自己闯了祸！本来赫鲁晓夫就不想收中国留学生，这次却给了他轰走中国留学生的借口。我后悔犯了"欲速不达"的过错。我真不知该怎么办？去找师姐（苏联研究生）帮忙。师姐说："别紧张，导师是心地非常善良的人，他不会让你为难。"我出院后与导师第一次谈话，他幽默地说："想杀死自己！？身体恢复好再工作，勇敢的中国女孩子！"我情不自禁地流下了感激的热泪。

学位论文答辩前夕，在校园遇到学位答辩委员会的一位教授，名叫依留申。这是一位资深的苏联共产党员，50年代初期，他曾是帮助中国北理工大筹建新专业的苏联专家之一。他温和地叮嘱我"答辩时，别紧张，放心，不会发生不愉快事件"。我知道，他在暗示"不会有人破坏捣乱"，我深受感动！在苏联度过的留学岁月，是我人生中永远不会忘记的最有意义的一课。

人民群众是英雄，
善恶真伪自分明。
和谐世界是目标，
人民友谊万年长。

（作者：张子青，北京理工大学化工与环境学院退休教师）

忆四赴延安

● 文·杨德保

一

"文化大革命"时,以学生为先锋形成全国性"大串联"。我参加了一个由一名研究生领头,由十几名年轻教师组成的"串联"队,离京去外地"串联"。因为我的毛笔字正适合写大字报,因而每到一处第一个任务就是写大标语。就这样我们先到西安,后在铜川住进一家大车店,然后乘运牲口的敞篷卡车,迎着凉意浓浓的风沙,穿过一望无际的陕北黄土高原,到达久盼的延安。由于自我保护不当,一到延安就感冒缠身,浑身发冷,体温上升到39度。眼看伙伴们早出晚归,参观、访问、宣传、游览,而自己无奈地躺在延安师范学校礼堂稻草竹席的地铺上,焦虑万分。几天过去,眼看就要离开延安了,只好沿延河河道匆匆走一段。我高兴地看到了毛主席为追悼张思德同志讲"为人民服务"的旧址,途中见到延安老百姓勤劳、质朴、乐观,陕北风情浓厚,亲切感油然而生。近看延河潺潺,远望宝塔巍巍,使人不忍离去。只是清凉山与凤凰山之间因煤烟所致使宝塔蒙上一层烟雾,有望莫及之感。我期盼有机会再赴延安,那时一定能观赏到"宝塔迎朝阳,延水金光闪"的美景。

二

20世纪70年代末,国内人才流动频繁。80年代初期,当时有些在陕北工作的知识分子跳槽而出。在陕北插队的北京知识青年也纷纷回城,致使延安地区人才缺乏,特别是中小学教师。当地老百姓说,人才不能依赖"飞鸽牌",而要造就"永久牌"。延安地区领导认为,要发展地区经济,首先要振兴教育。因而提议创办延安教育学院。1984年6月,延安地委派罗专员领代表团持创办延安教育学院的报告向陕西省委请示。报告未获批准,其原因是省委认为创办教育学院物资设备可设法解决,但老师问题不好解决。带着上述问题,罗专员率代表团直奔北京,寻求北京工业学院(北京理工大学前身)支援。北京工业学院来自延安,支援延安办学义不容辞。经研究,承诺四条:① 支援价值40万元教学仪器设备,并负责安装调试;② 派五人专家组协助制订教学计划与办学方案；③ 办学初期派教师任教；④ 负责培训师资，直到独立任教为止。据此，罗专员率代表团再回西安请示，这时陕西省委毫不犹豫批准了办学请求，并决定以延安师范学校为基础立即筹办，此时，万事俱备，且有东风。北京工业学院适时落实承诺，我有幸成为协助延安办学五人小组成员之一，获得二赴延安的机会。

1984年7月5日，北京工业学院以崔国泰老师为组长的五人小组乘飞机奔赴延安，受到延安地委与延安师范学校热情欢迎和款待。延安人民生活艰苦朴素人所共知，我们也有充分思想准备。崔老师特意向东道主表示：我们来延安一方面是协助办学尽点力，同时也希望获得学习延安精神的好机会。不能忘记革命前辈"红米饭南瓜汤"的优良传统，希望东道主随意。果真第一次用餐时东道主把我们带到一个有一道隔帘的餐厅，给每人一小碟红米饭，一小碗南瓜汤，陕北风味十足，但吃完后感到食欲未尽。这时，东道主拉开隔帘再请就座。我们大吃一惊，桌上摆着牛奶、面包、肉、鱼……十分丰盛。原来，这里是当地最高级的延安宾馆餐厅包间。尽管我们多次谢绝，但盛情难却。开展工作之前，东道主领我们参观了枣园、杨家岭等革命旧址。特别是走访久闻其名的南泥湾时，看到当地的学生学习条件十分简陋，有的学龄儿童得不到学习机会，我们感到协助延安地区办学的紧迫性。五人小组工作在延安地委领导同志主持下进行。白天集体讨论研究，晚上根据不同要求进行准备。持续工作四五天，制定出一个由延安地委领导、北京工业学院支持、以延安师范学校为基础、切实可行的方案。其中包括办学规模、学制长短、专业设置、教学计划等。任务完成后随五人小组于7月11日离开延安回北京。方案迅速得到认可，不久，延安教育学院宣布成立，9月招生，10月开学。北京工业学院选派任课教师如期到达。专业设有数学、物理、化学、中文、英语、艺术等几方面，办学进展神速，实属罕见。延安地区领导认为，此举对延安地区发展不是简单的输血，而是里应外合、孕育生机，加强自身造血功能，作用永恒。

三

1984年上半年，延安教育学院首届学生进入毕业阶段。我有幸应聘前往任教。任务有三：其一是讲授数学班概率论与数理统计课程；其二是指导一名当地年轻教师，为接任概率统计课做准备；其三是担任北京工业学院派出的七名教师组组长。工科概率统计教学主要是让学生按基本要求理解有关知识，强调实际应用。而培养师资除上述要求外，还要让学生学会如何传授知识。指导青年教师更要使其把握住知识重点，分散难点，深入浅出，通俗有趣。通过上述工作，总结出贯穿教学过程的三言训：其一是会做人——为人诚实可信，乐于奉献；其二是学本事——努力学习，练就一技之长；其三是会生活——身体健康，爱好高雅。若具备上述三点，走向社会必然人际和谐，事业有成，生活愉快。将三点贯穿于教学过程，更是寓教于乐。记得讲数理统计时，我用大红纸写了"普天同庆"四个大字条幅，让学生用秩和检验方法区分秩第，颇有新意。课后将条幅留在教室。我回北京后，一名孤儿学生给我来信说，条幅她收藏了，想念老师时，拿出来看看。数学班人数不多，课下常和学生一起散步、登山、看延河、玩排球等，有时还参与节目演出，相处十分融洽。

三赴延安还参加了许多终生难忘的活动。参观了杨家岭、枣园、中共七大会址和革命历史博物馆，参观了延安自然科学院旧址；观察了黄河上的壶口瀑布；游览了花木兰公园；特别是应邀参加了成立还不到一年的延安精神研究会的活动，很自然联想起当时印入脑海的"为人民服务、实事求是、自力更生、艰苦奋斗"的精神内涵。延安教育学院领导在生活上对我们关心照顾，专为我们七名教师聘请两位年轻厨师。因为老师们都有劳动经历，煎、炒、炸、烧各有绝招，大家争先下厨显神手。年轻厨师喜欢做大锅煮菜，看到老师们熘肝尖、爆鸡丁……赞叹不已。为节省开支，经我们建议，辞退了一名厨师，留下的一名厨师听说后来在延安开了一家北京风味的餐馆。

7月下旬，延安教育学院第一届学生毕业，北京工业学院马志清副院长应邀参加毕业典礼。典礼中老师们都在主席台就座，台下座无虚席。当马院长上台讲话时，台下响起热烈掌声。讲话完毕，掌声雷动，经久不息。掌声凝聚延安人民对北京工业学院支援延安地区办学感激之情；掌声表达延安教育学院学生对老师们的崇高敬意；掌声闪亮延安地区振兴教育的光芒。掌声不息，光辉永存。

延安教育学院持续二十三年，培养的中学教师遍布陕北地区。2006年与延安职业技术学院合并，为振兴经济再立新功。之后地区师资更替与补充任务由延安大学教育系承担，地区经济持续发展的道路业已铺平。

四

几赴延安，使延安成了我的第二故乡。休闲时，哼唱"南泥湾"就像哼唱家乡民歌"浏阳河"一样亲切。1995年，我加入了延河合唱团。该团由来自延安的老同志于1990年在北京组成，旨在弘扬延安精神，宣传改革开放，为建设和谐社会贡献力量。2002年7月，为纪念毛主席"在延安文艺座谈会上的讲话"发表60周年，我随团赴延安慰问演出。7月23日下午6点多钟迎着夕阳抵达延安。途中看到延河两岸高楼拔起，道路宽敞，山腰的窑洞成了见证历史的景观。改革开放后二十多年的延安，今昔对比，万别千差。7月24日晚，在延安解放剧场演唱《回延安时》，感到歌词中的"宝塔迎朝阳，延水金光闪"真真切切地显现在眼前。参观枣园时，正逢延安文工团在一个土堆舞台上演出民歌大联唱，延河合唱团的团员们在台下齐声附和，台上台下歌声此起彼伏，使演出形成高潮。因为我对延安风情有所了解，当文工团演出秧歌舞时，带头跳上舞台，团友们紧跟而上。这时，延安文工团和延河合唱团融为一体，在欢乐的锣鼓声中扭起陕北秧歌，气氛热烈非凡。7月25日，我和合唱团部分团员参加了由北京理工大学、延安教育学院、延安师范学校共同召开的弘扬延安精神座谈会。会上，许多"老延安"如数家珍回顾在延安精神哺育下成长过程，列举的典型事迹感人至深。延安教育部门领导同志的讲话，表达了延安地区人民对北京理工大学长期支援延安地区办教育的感激之情。当地延安精神研究会负责同志联系实际讲述延安精神，就是弘扬全心全意为人民服务的根本宗旨，就是弘扬实事求是的思想路线，就是弘扬自力更生、艰苦奋斗的创业精神。延安精神是中华儿女的灵魂，与时俱进，建设有中国特色的社会主义不能离开延安精神。

四赴延安给我印象深刻。为祝福北京理工大学七十岁华诞，老干部处举办忆延安、弘扬传统健步走活动，我在怀旧中愉快地走完全程。途中，记者采访时，我满怀深情，简述了四赴延安的经历，并留言：

宝塔燕山千重隔，

精神传统一线连。

（作者：杨德保，北京理工大学数学与统计学院退休教师）

难忘的岁月

● 文 · 江 涛

在东峪生产队搞"四清"

1963 年，在农村开展了一场政治运动，即所谓的"四清运动"。

1965 年，我们在魏思文院长的率领下，浩浩荡荡开赴山东，接受贫下中农再教育，到达了孔子家乡——曲阜。初到时，我们二系一队人马住在县委大院，配合由菏泽地区派来的工作队开展活动。一天夜里，我的邻床，204 教研室马全根老师，低声把我叫醒，对我说，他刚结婚，临行前爱妻送别，在火车站塞给他一包点心，自宣布纪律后不敢食用，更不敢丢、藏，希望我帮他一起偷偷地吃掉。这是我们干的唯一一件在当时违反纪律的事。在县委大院期间，我们以秘书、记录员的身份，分头参加各种活动。

春节济南集训后，我被安排到吴村大队东峪生产队参加劳动。一进生产队，即向生产队里工作队的队长说明来意，请他把我安排到贫下中农家里，与贫下中农同吃、同住、同劳动，这是集训期间学校领导的要求。他立刻表示欢迎，并将他自己的住处让给了我。

东峪生产队是个靠山缺水的穷困村庄，全村不到百户人家，主要是靠种红薯生活。这个村子的男人们多数右脚缺少小拇趾，据说是为了保住活命，避免夭折。也有的说为了传宗接代，承接香火，刚出生时就被母亲咬掉了。村里的女人们，则起早贪黑，忙里忙外，料理全家老小生活；同时为挣得一年的工分还要拖儿带女出工，下地劳动。这里的女孩子出嫁有两件事：一是彩礼，出嫁的女儿正是劳动力，彩礼用来补偿娘家的损失，回报父母养育之恩。二是定亲前要调查男方村头水井深浅，太深了不嫁，怕女儿劳累一生。

在东峪生产队，我学会了推抗日战争时期山东老乡支前推的木制独轮车。白天，推土筑坝，下地翻土，开展热火朝天的劳动竞赛；晚上没有油灯，漆黑一团，大家坐在堆草的土炕上开会。刚开始，由生产队队长讲评，听众们各自用旧报纸卷起呛人的烟叶抽烟，火星四射，过一会就呼噜声四起了。

我住的是没有大门的两间土坯砌成的草房，我的房东程大爷已失去劳力，整天围着正在施工的棺木闲转,似是监工。他有两个儿子。大儿子穷得无法生活,远离家乡,在邻县打工,之后,因偷盗被关在邻县的监狱里。现在,程大爷和二儿子、儿媳、孙女生活在一起。程大爷和我住在北屋,我们一日三餐吃的是稀汤似的红薯糊糊,偶尔也有从地窖里起出来的红薯,用捣碎的蒜头拌盐做菜,根本填不饱肚子。他们穿的棉袄,扒掉棉絮就是夹袄,孙女赶集还得从邻家借一件看得过去的花袄。据说,这是一件全村公用的花袄,谁家年轻的媳妇、闺女出门都想借用。

在东峪生产队,不足半年时间,我终生难忘。我是出了家门就进入学校门,不知天下还有如此贫困的农村、农民,使我对社会的底层有了一些真实的认识。程大爷一家贫困的生活深深地埋在我的心里。此后,我要求子女艰苦朴素,到艰苦的地方去锻炼,就是来自东峪。

岁月巨变,新世纪以来,一条条通向农村的柏油马路,一排排新农舍建起,社会主义新农村相继建立。

2010年1月31日,新华社发布了《中共中央、国务院关于加大统筹城乡发展力度,进一步夯实农业、农村发展基础的若干意见》,这是党中央连续出台的第七个指导"三农"工作的一号文件,它有力地促进了农民增产增收,提高了农业综合生产能力,开创了社会主义新农村建设的新局面,使农业健康发展,农民持续增产、增收,为农村长期稳定带来了强劲的动力。我衷心地拥护党的"农村、农民、农业"三农政策,我感谢山东曲阜吴村东峪生产队的老乡们给我的教育。我想,程大爷的孙女,现在一定穿着时尚的新衣,住着宽敞、明亮的住房……

在738厂开门办学

738厂是北京有线电总厂的代号,坐落在朝阳区酒仙桥地区,是国家第一个五年计划期间的156项重点工程之一。当时,厂的主打产品是程控电话交换机和电子计算机。该厂在1973年设计、试制成功了DJS-150集成电路大型通用计算机。

1974年,我随52741班,在吴鹤龄同志的率领下到738厂开门办学,并和工厂的"七·二一"工人大学合办了一期计算机班。52741班的同学,选自农村公社和解放军基层,统称为工农兵学员。"七·二一"工人大学的学员,选自各车间、班组,是车间的生产能手、工厂的骨干。同学们学习热情很高,自感责任重大。当时学校要求我们接受"工人阶级再教育",我们和同学们一起下车间劳动,在一楼电镀车间腐蚀印刷电路板,到四楼组装车间组装、调试正在生产的DJS-154机和其他产品。经过一段时间的车间劳动锻炼后,我被安排到该厂技术科一室,整理DJS-154机技术资料,并准备以154机为典型编写教材,以便理论结合实际教学。这对于长期生活在校园圈子里的我,是一次很好的学习机会。到一室后,在刘宗瑜主任和技术人员杨墨源同志的帮助下,我对 154 机从理论到实际有了较全面的了解,并对当时承载微程序的只读存储器中的"判零"电路做了补漏,使得正在研制、装配的 154 机性能得到进一步稳定,并解决了一室技术人员之间因此而造成的矛盾,受到刘宗瑜主任的重视,给后来搜集资料提供了诸多方便。《DJS–154 计算机》出版后,在"七·二一"工人大学,由杨墨源同志主讲,我做课下辅导。

DJS–154 机是一台用于生产控制的、小型多功能计算机。批量生产后,安徽省购进了六台。由合肥工业大学出面,我被邀请到合肥工业大学为使用这六台机器的技术人员介绍 154 机。回北京后不久,有人通知我,合肥工业大学给我寄来了一笔讲课酬金,为了避开工业学院,汇款寄至王府井某银行,让我领取。我感到意外,这在当时是所谓"打野鸭子"行为,要受到处分,我不敢领取,此后这笔酬金就下落不明了。

为了深入开展教育革命,扩大开门办学的成果,我们专业、738 厂、清华大学、401 所(核原子能所)合作,为 401 所研制、开发 DJS–152 大型高速计算机,我被安排在先行控制组担任组长。

在 738 厂,我和 52741 班同学一起,共同度过了难忘的 1976 年。这一年,7 月 28 日唐山地区发生了 7.8 级大地震,真是天崩地裂。

地震的当天,我住在当时酒仙桥唯一的最高楼层——五层大楼的职工集体宿舍里。凌晨 4 点左右,只听楼道内乱成一团,有人惊呼着:"地震了!"我从梦中惊醒,急忙冲出楼门,直奔学生宿舍。奔跑中,只听得在头顶、身后不断爆发"嘭、嘭"响声,不敢回头。原来是楼上的窗台上摆放的花盆被强大的震波冲击落地的响声。

当我跑到职工大学时,同学们在班长侯志远和门卫马师傅的组织下,围拢在四合院的空地中央,处在不知所措、惊恐之中,静寂地等待着,似乎还将要发生什么。当我出现在同学面前时,他们围拢过来了。我们互相打听消息,安慰、鼓励着。等到天已大亮,同学们非常关心我,劝我回家看看。我住在工业学院校区内,正穿城的东西两端。此时,401 路公共汽车和 107 路无轨电车尚未通车,城内有老屋土墙倒塌,也处于一片混乱。同学们安定后,我回到学校,看到校内家属宿舍的 1 到 8 单元楼顶上的通气孔,按同一方向出现了裂纹。

震后,同学们集体住在职工大学简易的四合院内,四合院的正面又加盖了一层,但很简陋,作为教室。天热,同学们有时整夜地睡在二楼教室走廊上,我很担心,怕楼层倒塌伤害了同学,所以经常夜里去查看。

震后,为了防震,并考虑到可能的余震,北京市的简易楼房、砖房都在加固,到处修建抗震棚。我和吴鹤龄同志一起骑着自行车跑遍了北京同学的住处,看望老人,查看抗震设施,帮助组织修建抗震棚。与此同时,52741 班同学全体出动,在我所住的 17 单元门前,很快建起了抗震棚。在灾难面前,师生团结一致,克服困难,和灾难斗争,结下了深厚的友谊和师生之情。

桑榆情怀——我的北理故事

三十多年过去了,回顾开门办学,它对我们专业建设、师资队伍的成长,都起到了积极作用。开门办学,作为一种教育理念和办学的指导思想,在新世纪的长河中,将会发扬光大。

(作者:江涛,北京理工大学计算机学院退休教师)

前所未有 为之一振

● 文·蔡汝震

"前所未有、为之一振！"这句话，是1990年9月我校校长朱鹤孙同志对当时我校为隆重庆祝北京理工大学建校50周年而举办的两大重要展事的充分肯定和高度评价，是对全体办展领导和师生辛勤工作的热情鼓励。这个评价为我校50周年校庆两大展览画上一个完美的振奋人心的句号。

依照惯例，人们在纪念庆祝重大节日时，总是习惯于在"逢五""逢十"的年代举办得更加隆重、热烈。上至国家下至地方，无不如此。从1940年我校前身延安自然科学院建校至1990年整整50周年，为隆重纪念、充分展示我校半个世纪的辉煌成就，学校决定举办"北京理工大学建校50周年科技成果展览"和"北京理工大学国防科研成果展览"，展览地点为我校新建成的求是楼。

为办好这两大展览，学校科研处和十四系（工业设计系）两套领导班子齐上阵。校科研处领导率领一班人员，撰写方方面面的展览文字材料，内容编排，准备相关的照片底片；工业设计系简召全主任着重布置指导和验收工作。我本人受命担任两展整体设计工作并负责指导141871班20名本科生布展实习工作。

经过多次研究商讨我所做的展览整体设计方案、展线规模、展览头设计、展板整体规格、色彩配置标题及文字"阶梯"规格等等两展基本展出方案确定，同时科研处周本相副处长的展览前言及各项组织工作均已到位。紧接着一个班的布展实习工作计划也经简主任同意后，具体的施工布展工作开始。

那个年代不同于现如今的数码、电脑设计，完全靠自己动手，展架是鄢必让副主任从深圳定做的，展板所用照片底板由科研处提供，中国图片社按设计尺寸扩印，再由分成小组的实习生们按照整体设计要求、放大规格定尺寸、裱照片，刻贴标题、文字，一块块地布置展板。141871班班长姚忠带领全班同学不辞辛苦，不畏暑期炎热，每天从早到晚地干，常常要到我催促他们才离开场地。由于布展要求精心细致，为了保证质量，他们从上板到展柜布置，到登梯爬高施工，到布展完成后的清洁地面等等，都干得有条不紊、漂漂亮亮，出色地完成了光荣的实习任务。这是一次科教结合，教学与实习结合的可喜收获。

学校科研处领导，以及陆宗逸科长、明万林老师、小陈老师等都积极投入了这

桑榆情怀——我的北理故事

项工作，随时指导，提出了不少宝贵意见，尤其是担当两展组织工作的周本相副处长和我在具体工作方面接触更多一些。布展期间，他专门到我家和我商谈展览的具体事宜，他对艺术的浓厚兴趣和广泛涉猎使我们有了更多的共同语言，此后我们成了好朋友。

两展布置基本完成，校领导亲临现场检查指导，看到敞亮的展厅和规模较大、鲜明而质量上乘的展览，都很高兴，当我陪同校领导边看展览边做简要介绍时，朱鹤孙校长兴奋地和我说道："我谈八个字：前所未有、为之一振！"这是对我们全体办展人员两个月来为五十年校庆所做工作的充分肯定和高度评价，令人鼓舞、振奋！

1990年9月26日，为隆重庆祝北理工五十周年校庆的喜庆大幕终于拉开了！两展如期举办了！求是楼前竖起了广告宣传牌，前来参观的人络绎不绝，展览获得了普遍好评。这件事令人至今难以忘怀。

在喜迎北京理工大学七十华诞的美好日子里，我特别感到兴奋和幸运的是：我的年龄恰恰与北京理工大学七十周年校庆同龄同步！这对我是莫大的激励。从1990年校庆五十周年到2010年校庆七十周年，又经历了20年光辉历程，北京理工大学的成长标志着一个又一个令人自豪而欢欣鼓舞的"前所未有、为之一振"的巨大变化，这是全体北理工人发扬革命精神、共同努力奋斗铸就的辉煌，也是全体北理工人继续共同努力奋斗铸就新辉煌的新起点！

（作者：蔡汝震，北京理工大学设计与艺术学院退休教师）

"希望寄托在你们身上"

——亲历毛主席1957年11月17日接见留苏学生

● 文·谷素梅

我于1952年在北京师大女附中高中毕业后,报考了北京工业学院化工系,有幸被录取到了北京俄文专修学校二部,并于10月3—6日到北京石驸马大街报到。到校后,才知道是党中央准备派我们到苏联上大学,心中真是激动万分!入校后将近一年的时间,主要是强化突击学习俄文,要听、说、写都会,进行政治学习并接受组织严格的政治审查。入校后,刘少奇同志到学校礼堂给我们作报告,对我们提出了严格的要求,使我们深切感受到:在国家经济处于困难时期,为了搞好国防建设,派我们到苏联上大学是多么重要的一个任务。因此在校期间我刻苦努力学习,1953年顺利完成俄文培训的任务并通过政审。国家给我们准备了到苏联后的所有生活用品。

临出国前,周恩来同志把即将出国的五百余名留学生邀请到中南海怀仁堂,为我们举办隆重的欢送晚会。他发表了热情洋溢的讲话,要求我们出国后一定要"身体好,学习好,纪律好",并对三项要求进行了详细解释。最后,深情地寄语我们:"我相信,三五年后,等你们光荣地完成学习任务,回到祖国,就一定能够接替我们的工作,为建设社会主义、共产主义努力。祝大家成功!"会后,我们看了京剧《将相和》和《孙悟空大闹天宫》。因为出国前我被分配到高教部,所以我还参加了高教部部长杨秀峰为分配到高校的留学生设的晚宴。

带着党和国家领导人的嘱托,带着父母的期盼,我们于1953年8月高高兴兴地乘坐从北京到莫斯科的专列,经美丽的东北到中苏边境城市满洲里,通过各项检查,到了苏联。一路上心潮澎湃,想着会被分配到哪一个学校学习,如何完成学习任务,并通过车窗口望着美丽的贝加尔湖及苏联各地的景色,8月下旬,到达了莫斯科。在莫斯科动力学院小住后,我被分配到莫斯科鲍曼高等工业学校仪器系光学仪器专业就读。

在长达近六年的学习生活中,苏联政府和人民、中国驻苏大使馆、学校领导、给我上过课的教授和辅导我们课下自习的老师,及我们同班苏联同学给我留下很多美好的印象,至今仍历历在目。但在此期间,最刻骨铭心的一天是1957年11月17日,那一天是星期日,毛主席在莫斯科大学接见我们留苏学生。当时,在苏联莫斯科各高校学习的有大学生、研究生、实习生和军事院校的学生。莫斯科 11 月的天气已很寒冷，而且 16 日下了一场大雪。16 日，我们接到留学生管理处的通知，让我们 17 日上午到莫斯科大学的礼堂听报告。

  17 日早晨，我早早起来，早饭后和约好的几位中国学友乘有轨电车和地铁到达列宁山下，步行到莫斯科大学。进礼堂后，我们坐到礼堂右侧的前十排，以便清楚地看到毛主席。那天参加会议的大学生、实习生、军人学员大约有 3 500 多人，莫斯科大学的礼堂坐得满满的，因为容不下这么多人，另外还动用了一个俱乐部和一个教室。

  上午 10 点，刘晓大使宣布请陆定一同志作形势报告，直到下午 3 点报告才结束。这时我们确切知道，毛主席开完国际会议后就来接见我们。我们的心情非常激动，为了占好座位，我们只好轮流去吃午饭。

  下午 6 点钟，在刘晓大使的陪同下毛主席到了莫斯科大学。当毛主席出现在莫斯科大学礼堂的讲台时，我们都站起来鼓掌，高呼"毛主席，您好！""毛主席万岁！"等口号。这时，有的同学高喊："毛主席，我们看不清您。"为了让全礼堂同学都能看清楚，毛主席走到讲台的前沿，并从左边走到右边，向我们招手致意。这时，我随大家一起振臂高呼，向毛主席致敬。礼堂内暴风雨般的掌声经久不息。毛主席身穿灰色中山装，身材魁梧，红光满面。他走到哪里，哪里的人群就像涨潮的海水，向前涌动。所有的人都想扑到前排，以便离领袖近一点儿……因此，我也从座位上站起来到了过道上较近的地方。

  当毛主席回到讲台中央时，用手向大家一挥，掌声戛然而止。毛主席在讲台上随手拿起凉水瓶向杯中倒水，刘晓大使急忙向前制止，就在这时，毛主席举起水杯说声"同学们好"，然后就一饮而尽。这时，大厅里又响起一阵掌声。我们双眼就随着毛主席的一举一动而不停地转动。

  而后，刘晓大使介绍了陪同毛主席前来的邓小平、彭德怀、乌兰夫等同志。我们用热烈的掌声欢迎他们。当刘晓大使介绍完随团成员时，毛主席立刻幽默地指着刘晓说："这位是中华人民共和国代表团团员，驻苏大使刘晓同志。"我们又笑了起来。接着毛主席点了一支香烟微笑着问第三排中央座位上的女同志："在哪个学校？学什么专业？"场内十分安静。几分钟后，毛主席摁灭了香烟，站起来走到台前说："同志们，我向你们问好！"台下再次响起暴雨般的掌声，我们心情万分激动，感受到毛主席对我们留苏学子的关心。毛主席对我们说："世界是你们的，也是我们的，但归根结底是你们的。你们青年人朝气蓬勃，好像早晨八九点钟的太阳。希望寄托在你们身上！"这时，我们立刻高呼"毛主席万岁！中国共产党万岁！"那天毛主席还给我们讲了当时的国际形势、国内的情况等等。最后毛主席再次祝贺我们，并语重心长地说："世界是属于你们的，中国的前途也是属于你们的。"

  时至今日，离我听这段话已 53 年之久，毛主席当年操着湖南口音讲出对我们青年的这些期望和他老人家的音容笑貌仍牢牢地铭记在我的心中。当学习上、生活上遇到各种困难时，我都会想到当时毛主席对我们留苏学子的寄托。

回想起来，这次毛主席接见我们，是我在成长道路上第四次见到毛主席。第一次是1949年10月1日参加开国大典，我和女附中的同学站在天安门广场的后边，听毛主席宣告"中华人民共和国成立了"。第二次是中华人民共和国成立三周年，在天安门广场举行盛大的阅兵式。我作为少先队辅导员，站在我校少先队员的前面，目睹了阅兵式，阅兵结束后，我们的队伍穿过马路，拥到华表前，更清楚地看到毛主席向我们挥手。第三次是1957年11月7日，苏联在莫斯科红场举行盛大的阅兵式，毛主席和赫鲁晓夫站在观礼台上检阅我们群众的游行队伍，我看见毛主席的魁梧身材和满脸笑容。当然，印象最深的还是1957年11月17日，毛主席在莫斯科大学对我们的讲话。

毛主席的教导就像甘露般滴进我的心里，永远铭记在心，是我在苏联学习时的不竭动力。1959年2月，我通过六年的勤奋学习以全优的成绩进行了毕业答辩，并获得了机械工程师的资格。1997年9月5日，由莫斯科鲍曼高等工业学校校长来北京为我们补发了硕士证书。

1959年3月，告别了学习将近6年的莫斯科鲍曼高等工业学校，告别了我的导师、教授和老师们，告别了我的苏联同班同学和同宿舍的室友，乘莫斯科至北京的火车返回祖国。当火车途经满洲里时，我们同时归国的十几个学友放声高唱："祖国的炊烟遥遥在望，祖国的建设招手唤儿郎。"祖国，我们学习归来了。祖国，我们的亲娘！

回国后，首先回老家看望了日久未见的父母和弟弟们。半月后，返回北京，由高教部留学生管理司分配到北京工业学院。后分配到仪器系光学仪器教研室工作，直到1989年5月1日退休。而后，又被返聘至1996年，实际上科研工作直到1998年才结束。

回国后，几十年来，我牢记毛主席、各位中央领导、父母、中学老师、留苏的各位老师对我的关心与教导，认真主动地承担各项教学、科研工作，克服工作、家庭中等各种困难，努力做出成就。我感到欣慰的是，我没有辜负祖国人民以及养育我的父母对我的期望。

我希望毛主席1957年11月17日对留苏学生的讲话，就是对我校大学生、研究生、博士生、青年教师以及全国所有学生、青年的期望——祖国的希望寄托在你们身上！

（作者：谷素梅，北京理工大学光电学院退休教师）

忆留苏岁月（学习）

● 文·谷素梅

我于1953年9月至1959年2月在莫斯科鲍曼高等工业学校（现已改为莫斯科鲍曼高等工业大学，以下简称鲍曼）学习，所学专业为仪器系军用光学仪器专业。鲍曼建于1830年，迄今已有180年的历史；在世界上是一所知名的大学，曾被授予劳动红旗勋章和红旗勋章。在这样一所大学里学习了5年半，给我留下了许多美好的回忆，并培养了我，使回国能立即承担领导安排的各项教学和科研工作。

在校5年半的时间，其中5年用于课堂学习、各种实习、课程设计等。共学了34门课，即军用光学仪器总体设计所需用的各种基础课，光、机电、陀螺等方面的原理及技术基础课，各种现代化军用光学仪器的原理、结构和工艺课等；此外，还有政治课，即马列主义基础、政治经济学、辩证法等，以及外语及体育课。做了5次不同题目的课程设计，每次为五张一号图纸。还开设有教学实习（钳工、锻工、铸造、木模、机械加工和电焊）、使用实习、毕业设计前的毕业实习。半年时间做毕业设计和写设计说明书。

在刚入学时，听教授们讲课并记笔记有很大困难，虽出国前在俄专学了将近一年的俄文，但欠缺日常生活所需的俄语等。每门课都是由一位教授讲课，教授们在黑板上边讲边写，学生们边听边记，有时，教授也在课堂提问，由学生举手回答。一般每门课都没有固定教材，只有参考书。第一学期高等数学讲的是立体几何，没有什么困难。最困难的是化学课，学校专门给我们中国学生开了小班课，教授讲得比较慢。外语课学的是俄语。

上课没有固定的教室，上一节课和下一节课的教室离得很远，需要上、下楼或穿过很长的走廊。班上只有我一个中国学生，为了能看清黑板和集中精力听课，都需要坐到前几排，第一节课可以早点去占座位，后续课就得连走带跑。我到班上后，班上的共青团给我派了帮助我学习和生活的苏联女同学冬尼亚和任尼亚。她们将笔记本借给我供我抄课堂笔记，有时也陪我一起到图书馆或空着的合班教室复习。

我们班有30名同学，鲍曼学生很多，所以，我们上课是二部制，即三天上午上课，每节2小时，一般为3到4节课。三天下午上课，通常上完课后，食堂、小吃店都关门了，因此，晚上上完课回到宿舍后，需自己做饭吃，故宿舍内每层都有厨房，配备煤气炉或电炉等，有烤箱。这样，每天晚上睡觉都在 12 点左右了。

我们都和苏联同学住在一个宿舍，我屋里有四位不同系的高年级同学，她们像大姐姐一样关心我，帮我练习俄语。宿舍卫生自己打扫，很干净。到三年级后，宋健夫人王雨生住到我的房间。因为和苏联同学住在一起，俄语提高了，到一年级第二学期，就能独立听课记笔记了。到了高年级时，有的同学就找我借笔记了。

教授讲课后，留下许多作业，因此，每班配备有辅导老师，负责答疑、提问和批改作业。

苏联高校各门功课考试都是口试。每门课的全部内容，根据难易都列在不同的试卷内。考试一般由主讲教授，配备 1~2 名辅导教师主考。每位学生进考场，要抽一张考卷，而后去应考。先回答考卷上的问题，主考教师根据回答的情况，可以提出与试卷有关或无关的内容。所以在复习准备考试时，必须得全面复习，深入理解所学过的内容才行。

第一学期考试各门功课均为 5 分，当然离不开苏联同学的帮助和自己的努力。考试后，我很高兴，想想对得起祖国和人民，对得起党和国家领导人对我们的严格要求和教导，也对得起远在祖国的父母的养育之恩。一学期的努力学习和考试，我体会到，考试成绩的好坏与课堂听课的理解程度有很大关系。课堂上要精神集中，要始终跟着教授讲课的思路走，并且练习速记；课下作业，不懂的，要翻阅有关参考书。在校五年期间，各门功课考试成绩的五分比例符合全优生的资格。

1957 年 1 月 13 日，真理报记者来我班采访，正好是四年级第一学期考完应用电子学之后。该报道的题目是"考试正在进行中"，内容大致如下："昨天到莫斯科鲍曼高等工业学校采访（采访教室为 NO600）未来的光学机械仪器的专家们，他们正在进行应用电子学的考试。这门课是该校今年第一次开的新课。第一批领考卷的四位同学是，莫斯科人楚索夫，来自远方农场的欧西伯夫、次林诺夫和中国北京的小姑娘谷素梅。每位考生正在准备考卷。A·M·库古绍夫教授特别满意谷素梅的成绩，在她前三年的记分册中，除了'优秀'外，没有其他的考试记分，这次她也得了'五分'"。

"——我们祝贺你。"

"——好样的！"

这张《真理报》被我带回了国内，但在"文化大革命"期间丢失了。该复印件，是我委托同班同学辽沙查找并复印好给我寄来的，当然很珍贵。

每当学习遇到困难时，都会想到出国时祖国对我们的期望。

由于三年来的学习成绩优秀，四年级上学期，我的照片被贴在系办公室的壁报上，优秀生照片每学年更换一次。

使用实习是毕业设计前对所学专业课的应用，对仪器重要性的操作和体会。1958 年五年级第二学期考试后，我们班被安排到黑海舰队实习。根据苏联政府规定

"女同学不能上巡洋舰"，因此，男生留在该舰上。女生在潜水艇上实习。当潜水艇从水面往下沉时，我们都很兴奋，通过舷窗可以看到许多鱼儿在游泳及各种海草。当潜水艇浮上水面快到岸上时，可以通过潜望镜的目镜清楚地看到岸上的情况。我真正体会到所学专业在国防中的重要性。

半个月的实习结束后，我和几位苏联女同学到黑海边上住了几天。我们住在岸边老百姓家里，女主人给我们做饭、照顾我们。我们一块到海边游泳、在沙滩上晒太阳，真是其乐无比。

毕业实习是毕业设计的一个重要环节，一般该实习均在专业厂进行。我们班的实习地点位于莫斯科近郊一个村镇上的军用光学仪器厂。该厂离我住的宿舍很远，路上大约要一个半小时。

到工厂后，我们班的同学被分配到不同的装配车间实习。但将我分配到××车间后的第三天，指导实习的老师找我说："外国人不允许到该车间实习。"因此，将我调到照相机装配车间实习。在车间里我跟着照相机装配工艺流程的顺序实习，装好整机后，再到检验车间实习。师傅们对我都很友好，有问必答。实习结束后，我问了在××车间实习的同学，他们说，该车间是装军备的，即新研制的坦克稳像瞄准具，为绝密车间。该仪器装在坦克上，即观测手可以在坦克行进中通过瞄准具的目镜观察到目标，在视场内相对分划板是不晃动的。虽没能在该车间实习，感到很遗憾，但也埋下了我想学光学稳像仪器设计的愿望。毕业实习收获不小，了解了苏联工人们的劳动、生活；他们对我这个外国人很友好，处处照顾我。在我国国庆节前夕，全厂职工开庆祝大会，请我给他们介绍了一些有关新中国的情况。

该光学厂位于莫斯科近郊一个美丽的村庄"札果里斯拉"，紧挨工厂有一条美丽的小河，两岸绿树成荫，工厂周围绿化很好，也很干净、漂亮，工人穿戴很整洁。

通过这次毕业实习，我对光学仪器厂、光学车间，研究所，光学和机加车间有了总体认识，算是对五年所学的课程、各次课程设计、使用实习和毕业实习的总结吧，为我毕业设计及未来回国参加工作打下了坚实的基础。

毕业设计的选题很重要。设计前，教研室主任公布指导毕业设计的指导教师名单、职称，指导几名学生及毕业设计的题目。因为，出国时，领导交代回国后为国防服务。所以选老师、选题很关键。一年前，我曾和我们专业上届的欧阳刚商量过，他的设计选题为轰炸瞄准具，于是我选了空中射击瞄准具。这样，回国后，参加国防建设更好些。我选的导师是光学仪器教研室主任，他也愿意接收我做他的学生。空中射击瞄准具为保密题目类型。有专为作保密题目设置的保密教室，出入该教室有专用通行证，所有设计资料不允许带出室外。十分严格。

毕业设计工作量巨大。包括原理方案论证光学稳像系统的设计与计算、总装图及部件图的绘制等，最后还要写出设计说明书，将五年来所学的知识基本上都用上了，因为该仪器是光—机、电、陀螺和自动调节的一台综合仪器。

我的导师每两周到保密室检查一次我的进度，回答我的提问并提出一些深入的问题让我思考。

总之，毕业设计使我初步掌握了一台仪器设计的全过程，也是对五年来所学的课程进行很好的运用。在导师的精心指导下，我按时、顺利地交出合格的毕业设计，并于1959年2月中旬顺利通过毕业设计答辩，获得"优秀"的成绩。由于五年来课内学习符合全优，故我的毕业设计证书上是带有红字"优秀"的证书，并被授予"机械工程师"的学位。

在毕业设计全过程中，我与导师结下了深厚的师生情。回国初期，我们互相通信。中苏友谊由于某种原因中断后，与导师失去联系。到80年代中苏关系解冻后，我通过出访苏联的学友，与苏联同学取得联系，得知导师健在。故1991年随我院老师到苏联出国访问时，我给导师发了电报。到莫斯科时，导师派了两名苏联同学手持鲜花到车站欢迎我。一别32年未见面，我的心情激动万分。这期间，通过我的导师，我和安连生老师访问了仪器系光电仪器教研室，开了座谈会，并参观了实验室。后来，我导师设家宴招待我。我们共叙往事及家常。在他亲戚的陪同下，参观了附近的东正教堂。这种友谊终生难忘。

最后，想说的是在苏学习期间的感受：

（1）苏联人民是伟大、勤劳、爱国、讲礼貌的人民。

（2）苏联人民对中国人民是相当友好的，只要我在大街上问路时，她（他们）一定会满腔热情地给我指路。

（3）苏联人民爱整洁，不论在校园里、课室内、大街上、公共场所都是衣帽整洁，绝没有大声喧哗和随地吐痰的现象。在等公共车时，都是顺序排队。在剧场、电影院演出开始后，都是非常安静，无抽烟现象。

（4）苏联同学的业余生活丰富多彩，尽管学习很忙，但是周末，我们宿舍的餐厅就变成舞厅，冬天到山上滑雪。寒暑假可以到冬令营和夏令营，或者背着帐篷，食品衣物去旅游、爬山。

总之，有幸在苏联莫斯科鲍曼上大学是我今生最愉快、最有意义的日子之一，翻翻过去的照片，也是其乐无穷。

（作者：谷素梅，北京理工大学光电学院退休教师）

跟苏联专家学习追记

● 文·文仲辉

1959年，国防科委为了适应高新技术发展，满足其所属各高等院校新成立的新技术专业培养人才的需要，经中央批准，特别聘请了一批苏联专家来华工作。其中为有翼导弹总体设计专业聘请的专家有：莫斯科航空学院副院长列别捷夫、莫斯科航空学院教授捷尔罗布诺夫金。列别捷夫主讲"导弹飞行动力学"课，并担任专家组组长；捷尔罗布诺夫金主讲"有翼导弹总体设计原理"课，并负责指导青年教师进行科学研究。当时我校有翼导弹总体设计专业的教师都很年轻，我和余崇义两人刚参加工作不久，有幸跟随捷尔罗布诺夫金教授学习。

捷尔罗布诺夫金教授主讲的"有翼导弹总体设计原理"课，是在北京航空学院（现北京航空航天大学）开设的。当时各单位听课的教师大部分是年轻教师，也有一些老教师，包括少数年老的教授。他们主要来自国防科委所属的院校［北京航空学院、北京工业学院（即现北京理工大学）、哈尔滨工业大学、西北工业大学、南京航空学院（即现南京航空航天大学）、成都电讯工程学院（即现电子科技大学）］，也有来自清华大学、上海交通大学以及国防科委和有关部委所属研究院、所的少数人员（其中主要是国防部第五研究院和航空部军械装备研究院所属个别研究所的年轻研究人员）。课堂教学每周一次到两次（多数时间是一次），每次课堂教学大约三小时（包括课堂讨论或集体答疑）。固定的课外答疑与辅导分别在北京航空学院和北京工业学院进行，隔周一次，外地来京进修的教师和其他单位的听课人员都分别到这两个学院参加答疑与辅导。

捷尔罗布诺夫金教授对教学工作非常严肃，备课充分，做得非常细致。他的教案和讲稿都写得详详细细、清清楚楚、整整齐齐，文字和插图都极其工整，看上去很美观。每次上课前，他把事先写好的讲稿提前交给翻译人员，经翻译成中文后，再由北京航空学院打印出讲义分发到各单位。后来，这些讲稿和讲义都被各单位充分利用。1962年，国防科委组织各校听课教师（主要是北京工业学院和北京航空学院的教师）编写、出版的一批新技术专业教科书，大部分内容都参考了苏联专家留下的讲稿和讲义。这些教科书各院校使用了很长一段时间，各研究院、所的研究人员也将其作为参考资料，有的一直使用到20世纪70年代。

捷尔罗布诺夫金教授讲课的思路清晰、逻辑推理严谨，对于设计方案或设计方法，他总是从设计思想方法、基本理论探讨、经验数据处理到设计步骤实施及设计结果评定等逐一分析研究。这样一来，不仅仅是传授了知识和经验，而且对学习者的设计能力和思想方法均有帮助。例如，他讲解飞行器的主要设计参数时，首先阐明设计参数、主要设计参数的概念，再重点论述设计参数和主要设计参数的重大意义，进一步提出主要设计参数确定的指导思想；其次由基本理论出发建立飞行器的空间运动数学模型，推导飞行器的主要设计参数计算公式；再次，分析讨论公式的应用条件、各种要素的取舍、相关经验数据的合理使用及其范围；最后，提出设计计算方法与步骤、计算精度评估、保证精度与质量的措施等等。他的这一套逻辑思维与推理方法，对我以后的教学工作有很大的启发。

捷尔罗布诺夫金教授在给我们讲飞行器的起飞质量（主要设计参数之一）设计计算方法时，他从各个方面分析了它的重大意义之后，提出了一个响亮的口号——"要为减小一克质量而奋斗"。这个响亮的口号告诉了飞行器总体设计师要把考虑问题的重点放在何处。另外就是，捷尔罗布诺夫金教授讲总体设计时，特别强调总体概念、总体思路和总体与局部的关系。他常常用一些生动的例子来说明分系统必须服从于系统总体设计的要求，而总体设计师又必须合理地考虑各分系统的实际情况与条件。有一次他用一个苏联飞机设计师设计的军用运输机为例说明：尽管发动机和控制系统很好，但是由于种种原因，总体设计中的一个错误导致飞机试飞时坠毁，不仅机毁人亡，还影响了第二次世界大战中的一次重要战机。他说，若是一个人很好，大脑也很清楚，可是他的个别器官不好、坏死了，指挥不灵，动不了，或不协调，那么这个人也就没用了，等于死尸，系统总体和分系统的关系即如此。他常常告诫我们，一个设计师，无论是从事总体、分系统、部件或零件设计，头脑中时刻都应当装有系统总体的概念。

捷尔罗布诺夫金教授在讲课和答疑过程中，总是想办法使我们消除疑难问题，尽可能解答难点。当他发现我们对他的讲解或解答难以置信，或对他的提问没有表态时，他总是反复强调，用多种多样的方法，从各个方面加以解释，有时还用手势比画。例如，有一次讲解"鸭式"和"正常式"两种不同气动力布局的飞行器气流下沉的影响与效果时，他用手中的讲稿纸卷成圆形比作弹身，用两个手比作弹翼，再拉出翻译的手比作控制舵面，再用嘴吹风使手指夹着的纸片震动，让我们看出气流作用的显著效果。

捷尔罗布诺夫金教授对科学研究工作也是非常认真负责的，在他给我们讲课的同时还指导我们做科研项目"×××-2"的研究。该项目是国防科委所属几个院校的大协作项目，研究一种防空导弹。参加总体组的研究人员主要是各院校的教师，有北京航空学院的过崇伟、张广照，北京工业学院的文仲辉、阎鹤梅、裴礼富，哈尔滨工业大学的王以德，西北工业大学的李兴贤、管可长、付玖萍，南京航空学院的徐正荣、李樟权等。我们的研究工作是在苏联专家指导下进行的，但同时又不能让他了解我们的真实目的和目标。因此每次答疑的时候，我们老是和他兜圈子。尽管他摸不着底细，可是还要回答我们提出的各种各样的技术问题。尽管如此，捷尔罗布诺夫金教授每次仍旧按时、按计划来给我们辅导，耐心地回答我们提出的一切问题。当我们提到有关技术指标和技术方案制订的问题时，他总会细心地给我们指导，从技术先进性到现代科学技术的可行性，并结合苏联和我国的实际水平进行分析。他还经常提醒我们，要特别注意我国的经济基础和经济发展战略。有一次，我们提出了一个很先进的技术方案请他批评指正，他看出了我们的意图，就意味深长地告诫我们："你们做的是目前世界第一流的技术方案，可以与美国的'宙斯盾'比高低了。"（注：'宙斯盾'是美国当时正在研制的一种很先进的防空导弹）。并且进一步说："你们一定要考察你们国家的技术基础、工业水平和现实性。"那次答疑对我们的启发很大，事后我们就一次又一次地审查修改了我们的技术方案。

捷尔罗布诺夫金教授不仅仅是一个治学严谨、实事求是、尊重事实、尊重科学的学者，也是一个尊重友情、重视中苏人民之间的友好合作、愿意与中国人民友好相处的友好代表。他作为专家学者在华工作期间，从不以专家学者自居，对跟着他学习的所有人，无论是老教授还是年轻教师或翻译、工作人员都是平等相待，非常客气，很讲礼貌。每次我们见面时，总是他先对我们行见面礼、问好。离别时，他都是一次又一次地与每一个人告别，即便是司机或服务员也不落下。在生活中捷尔罗布诺夫金教授也把大家当作好朋友，像自己人一样，友好相处。节假日我们陪同他去公园游览，或是去他的住处拜访时，他都是特别客气与友好，他常常要热情地招待我们，有时还领着大家品尝他妻子做的食品。他们与我们常来常往，相处得非常融洽。他常对我们说，他和他的夫人、朋友都很尊重中苏人民之间的宝贵友谊。就在 1960 年夏天，中苏关系紧张的时候，他还不时地对我们说，中苏人民应当友好相处。1960 年秋天，苏联政府决定撤回全部专家，我们去欢送他的时候，他笑眯眯地对我们说："我们永远是朋友，我们以后还会见面的。"

1992 年春天，我们和捷尔罗布诺夫金教授终于在相别三十年之后的一个春天在北京相见了。捷尔罗布诺夫金教授尽管六十年代初回到了莫斯科航空学院，但是他一直都怀念着我们这些中国朋友，只要一有机会，他就会设法和我们联系。在我国改革开放后，去苏联考察的朋友都给我们带回了捷尔罗布诺夫金教授的信息。1992年他来中国之前，早就给他的中国朋友发出了信息。来到北京后很快就和北京航空航天大学的朋友取得联系，在北京航空航天大学的安排下，我们老友重逢，热烈相拥，畅叙友情，交流工作经验，交换意见，无所不谈，真是心情舒畅，其乐无穷。其间，我将我编著的《导弹系统分析与设计》交给他，请他提意见。这时，捷尔罗布诺夫金教授非常高兴，他仔细翻阅了书本并对书中的先进技术与新概念、新方法给予肯定之后，着重介绍了他们近几年来在本学科方面的开拓创新、研究成果与教学内容的更新。他再一次使我感受到这一位苏联老教授、老专家对我这个中国朋友的启迪与指引。

就在这一次亲切友好的会见之后没有几年,从莫斯科传递的消息告诉我们,捷尔罗布诺夫金教授因病与世长辞了。我们曾经接受过苏联专家捷尔罗布诺夫金教授指教的所有人都非常惋惜和心痛。在回忆这段往事的时候,我的心情久久难以平静。在这里让我对这位可敬可爱的苏联专家、学者和中国人民的好朋友再说一声:"捷尔罗布诺夫金教授请你安息吧,中苏人民的友谊是永恒的!"

(作者:文仲辉,北京理工大学宇航学院退休教师)

弹指一挥间　成长六十年

● 文·徐绍志

"唱支山歌给党听，我把党来比母亲。母亲只生我的身，党的光辉照我心……"生在旧社会，长在红旗下，奋斗在红旗中。个人成长，与时俱进，与祖国的脉搏一起跳动。祖国的变化，日新月异，六十年的建设，翻天覆地。今天的幸福生活，来之不易。回首往事，心潮澎湃，浮想联翩。

1949年10月1日下午3点，首都30万群众齐集天安门广场，隆重举行开国大典。在国歌、礼炮和群众欢呼声中，毛泽东主席亲自升起第一面五星红旗，向全世界庄严宣告："中华人民共和国中央人民政府成立了！"

中华人民共和国的成立，标志着中国新民主主义革命在全国的胜利。这是中国伟大的历史转折点，开创了中国历史的新纪元。它结束了百年来半殖民地、半封建社会的苦难史，使中国变成了真正独立、统一的人民民主专政的新中国。劳动人民成了新社会、新国家的主人。中国社会从此进入了一个新时代。

当时我念初中二年级，寄养在姨母家中。因为家里贫穷，父母逃生北大荒。土改后，我拿到了人民助学金，食宿在校，生活一步登天！1949年年底，我入了团，接受党的新思想教育，努力学习，为人民服务。抗美援朝时，我志愿献血，积极参加保家卫国的活动。1950年，考入抚顺矿专化工科，立志为祖国石油事业贡献青春、智慧。1952年，我参加本校的教师思想改造运动，思想进步，有了提高。1953年入了党，1954年，经过高考，被选送到苏联，在莫斯科门捷列夫化工学院学习。五年寒窗，获得了硕士学位和工程师称号回国，被分配到北京工业学院七系工作。因苏联专家的翻译生小孩去了，我被临时抓差，赶鸭子上架，当传声筒。1960年，苏联专家撤退后，我升为主讲教师。后来我教本科生，指导毕业论文。有个叫洪虎的高干子弟，跟我去抚顺石油研究院实习、写论文，博得了好评。"文化大革命"期间，我所在的专业下马，我就到基础课有机教研室任教。1972年，工农兵大学生来了，原有的老教师下不了厂，讲不了课。我就派上了用场，跟学生下厂，在车间里讲课。工厂工作一天三班倒，我就讲三遍课。参加实验室科研项目，累得两腿浮肿，一按一个大坑，一站起来，两眼发黑。回不了家，就住在厂里，跟同学们吃住在一起，硬是挺过了这一关！1976年1月8日，周总理逝世那一天，我去了大兴干校，参加劳动改造一年。接着朱老总和毛主席也相继逝世了。唐山大地震，人祸、天灾，折腾得喘不过气来。风雨过后出彩虹，改革开放，经济建设为主旋律。1978年，百废待兴，学校里恢复职称，工资晋级，人民欢乐，有了奔头。摘掉"臭老九"帽子，争当教授，没有奖金和补贴，加班加点搞科研。自己跑课题，争取科研费。暑假不休息，热得我长出一身痱子。晚上干完科研，就去泡游泳池，这样才能入睡。后来泡出了一个深水合格证，从此游泳不沉底了。

1986年，科研成果转让给河北宣化化工厂，通过了部级鉴定，还拿到了科技进步三等奖，晋升了副教授，高兴之极！1989年，"一刀切"（女55～85岁全退休），刚55岁的我退休了！我不甘寂寞，到民办大学写春秋。中国科技经营管理大学校长蒋淑云是理工大的校友，她欢迎退休下来的教师再发挥余热，与她并肩战斗，为社会做贡献。我去她学校承担了两个专业主任之职，请两位班主任协助。就这样，我又继续工作了。

租教室，请教师，制定教学大纲，计算课酬，推荐学生上岗……我跑遍了北京城，解决了家长们的后顾之忧。参加成人教育考试，我们的合格率达标，给我发了奖励。学生源源不断，辛苦汗水没有白流。一干十年，培养人才越千，为人民服务的时间又延长了10年。为社会做贡献，问心无愧，不遗憾！

1999年，老媪年过65，上下求索退休路。千禧年，北理工大发展，广厦买千间，广大教工笑开颜。我家分一套，阳春光华豪宅间。老伴享受仅一年，呜呼哀哉入黄泉。从此孤飞雁，闲来笔耕田。"秋韵"接纳我，"春韵"一片天。越写越兴奋，还出个诗词选，赠送亲友们，快乐庆牛年。弹指一挥间，成长六十年。感谢共产党，幸福有今天！

（作者：徐绍志，北京理工大学化学与化工学院退休教师）

俄 文 突 击

● 文·徐鑫武

　　一个大学教师要不断提高教学质量就必须时时阅读大量的国内外参考资料、期刊，以掌握科学技术的最新发展，及时介绍给学生。

　　要掌握世界科技的新发展须掌握外语，因为外国期刊上的文章译成中文至少在半年之后，只有具有外语的阅读能力，才能先睹为快。

　　1949年前，中国大学一般以英语为第一外语，大学教师具有较高的英语水平，学德语、法语的人也不少，学俄语的则极少。

　　1949年，中华人民共和国成立以后，百废待兴。为迅速建设新中国，迅速发展科技事业，国家请来了许多苏联专家。华北大学工学院进京后，开办的俄文专修科就是为了培养大批俄文口译人才，给苏联专家做翻译。

　　与此同时，俄文书刊大量进入中国，而英文资料甚少，这时出现了一个大问题，就是这些俄文资料，许多科技人员、专家、教授看不懂，无法发挥作用，全国各大学都面临同样的问题。教师不会俄语，怎么办？马上办俄语训练班让教师业余去学，但至少一年后才能看俄文书，远水解不得近渴，大家干着急。

　　正在这时，得知北京有一所高校举办了"俄文突击"，集中教师学习俄文，两个星期能借助词典阅读俄文书，但方法保密。我们设法以各种渠道大致知道了具体做法，向我校党委做了汇报。

　　1952年，我校决定用两周时间举办"俄文突击"，全校助教以上教师全部参加。

　　做出决定以后，党委请俄文教研组老教师担任主讲教师，他们却说："笑话，我学俄语学了五年还觉得不够，两个礼拜怎么可能。"党委找到我，问我敢不敢做这件事，初生的牛犊不怕虎，两个刚学俄语的青年教师接过了主讲任务，我主讲词法，马子麟同志主讲句法。

　　"俄文突击"有如下的要求：

　　（1）讲解的每一个主题均定时、定量，不能有一点差错，譬如名词，性、数、格的变化讲什么内容，讲到什么深度，必按计划进行，不可有任何增删，规定名词讲130分钟，从上午八点开讲，到十点十分结束，中间不休息。

　　（2）讲课人不得带教科书、参考书和讲稿，只能空手上讲台。

（3）讲课人不写板书，不得带粉笔。

（4）讲课人不得戴手表，不得用手表控制讲解进度。

（5）听课人没有讲义。

为了做好这次"突击"，采取了以下措施：

（1）事先做好直观教材，如变格、变位的词尾变化……，需用时挂起。

（2）主讲人准备一个月。

（3）反复试讲，由学校组织十多位极有教学经验的教授组成一个审查团来听试讲，主讲人一次次试讲，直到他们认为可以了，再正式登台讲课。

我试讲到第四次，大部分教授认为差不多了，曹立凡教授提出三条意见，其中有两条，我记了五十多年，在我一生教学中都注意做到这两条，这两条是：① 你已经讲得很纯熟了，但是你语言缺少抑扬顿挫，使听讲人容易疲劳。② 在你讲课的过程中看不到你对学生的爱，你必须要有这种爱心，才能更好地调动学生的积极性。

在第六次试讲以后，教授们说："已经炉火纯青，可以上台。"于是"突击"正式开始，全校助教以上的教师全部听课，除了两个主讲人外，还有几十位俄语助教在课余帮老师们学习。在当时，这是一场人人振奋的壮举。

我校"俄文突击"的目标是：

（1）两周内学员基本掌握俄语语法。

（2）记住俄语单词3 000个。

（3）两周后，借助于俄汉辞典，能独立阅读俄语科技书籍。

当然，在整个"突击"过程中，我们还有许多方法来配合教学，例如，英俄对比法，俄语中某个结构相当于英语中某个结构，我们一点出，老师们很快就接受了，不同外语有许多科技词汇发音类似，对比一下可以帮助记忆，此外，在记忆生词时，我们介绍了"循环记忆法"等等。

这次"俄文突击"非常成功，效果甚好，许多老师在"俄文突击"后，就能阅读俄文书刊，几十年后，不少老师见到我，还说："我能看俄文书就是靠'俄文突击'。"有些老师在参加俄文突击后，翻译了大量俄文资料，丰富了教学内容。

俄文突击对我有特别的意义：① 我完成了一件十分重要的任务。② 它对我日后执教有极大的帮助。

（作者：徐鑫武，北京理工大学图书馆离休干部）

忆 供 给 制

● 文·徐鑫武

1949年，我考入华北大学工学院，享受供给制待遇。

供给制是解放区及新中国成立初期我党采用的一种制度，就是由单位供给其成员衣、食、住及其他一些必需的费用。各单位的供给范围不尽相同，根据自身的条件制定供给项目，由上级机关批准执行。

华北大学工学院的供给制是从解放区带进北京的，当时供给的项目比较多，大致有：

（1）生活费。即食宿费用，华大工学院当时的标准大约是每人每月153斤小米。

（2）包干费。包干制是供给制的一种，有人享受包干制待遇。包干制有每人每月115斤小米和每人每月130斤小米两种标准。

（3）服装费。每人每年发给单衣两套（包括外衣两套和衬衣两件），棉衣2/3套。

（4）妇婴费。女学员所需的特殊费用，及少数有子女的女学员的保育费。

（5）医药费。用于学生看病、治疗及住院等费用。

（6）学习费。用于学生的学费、书本费以及学习所需的杂费。

（7）保健费。少数在入学前行政级别较高的有保健费，当时华大工学院学员中有此项费用的仅三人。

（8）技贴费。技术好的工人有技术津贴费。

（9）过节费。这是用于国庆节、新年、春节时学生加餐的费用。

当时，我们的伙食，主食一般是窝窝头，菜是熬白菜、白菜豆腐，有时还放点肉，我们都吃得很高兴。过去我家贫困，时常吃馊菜馊饭，现在每餐都是香喷喷的新鲜饭菜，真是享受。

我们的棉衣是灰平布面的，棉衣很厚，可以御严寒，1950—1951年北京很冷，最冷达 −22℃，但我们都可以暖和地学习。

我们的单衣也是灰平布的，四个口袋，那时我们没有金属的校徽，有一小块布，上印有"华北大学工学院"，用别针别在左上口袋上方，像军队一样。后来制作了金属校徽，小方布的校徽一律收回，大家都希望留作纪念，但学校没同意。

我们的衬衣是白土布做的。这种布新的时候是米黄色的，越洗越白，洗到很白

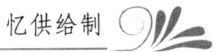

时就开始破了。

事实上，除了上述供给项目以外，学校还给我们每人每月两元零花钱，我们用以买牙刷、牙膏、肥皂等生活必需品，两元钱用不完，还有剩余，还可以吃点零食。当时我们最常吃的零食是葵花籽，葵花籽最便宜，五分钱就可以买一大包。那时，葵花籽有一个别名，叫"穷人磨"，穷人常买来消磨时间的意思。

享受供给制待遇已是快六十年前的事了，但这一段经历令我终生难忘。

（作者：徐鑫武，北京理工大学图书馆离休干部）

北理情怀

人民之光，我党之荣
——记延安自然科学院院长徐特立

● 文·戴永增

徐特立（1877—1968年），革命家和教育家，湖南善化（今长沙县江背镇）人，毛泽东和田汉等著名人士的老师。1911年，参加辛亥革命。1927年5月，加入中国共产党。同年8月参加南昌起义，任革命委员会委员、起义军第二十军三师党代表兼政治部主任。1928年，在莫斯科中山大学特别班学习。1931年11月，当选为中华苏维埃共和国中央执行委员会委员，任中华苏维埃共和国临时中央政府教育部代部长，兼任苏维埃大学副院长。1934年，他以57岁的高龄参加了中国工农红军二万五千里长征，表现了老英雄的大无畏革命气魄。1940年，创办延安自然科学研究院并任院长。1949年中华人民共和国成立后，历任中央人民政府委员，全国人大常委会委员，中共第七届、第八届中央委员等职，后因身体原因请辞。1968年11月28日，在北京逝世，享年91岁。

延安自然科学院是北京理工大学的前身，是中国共产党创建的第一所理工科大学，她开创了我党创办高等理工科教育的先河。延安自然科学院的英雄儿女，怀着对党的赤胆忠心，创建了这颗革命圣地的璀璨明珠，谱写了我校历史光辉灿烂的篇章。1940年年底，徐特立同志调任延安自然科学院院长。

徐特立院长在研究教育与社会发展、科技进步、生产发展的关系后，于1941年10月提出教育、科技、经济"三位一体才是科学正常发育的园地"的光辉办学思想。根据这一思想，延安自然科学院在极其艰苦的条件下，结合边区建设实际，取得了一批丰硕的科技成果。

徐特立是我国20世纪"杰出的革命教育家"（中共第七届中央委员会的评价）。在任延安自然科学院院长（1940—1943年）期间，针对抗战和办学实践的需要撰写了：《关于教育问题与戴伯韬的谈话》《怎样学习哲学》《新民主主义教育的基本内容》《我对于青年的希望》《怎样进行自然科学研究》《怎样发展我们的自然科学》《祝〈科学园地〉的诞生》《我们怎样学习》《生活教育社十五周年》《再论我们怎样学习》《抗战五个年头中的教育》《各科教学法》《对牛顿应有的认识》等一系列论作，对兴办自然科学高等教育提出了许多具有远见卓识的教育思想。

徐特立院长在江西苏区和陕甘宁边区丰富的群众教育实践基础上，提出了"群众本位"的观点，他认为科学应为抗战建国服务，科学的中心任务是经济建设。无论是一般的研究、专门的研究、理论的研究和技术的研究，其总的任务只有一个，即在物质上加强和扩展我们的力量。延安自然科学院把中央"理论联系实际，学以致用"的精神与大生产运动相结合，经过造纸、制玻璃、染料、制盐、制酸、制碱、制肥皂、冶炼、植物及地矿考察诸多方面，为边区军需民用做出了重要贡献。

徐特立院长在上述科学实践的基础上指出："科学教育与科学研究机关以方法和干部供给经济建设机关，而经济建设机关应该以物质供给研究和教育机关，三位一体才是科学正常发育的园地。"他提出"一切科学都是建筑在产业发展的基础上的，科学替生产服务，同时又帮助了科学正常的发展，技术直接和生产联系起来，技术才会有社会内容，才会成为生产方法和生产方式的一部分"；"经济是社会的基础"，科学"是国力的灵魂，同时又是社会发展的标志"，"教育是社会的中心、生产的中心"等观点，从而在20世纪40年代构建了教育、科研、经济"三位一体"的教育科学发展方式，并突显了当年延安时期办学思想的特色——教育的中心任务是为经济建设服务。

徐特立院长关于"教育民主"的办学思想十分突出。他认为学生是主人，教师是公仆，是为学生服务的。学生应有他们自己的组织。徐特立院长坚持要吸收人类知识的一切遗产，发扬先人伟大的创造精神。他说："我们要吸收过去人类知识的一切遗产""还应该发扬我们自己的优良传统，即创造性、斗争性、科学性。"

徐特立院长说："支持五年抗战者"是"我们思想上的武器和政治上的武器，武装广大群众的头脑"铸就的抗战者的精神。造就这种精神是靠"革命的教育"。当年延安自然科学院师生的学习生活，生动体现了胸怀大志抗战建国、为振兴中华而艰苦奋斗的延安儿女的革命乐观主义精神。正是像徐特立这样的优秀先辈写下了延安精神光辉的一页。

延安自然科学院在徐特立老院长的领导下，以优异的办学方针和先进的办学思想培育了500名优秀儿女。其中，许多人成为新中国建设的栋梁之材。李鹏、叶选平成为国家领导人。第四任院长李强成为多个部门卓越的领导人兼无线电专家、中国科学院院士。延安自然科学院师生中还有八位成长为中科院和工程院院士。他们是中科院院士、化学家钱志道，中科院院士、地质学家武衡，中科院院士、哲学经济学家于光远，中科院院士、制药化学家恽子强，中科院院士、机械工程专家沈鸿，工程院院士、钢铁冶金建筑工程专家戚元靖，工程院院士、石油化工专家林华，工程院院士、核动力专家彭士禄。自然科学院师生中产生了多位共和国的部长，如司法部部长蔡诚，建设部部长林汉雄，人事部部长赵东宛，轻工业部部长曾宪林，能源部部长黄毅诚，冶金工业部部长戚元靖等。还有许多人成为各军兵种部队的领导人。真可谓：圣地光辉育新人，英才济济启后昆。

（作者：戴永增，北京理工大学人文与社会科学学院退休教师）

魏思文院长的调查研究举措

●文·范琼英
　　张宝平

　　1961年年初，党中央发出了大兴调查研究之风的号召，《人民日报》多次刊登社论和相关文章，明确指出"让调查研究的风气永远发扬下去"，"虚心学习，多听、多看、多议论、多商量，才能摸清情况，发现问题，提出问题，然后经过具体的深入分析和研究，才能掌握事物的发展规律，找到解决问题的办法"。当时我校（北京工业学院）以魏思文同志为首的院领导闻风而动。同年3月7日，魏思文给刚组建不久的院党委政策研究室成员讲话时指出："最近院党委常委扩大会开得很好，既是检查工作，总结工作，又是调查研究，贯彻新的指示。"与此同时，院党委副书记郑干同志几次组织了党委政策研究室（该室由郑书记主管）的同志们学习毛泽东主席关于《调查工作》和《大兴调查研究之风，一切从实际出发》等文章。

　　1961年4月初，我校成立了调查研究组，下设三个小组，调研工作由魏院长直接领导。参加调研人员包括院党政机关的部分同志，政策研究室的全体成员和被调查的系的主要领导。当时确定的调查对象是原化工系（六系）。调研内容为教学、科研、生产劳动、政治思想以及教师、学生情况，重点放在该系七专业这个教研室。七专业教研室（当时称教研组）由丁儆教授领导，是当年我校新创建的专门培养爆炸科学、弹药装药工程及火工品技术人才的专业。该专业在从美国留学归国的丁教授的主持下，自力更生，白手起家，奋发图强，因陋就简地先后建立了火工与烟火实验室和室内爆炸实验设施。丁儆教授和陈福梅教授翻译出版了《火工品》一书，编写了《弹药装药工艺学》《烟火学原理》等书。丁儆教授在国内首先开出"爆炸作用原理"这一具有鲜明专业特色的理论课程，并编撰了铅印教材。在科研方面七专业也搞得有声有色，他们坚决贯彻毛泽东主席提出的"教育与生产劳动相结合"指导思想，积极开展与我校有关的工厂与部队的大协作，先后研制成功了毫差雷管、反坦克地雷、单兵反装甲弹药和一系列有关照明、烟幕等多种烟火器材，并在水鱼雷以及反登陆轨条爆炸拆除等相关武器技术研究方面也获得了重要进展，受到了国防科委等有关领导部门的关注和赞许。

　　针对该专业情况，我们调研组制订了调研计划、调研提纲，听教研室负责人汇报情况，分别召开教师和学生座谈会，听教师讲课，答疑，参观实验室及了解教师开实验课情况，找教师、学生个别交谈，深入科研课题组了解情况及其中存在的问题。我们在调研大量第一手资料基础上，多次召开情况分析会。魏思文院长经常在百忙中亲临会议，询问情况，刨根问底，要求更加深入了解和补充情况。他指出要学会透过现象看本质，要善于解剖麻雀，总结经验，在肯定成绩的同时，还要看到问题，发现不良倾向，及时整改，纠正并吸取教训。他经常召开大组及各个调查小组成员会了解调研工作进展情况，相互交流调研经验，以推动下一阶段工作。由于他每天工作很忙，往往在晚上开会很晚才散会。他不但参加会议听工作汇报，还亲临第一线，听课、召开座谈会，了解基层群众的心声。当他听到有些学生对教师不够尊重，连擦黑板、倒开水都是教师自己动手的情况后，立即指出这是不尊重教师劳动、不礼貌的行为，应对学生加强教育。在听了对教师和学生专题调研情况后，魏院长指出，应看他们在教学中，坚持性和顽强性怎样，有些人在恶劣的条件下也能教好、学好。他强调要以讲课为中心抓教学质量的重要性，同时指出要正确认识教师与学生的红与专问题。

此次调研工作是从1961年的4月开始的，10月结束，历时半年。调研的主要收获是：① 对该专业教研室的全面情况有了比较深入的了解，为如何提高教学质量、科研水平以及怎样培养人才指出了方向。② 对办好专业积累了一定的经验，可为校系领导及有关管理部门推广应用。③ 制订了教研室工作条例，可为其他教研室的管理提供借鉴。④ 写出调研报告及调研组成员个人工作总结，为以后调研工作的开展奠定基础。

从魏思文院长带领我们搞调查研究工作起，我们对他的了解逐步加深。他对党的教育事业无限忠诚，对国家任命的职务高度负责，对不良倾向做坚决斗争，对同志既严格要求又关心照顾、言传身教。他办事坚决果断，雷厉风行，敢说敢干，勇挑重担。他是一位受人尊敬和爱戴的领导人，又是一位可亲可敬的长者。我们为他的精神深深感动，为我校有这样一位领导人而自豪。

当前，原化工系七专业教研室早已划归机电工程学院（原八系），经过几十年的努力奋斗，培养出一大批栋梁之材，如中国工程院院士徐更光，长江学者黄凤雷教授、宁建国教授，都是出自这个专业；建设成为国家重点学科，被批准建立了爆炸科学与技术国家重点实验室，研究出的科研成果，已在我国的国防建设和国民经济发展中做出了重要的贡献。

在我校70周年校庆到来之际，我们衷心祝愿母校继承优良传统，奋发图强，取得更大的成就。

（作者：范琼英，北京理工大学管理与经济学院退休教师；张宝平，北京理工大学机电学院退休教师）

魏思文同志二三事

● 文·徐鑫武

我校前身华北大学工学院在解放区时,由华北人民政府公营企业部领导,直接和学校联系的是公营企业部的李承文同志。

我校由井陉迁京后,中央成立重工业部,李承文同志到重工业部工作,仍然直接和我校联系。

1995年11月,李承文同志在读过我写的《华北大学工学院史稿》后,给我写来一封长信,信中讲到了魏思文同志早年的一些情况。

魏思文同志原名郭维福,1926年秋至1927年夏和李承文同志在同一个中学读书,当时李承文同志读初一,魏思文同志念初三,那时他已是共产党员,任支部委员,同时他又是一名国民党员,是这个学校国民党区分部的负责人,当时是国共合作时期。

这个学校在山西汾阳。当时曾从陕西开来国民党军一个师,里边共产党员很多。1927年上半年,邓小平同志也在这个师里待过一段时间。

魏思文同志和李承文同志念的这个学校有初、高中,共六个年级,是一所美国教会学校,但因学校里和当地军队里共产党员多,所以政治活动十分活跃。

魏思文同志在这个学校里念到初中毕业就离校了。

后来,魏思文同志在北京读冯庸大学,他和我校前体育教研室主任崔玉玢是同班同学。

大约在1934年,魏思文同志去山东从事革命工作,后随我军南下,过江后去西南,曾任川东区党委副书记。

1953年年初,曾毅同志奉调去高教部工作,魏思文同志调来我校,任副院长、代理院长,不久魏思文同志任北京工业学院院长兼党委书记。

魏思文同志来校时,学校各方面的条件还比较差,魏思文同志为我校的建设、发展和迈向现代化做出了巨大贡献。

魏思文同志在过去的革命工作中,认识了许多我党的重要干部,来校工作后,每逢重大的节日活动,他总要请一些将军或中央领导人来校,他们的到来,使我们的节日气氛更为热烈。

桑榆情怀——我的北理故事

1959年，学校成立民兵师，魏思文同志任师长。我校成立民兵师，仪式十分隆重、热烈，还举行了阅兵式，甚至有坦克开进了校园，可谓盛况空前。

在我的记忆中，魏思文同志工作作风朴实。他到校后不久，我被校党委任命为外语教研室代主任，当时才二十几岁，没有工作经验，上下班，在学校马路上碰到魏思文同志时，他总会问："徐鑫武，工作上有什么问题没有？"有一次，我说："是的，我们有一些困难，我们要努力提高我校外语教师的水平，但是我们没有进修条件。"魏思文同志说："这好办，你下午到我办公室来，我给北京外国语学院的张锡铸院长写封信，请他同意我校外语教师到他们学校去听他们的专家讲课，对他们来说，这不就是添几把椅子的问题吗？"下午我到魏思文同志办公室，他信已写好，我拿了信立即去了外语学院，外语学院院长办公室的同志告诉我："张院长有事出去了，你把信留下，我们一定帮你转交。"我就把魏院长写的信留下了。第二天，魏思文同志问我，昨天的事办得怎样，张院长有没有什么承诺，我说："张院长昨天有事，不在学校。北外院办要我把信留下，他们一定转交。"魏思文同志听完话："啊呀，徐鑫武呀，你太没有工作经验了。我的信，你必须亲手交给张院长。当时就把问题解决，不能把信交给院办的。"他也没再说什么，总算问题还是解决了。不久后，外语学院通知我们可以前去听专家讲课，这使我亲身体会到，魏思文同志是十分注意培养年轻教师的。

（作者：徐鑫武，北京理工大学图书馆离休干部）

缅怀周伦岐教授

● 文·文仲辉

周伦岐教授是我校"文化大革命"前著名的一级教授，我校"文化大革命"前仅有两名一级教授。他早年（1929年）留学美国，曾就读于美国纽约大学数学系。1934年毕业后在美国纽约大学研究院攻读数学、物理硕士。后留校工作，先后进入美国多家重要研究机构。1944—1946年5月，在美国西北大学工程管理研究院及阿伯丁兵工研究院弹道研究所工作，并享有高级待遇。1946年5月，回归祖国，先后在重庆、南京等地工作。1949年7月，经华东工业部副部长程望同志介绍参加革命工作。1949年10月—1951年6月，在华东工业部兵工研究室做主任。1951年7月—1956年8月，在中华人民共和国第二机械工业部二局四所工作并担任主任。1956年8月，调到我校任教，并担任我校（原北京工业学院）第二机械系主任。

周伦岐教授来到我校后，为我校的专业及学科建设、教学、科学研究、教师培养、学术活动的开展等做出了重要的贡献。

周伦岐教授刚来校时，正是我校开始大发展的阶段。他作为原第二机械系的主任，为该系的炮弹设计与制造、引信设计与制造及弹药设计与制造专业教学计划、专业课程、课程教学大纲、教学内容的确定等提出了很多宝贵意见。在学校专业发展与建设过程中，他在当时的院长魏思文的领导下，负责筹划成立新技术专业。他会同副系主任李维临、专业骨干教师杨述贤等与苏联专家研究讨论如何建立专业，建立哪些专业、以后建立哪些学科，再如何建立系等等。1957年火箭技术专业刚成立时，他任火箭总体专业的主任。1958年后，在专业调整与大发展过程中，他先后担任火箭导弹工程系主任、飞行器工程系主任，除了教学、科学研究、学术活动之外，主要负责指导专业与学科建设。他对我校的火箭导弹专业（包括以后陆续成立的发射、推进、制导与控制专业）的建立做出了重要贡献，可以说他是我校火箭、导弹专业的开创者与奠基人，也是我校飞行器工程系和宇航学院的创建者与奠基人之一。

周伦岐教授在担任系领导工作的同时，还承担了具体的教学工作。他先后为学生讲授了"火箭技术导论""火箭弹设计原理""导弹总体设计原理"等课程。他对教学工作非常严肃认真。为了备好课，他每到星期天都要去北京图书馆查阅文献、资料，并带回大批参考书和资料。他讲的"导弹总体设计原理"所涉及的内容很广泛，理论也较深，学生听课有困难，他便将讲授内容写成详细的讲稿，课后再由辅导教师整理复印成讲义，发给学生参考阅读。他还经常帮助辅导教师审查复印的讲义，发现问题时，总是反复给辅导教师讲解，帮助辅导教师加深理解，提高辅导教师的教学水平。

周伦岐教授特别关心青年教师的成长。他了解到系里各专业的青年教师很多都是由其他专业转学来的，其中不少都是提前毕业的。这些人的基础理论知识较差，尤其是数学、物理、力学方面的知识，不能适应工作的要求。他亲自为青年教师讲课，编写学习参考资料和参考书，帮助他们学习提高。他曾经自己动手，用自己的手摇打字机，编写了一套供青年教师学习用的基础理论教材，并将其油印后，装订成书发给青年教师，每人一套。该书的内容十分广泛，既有数学、物理、力学等方面的基础知识，也包括火箭、导弹专业各学科能用到的基本原理，还反映了国外当时的新技术水平，对于系各专业的教师都有很大的帮助。周伦岐教授不仅在业务上帮助教师，也在思想上关心青年人的成长。我记得有一次，系办公室负责安排课程的人将他上课的教室给弄错了，误了一堂课，我作为他的助教，当时严厉批评了那位工作人员。事后周教授将我叫到他的办公室，很客气地对我说："工作中谁都会有差错的时候，您不应该对一个普通工作人员那么狠，以后要注意待人。"这简短的几句话让我铭记在心。

周伦岐教授是国内少有的知名一级教授，在学术上有很高的威望。他不仅在学校有兼职，在社会上、学术团体中也有很多兼职，他在中国航空学会、中国宇航学会、火箭导弹专业委员会等都兼有领导职务。他经常参加国家级的学术会议，活动很多，国务院在广州召开的高级知识分子座谈会、国防部国防科学技术委员会、国防部国防工业委员会的有关会议他都曾参加过。还有教材编审委员会、各种专业学术会议他也经常参加，还带着我们年轻教师出席。他不仅给我们介绍情况，交流信息，还告诉我们要学习知识。回到学校后还结合各种学术会议上的收获与体会，给我们的科研工作提出一些指导意见。

周伦岐教授对年轻教师参加科学研究的指导与帮助是很多的，我记得，1960年苏联撤出在中国的全部专家之后，国防部国防科学技术委员会组织在北京的高等学校教师开展科学研究时，他曾对我说："你们是国家的希望，一定要做好国家交给你们的科学研究任务，要为国家争气。有啥问题可以回来问我。"在此之前，他对我们参加的"265""505"等科学研究项目也提出过一些指导意见。1960年他曾经向我介绍过一些国外的导弹图片和资料，并且告诉我在科学研究过程中如何去使用和参考有关的内容。

周伦岐教授在政治思想上是很进步的，他早年在美国留学时就参加了进步活动，并于1932年参加了美国共产主义青年团，到1935年以前他一直是美国共产主义青年团的团员。回国后于 1956 年 10 月参加中国共产党。1958 年被推荐参加国防部赴苏联的技术考察访问团。20 世纪 60 年代初国家遭受自然灾害，人民生活困难，他曾用自己的工资支援过工资较低、生活困难的同志。

周伦岐教授虽然离开了我们，但他给我们留下了治学严谨、实事求是、办事认真、崇尚科学、努力攀登、不断创新，报效祖国的宝贵精神。我们一定要继承和弘扬周教授的科学态度与爱国精神，为建设社会主义事业努力奋斗。

作者注：本文是在杨述贤教授的指导与帮助下写成的。杨述贤教授是革命老同志、资深教授，他与周伦岐教授共事多年。有关周伦岐教授过去的经历和信息由杨述贤教授提供，作者在此表示感谢。作者曾经做过周伦岐教授的助教。

（作者：文仲辉，北京理工大学宇航学院退休教师）

回忆我与倪志福的交往与合作

● 文·于启勋

倪志福同志和我们永别了！回忆往事，记忆犹新。

1956 年，我到 618 厂（后改名为北方车辆公司）讲授"金属切削原理"课。经厂团委介绍，认识了青年工人倪志福。1953 年，倪志福发明了"三尖七刃"钻头，在军工产品加工中起了很大的作用。后来，我帮助倪志福同志对新型钻头（人称倪志福钻头）做了与普通麻花钻对比的切削力试验，接着又做了刀具磨损、钻孔精度和断屑性能的对比试验，还与苏联的席洛夫钻头和国内知名的盖文升等钻头进行过对比，结果证明性能超过了它们。

1959 年，倪志福同志出席了"群英会"，被评为全国劳动模范。1960 年，倪志福同志作为中国机械工业代表团成员访问捷克，展示了"三尖七刃"钻头，取得了极大的成功。

凭借多年生产经验和科学试验积累，倪志福和我合作写成了《倪志福钻头》，参加了北京市机械工程学会和全国机械加工学会的学术会议，宣读了论文，得到了与会专家、学者的赞许。同年，还在全国高校的学术报告会上宣读了这篇文章。

1963 年，国防工业出版社出版了《倪志福钻头》一书（作者是倪志福、于启勋、周淑英和王育民四人）。1964 年，国家科委组织召开了北京（国际）科学讨论会（The 1964 Peking Symposium），亚洲、非洲、拉丁美洲和澳洲数百名科学家出席了会议。论文《倪志福钻头》被推荐到大会上宣读。论文除中文版本外，还译出了英文版本和法文、西班牙文的摘要。开幕式在人民大会堂举行，聂荣臻副总理主持，朱德委员长出席了会议并作讲话。倪志福宣读了论文，得到了国内外代表的一致赞扬。这篇论文后被大会论文集和国内学术期刊《机械工程学报》与《科学通报》刊载。

1963—1964 年，倪志福和我对钻头的几何形状和角度进行了理论分析和计算。

1965 年，国家科委为倪志福钻头颁发了发明证书。同年，依倪志福同志本人的意见，"倪钻"改称"群钻"，表达了群众智慧的结晶。

1973—1974 年，北京科技电影制片厂拍摄了电影《群钻》，在全国公开放映。倪志福是主人公，我为技术顾问。1974 年，倪志福组织编写了《金属切削理论与实践》一书，我为主编人之一。1986 年，"群钻"荣获联合国世界知识产权组织颁发的金质奖章和证书。1989年，第四届金属切削会议在北京理工大学召开，会议主席是我，倪志福发表了两篇论文——《群钻的研究与发展》《群钻几何角度和教学分析》。1994年，北京理工大学聘请倪志福为顾问教授。

1980年以后，我在北京、天津、甘肃、内蒙古、江苏和黑龙江等地的工厂中讲授"群钻"，进行推广，还曾在日本东泽大学作学术报告。1996年，受倪志福教授的委托，我和柳德春（倪的学生）到第二汽车制造厂发动机分厂推广"群钻"，解决了曲轴上钻斜孔的技术难题。1998年，我们二人又开发了硬质合金群钻，成功地在高强度钢和合金耐磨铸铁上钻孔，并在北京纤恩喷丝板厂解决了不锈钢板上钻小孔的技术。

几十年来，倪志福刻苦钻研，勤奋学习，实践与理论不断提高，他的精神令人感动。他善于与人相处，谦虚谨慎，不骄不躁，团结众人。我从他身上学到了许多实践知识和优良品德。

对于"群钻"，倪志福同志是发明人，我是协助者。有一位作家，将他比喻为"红花"，我为"绿叶"。社会上有舆论，说倪志福与我的合作是工人和知识分子、工厂和学校、实践和理论良好的结合的楷模，这样的评论，使我们受到了很大鼓舞。

我与倪志福相识57年，他先我而去，我十分悲痛。写此短文，聊作纪念。

（作者：于启勋，北京理工大学机械与车辆学院退休教师）

回忆钱学森

● 文·姚德源

钱学森是我国航天事业的奠基人、伟大的爱国科学家。在我的经历中曾有几次与钱老的交集。

一

1960年冬，为适应国家大力发展尖端国防科学技术的需求，国防科委和国防部第五研究院在北京和平门原北京师范大学旧址举办"师资培训班"，学员除了来自当时国防科委所属六所院校的年轻教师外，还有来自清华、北大、复旦、交大、科大、南开、天大等知名大学的年轻教师。开班第一课就是在大礼堂由钱学森作关于火箭技术发展现状和未来趋势的演讲，这是我第一次见到钱老。面对面聆听大师的火箭技术专业课，虽已是半个世纪前的事情，但钱老对火箭技术现状和发展的精辟论述影响了我从业的一生。钱老当时讲课的神态和声调，我仍记忆犹新。

二

为了推动中国航天事业的发展、培养新型航天人才，钱学森于1961年9月—1962年1月为中国科技大学近代力学系1958、1959级学生开设并亲自讲授"火箭技术导论"课。我们导弹设计教研室有幸获得一张听课证，大家轮流去科大听课。钱老的"火箭技术导论"课每周上一次，每次上三节课，共授课13周。因为当时没有课本，听课人需要十分努力地记笔记，或等下周领钱老讲课后由助教整理、打印成的活页讲义。我没听到的课就如饥似渴地仔细阅读听课教师带回的活页讲义。一年后钱老将讲义整理成为专著——《星际航行概论》，于1963年2月由科学出版社出版。钱老的这本经典著作，对我们专业的教材建设起到了重要启迪作用。顺便说一下，1952年，全国高校进行院系调整，高等教育全面学习苏联，工科院校忽略了理科教育。1955年，冲破重重阻力回国后的钱学森看到了这个问题，他倡导建立了理工并重的中国科技大学，所以钱老在科大近代力学系讲授的"火箭技术导论"的深度和水准远超过我们开设的"火箭技术概论"课。1962年我出席在北航召开的国防科委所属院校教材工作会议（时任"火箭技术概论"课程教学组长），虽然当时我们意识到了这个问题，但扭转不了当时的大环境，由我校主编的《50250讲义》（即《火箭技术导论》，北京科学教育出版社出版，因系集体编写，署名姚史）与钱老的经典著作不能相提并论。尽管如此，《50250讲义》仍比旧教材更"理论性"些，如加强了火箭变质量运动规律，火箭理想速度，第一、第二宇宙速度的概念和公式推导等理性知识。冲破重重阻力回国后、时任国防部第五研究院院长的钱老把主要精力放在领导我国发展航天事业上，他的公开身份是中科院力学所所长。我的大学同班同学王先林同志（72561班班长、毕业后分配到力学所做钱老的秘书）曾对我说过，在力学所根本见不到钱学森，钱学森在力学所的日常工作就由他全权处理。日理万机的钱学森在那么繁忙工作情况下仍抽出时间给科大学生讲课，可见他为国家培养新型航天人才的高瞻远瞩。

三

1964年春季，我校导弹设计专业学生在211厂做毕业设计，我指导几个学生在5车间进行火箭燃料储箱设计，恰逢钱老蹲点在五车间领导社会主义教育运动（农村叫"四清"运动）。每天早8点都准时见到身穿米黄色风衣、手提皮包的钱老来五车间上班，我很拘束地向钱老打招呼，钱老见我没穿工作服不是车间的职工就问我每天来这干什么，我回答："我是北京工业学院教师，带导弹设计专业学生来这里做毕业设计。"钱老连说："学生就应该联系实际来学习导弹设计理论。"钱老的这句话影响了我从业的一生。

留学归国后，我除承担兵器部预研和基金项目外，还承担了许多航天部的横向课题，我的科研主战场在航天领域，对钱老所倡导的理论研究和实验研究并重，教学上理工结合感到特别亲切，如20世纪80年代末为中国运载火箭技术研究院总体设计部所作课题"带开孔蜂窝夹层截锥壳结构动态特性研究"就是理论研究和实验研究并重的课题，其研究成果用在了中国"长征"运载火箭把美国卫星送上天的星－箭接口（也叫星－箭过渡锥）的设计上，不仅为中国运载火箭走上国际市场争得荣誉，而且为国家节省了大量外汇。

一代宗师走了，钱老留下的不仅是使国家强盛的航天事业、导弹武器，还有巨大精神财富——爱国情怀、治学理念、做人和做学问的准则。谨以此文表示对我国航天事业的奠基人、伟大爱国科学家钱老的敬仰、哀悼和怀念。

（作者：姚德源，北京理工大学宇航学院退休教师）

以两位老师为榜样

● 文·阮宝湘

　　五十年代中期,我在北工上学,李向平是我心中敬佩的老师之一。如今李老师已经作古,那时他大约三十岁出头,教我们"理论力学"。他头发乱乱的,穿一件皱巴巴的深蓝旧呢子中山装,铃声一响,两手空空地走上讲台,背身无语,把章节标题在黑板上写好,才转过身来开讲,语言流畅,条理清晰,逻辑严密。眼睛漫无目标地注视教室空间的某处,思绪已完全沉浸在他讲述的完美力学体系中。讲解偶尔有短暂的休止,目光和身体动作也同时停滞了,那是他讲到了一个难懂的环节,需要学生和他一起思索体会。最令我们叹服的是,两节课一百分钟的讲授、整整齐齐好几块黑板的板书,他却从来不带讲稿;不仅大小纲目、定义定理、公式推导,就连例题里面的具体数据,都是从他手捏的粉笔下源源不断地书写出来的。这超常的记忆力,令所有同学表示佩服:"李老师的课,讲得真好!"

　　陈振声也是我难忘的老师,如今八十多岁高龄,经常在校园里碰见他老人家。他教我们"金属切削原理与刀具",上课时神态安详、镇定自若,徐缓的语句干净利索,绝无一点拖泥带水的"夹杂",声调不高,却句句送到后排学生的耳中。举手在黑板上书写,字字端正、行行规整,每个图形都排布得当,比例准确。最让人称奇的,莫过于他对时间的把握。但见他缓缓地把粉笔放在讲台上,开始双手轻轻拍掸着粉笔灰,这边正说着"这堂课我们先讲到这里",或"今天的课就这么多",那边下课铃声就同时响了起来,那真叫一个"绝"!这可不是偶尔的几次,已引起同学们的多次惊叹。更有一次,同学竟以一阵欢快的掌声表示赞赏。在我的印象里,陈老师宣布下课和铃声响起的间隔从来没有超过10秒或15秒的。

　　后来自己当了教师,就暗下决心,一定要以这两位老师为榜样,像他们那样把课上好。我早年也教力学类课程,经过几年的艰苦努力,上课不看讲稿能够做到,但终究不及李老师那样艺高胆大,总还带着讲稿,生怕万一在讲台上打起"磕巴"。真的,有多少次已经狠心把讲稿留在家里,总是在出门以后又返回家中再把讲稿拿上,不敢冒险啊!经过实践,方知甘苦。这个"甘"字,自己感觉得到,同学也看得见;这"苦"字呢,可只有自己独自吞咽。

上课不看讲稿，其背后是对课程内容已经烂熟在心。如此，教师自能把每堂课都讲得明白流畅、挥洒自如。80年代中期，我曾两次获得北京理工大学教学优秀一等奖；其后二十多年里，还不时有当年的学生自国内外来信、来访，写着、说着令我欣慰也令我汗颜的话。后来我换了专业，改教其他课程。其中"人机工程学"，是具有文理渗透性质的交叉学科。除在本校以外，还受聘北京及外地的六所院校。各校学生对我这门课的反映大体差不多，其中在辽宁工学院发生的趣事或可博人一笑。第一堂课，稀稀拉拉没有多少学生；接着学生慢慢多了起来，迟到者则日渐减少；再后来，教室爆满且装不下学生了。为什么？有些男生带来了女朋友，有些女生带来了男朋友，这些人不是本班本专业的学生。课程最后一个环节是"课程设计/课程论文答辩"，校方派人到教室录像。事后该校主管教学的副校长跟我说："原先我们总是抱怨学生不好好学，现在看起来……"我那时住在这所学校的宾馆，吃饭自己点菜。我呢，通常也就点一个"地三鲜"，这是典型的东北菜，素炒土豆、茄子和青椒。后期大概是有什么"信息"泄露到后厨，一天，餐厅的人突然恭敬热情起来，对我说："老是一个地三鲜怎么行呢？不行，不行！……"不容我分说，自此每顿轮番变换着什么软炸肉、虾仁烩芹菜之类。每当他们高高兴兴给我端来的时候，总是弄得我很不好意思。其实，我们这年龄，对荤腥还真没这么大的兴趣；倒是东北人的那份真诚和豪爽，实在感人得很。与数学、力学等稳定性强的基础学科不同，工业设计专业的课程内容，大多需要不断地跟进时代、结合新事物。在近十几年里，我不但不断查阅新出的书籍文献，而且在读报、上网、看电视、到超市、逛公园、去旅游的过程中，脑子里都时刻敞开着"扩充教学资料"的窗口，捕捉到有关事物，立即记录下来。还以"人机工程学"为例，尽管教了将近二十遍，每一届学生上课的讲稿都要重新写，或多或少修改更新。至今，我已经出版了两本《人机工程学》的科普书籍（分别由中国科学技术出版社、广西科学技术出版社出版）。2002年以后又编著或主编出版高校教材5部，共约190万字。其中《工业设计机械基础》（机械工业出版社，53万字），出版三年中印刷了三次。2006年入选为教育部的"十一五普通高等教育国家级规划教材"，第二版的修订稿已经完成。《工业设计人机工程》（机械工业出版社，43万字）是2005年出版的，2006年又加印了一次，与我的另一本配套参考教材《人机工程学课程设计/课程论文选编》一起已由机械工业出版社推荐，补充申报"十一五国家级规划教材"。这些书籍发行到全国，影响面自然比我直接面对的学生要多；但就我本人来说，它们其实只是我教学工作的"副产品"。若不是为了教学，我不会十几年不间断地积累资料，更不可能花那么多力气将这些资料剖析融合到学科的知识体系中去。

　　为了像李老师那样上课不看讲稿，备课所下的苦功夫，真叫一言难尽！如今往事逝去既久，人又退休多年，不必再顾忌"寒碜"与否，旧事"解密"嘛。确定章节进度、剖析重点难点、推演公式例题、练习手绘图形……这些都是备课中的基本工作，需要花费较多时间，这里都抛开不谈，只说说：在进行上述工作时，为了在课堂上不看讲稿而面对学生"表演"出来，还要再经历以下四个步骤：第一步，进行一到两遍讲稿的"试默写"，遇到记不准的地方，参看草稿进行强化记忆。第二步，在讲稿纸上进行正式默写。这一步要完全凭记忆（包括具体数字），手绘插图也必须一笔一线、线线到位，具体在黑板的什么位置也进行规划。由于要求这份"正式"默写稿上不存在任何涂改，有时需要进行两次甚至三次才行。第三步，再"默背"这份讲稿。有些定义或定理，口头"背"比默写更难，须在此时加以解决。只有顺利过了上面这三步，那天晚上我才能踏实地上床睡觉。第四步是"过电影"。上课那天肯定会醒得很早，醒来躺在床上，把要上的课从头到尾再在脑子里"捋"一遍。一百分钟的课程，有十分钟就可以清楚地"捋"过去。如果出现"疙瘩"，赶快起床看讲稿。这一步顺利过去，心里才能完全安定下来。完成这四步需要花费不少时间。脑力活动强度相当高还在其次，主要是自己给自己加的精神压力很大。那时我在教研室和实验室还另有一些工作，又担任着班主任，尤其是《中国机械报》要求我每星期发一篇 1 500 字左右的科普作品稿件，所以精神总处于高度的紧张状态之中。那时我住在筒子楼，每每备课到半夜两三点，要从西侧摸黑到东侧公共厕所去，此刻的心境如何，完全取决于我备课的效果。当时失眠症逐渐严重，有时吃几片安定还不能入睡。于是我下午尽力争取去打一场篮球，非常"玩命"。总要全身汗到衣裤湿透，像刚从水里捞出来一样才罢休。别人见我的这副模样，还夸呐，说："身体真不错！"我也只好笑笑应付对方说："还行。"他哪里知道，这是我给自己治病的"偏方"。近年的备课，虽然还不免弄得很晚、搞得"挺苦"。但电教条件普及了，板书问题不复存在，带着用 PPT 软件做的讲稿 U 盘；还可以坐着上课，轻松多了，教学工作已经不如当年那样的辛苦了。

　　记得 80 年代李老师有 60 岁了吧，给教师开进修课程"变分法"（泛函分析），他依然两手空空上讲台，那更长更复杂的公式推导依然从他手下徐徐而出，功夫真过硬！一次课后我终于憋不住问他，他看着我笑笑，缓缓地喷出一口烟，才用河南腔慢慢地回答："哪里那么容易？课后的那整个下午，我还很难安静下来休息呐！"原来如此！五十年来与陈振声老师相见何止百十次？由于当着面难以说出口，我从未表达过对他授课的钦佩之情。直到两年前，在校医院前的小树林里见到陈老师的夫人陆大夫，才对她谈起难忘的往事。老两口是江浙人氏。当时陆大夫微笑着却皱了皱眉头，学起北方人的语气说："哎呀，别提了，他这个人哪，备那个课，费了'老劲'啦！"当我终于接近李、陈两位"高人"的"谜底"之时，自然联想到了豫剧表演艺术家常香玉的自勉格言"戏比天大"，联想到了演艺界里"台上一分钟，台后三年功"的说法……

粗粗品味一下以上的亲历往事，至少可以获得两条感受：第一，任何教师要想高标准地把课上好，都必须"全身心投入"，狠下"苦功夫"；第二，真正把课上好，是教师工作责任心最实际的体现，这样的"身教"，常能影响到学生的整整一辈子。

（**作者**：阮宝湘，北京理工大学设计与艺术学院退休教师）

我为魏思文院长答疑

● 文·姚德源

我校迎来了建校 70 周年校庆。我作为在这里学习、工作和生活了半个多世纪的一名普通教师，亲自见证了我校发展成当前国内知名大学的成长历程，为学校取得的每个成绩感到由衷高兴。

70 年前，我校诞生于抗日年代的延安，是我党亲手建立的一所大学。新中国成立后，尤其是 1952 年全国高等院校进行了院系调整，为我国社会主义革命和建设事业培养高级人才奠定了基础。我校不仅为国家培养了大量宝贵的高级兵工科技人才，而且在科研领域还创造了那个年代若干个"国内第一"，如国内第一座电视发射台、中国第一枚探空火箭（20 世纪 90 年代后期，光明日报曾发表上海航天局关于在上海滩发射中国第一箭的文章，随后又有北京航空航天大学发射中国第一箭的文章见诸报端，但从我校第一次成功发射 505 探空火箭时间推证，应该早于前两者）、制成国内第一台天象仪、在国内第一次制成间苯三酚等。

时任第一书记兼院长的魏思文同志怀有把我校办成国内一流国防院校的雄心壮志（他在一次群众大会上提出要搞"飞行坦克"的激昂讲话很多人仍记忆犹新），我校取得上述几个"国内第一"等成就，魏院长功不可没。他在领导理念上努力做到不甘当"外行领导内行"的院长。20 世纪 60 年代初为适应新专业建设和发展的需要，魏院长指示教务处组织全校党政干部每周上一次"火箭技术理论"课，讲课任务由导弹设计教研室主任余超志同志担任，我做教学辅导工作。魏院长积极认真参加听课，除非有不可脱身的工作，从不缺席。

讲课中关于导弹控制系统陀螺仪工作原理部分是课程难点。有一天我突然接到教务处通知，让我晚上到魏院长办公室为他答疑有关陀螺仪问题。我做了充分准备并带上从飞机上拆下的一个陀螺仪（当时陈列室没有导弹用的陀螺仪，虽是飞机上用的，不影响解释陀螺仪工作原理），还有从物理实验室借用的演示陀螺进动性的教具，按时来到了魏院长办公室，他正静候在那里仔细阅读我们编写的讲义。在场的魏院长身边工作人员让我先介绍陀螺定轴性和进动性基本原理，我就用带来的陀螺进动性的教具演示给魏院长看，并比画着如何用"右手法则"来确定陀螺进动的方向。然后，又对陀螺仪表的具体构造向魏院长作了介绍和讲解。从魏院长认真听讲，不时插话提出问题，从他不断微微点头的表情上，可看出他对我深入浅出的讲解是满意的。在与魏院长一个多小时零距离接触中，有关答疑细节时隔半个世纪虽已记不清，但使我一生难以忘怀的却是一位五十多岁的老人、一位"外行领导"为了把学校尖端高科技学科建设好孜孜不倦的学习精神，这种精神一直是激励我刻苦学习、勤奋工作的巨大动力。

（作者：姚德源，北京理工大学宇航学院退休教师）

元帅们的关怀
——记1958年在国防部的一次展出

● 文·胡启俊

这是发生在50年前的一件往事,但时至今日,我已80岁高龄却始终未能忘怀。写出来作为纪念,也可能对编写我校的校史会有点帮助。

那是1958年的一个清晨,6点半左右,一个中年人走进了五系的雷达实验室。当时我还迷迷糊糊地在实验桌上睡觉,一点也没有觉着有人进来。

这段时间实在是太困了。我和1953级的四个同学已工作了20多个日日夜夜,为的是将我们承担的研究课题"雷达图像远距离传输"攻克下来。这些同学中我还记得的有陈之森、朱先绂两人。他们是进行毕业设计的,我是他们的指导老师,也是这个项目的负责人。我们在一无图纸、二无资料的情况下,仅凭对无线电和雷达原理的一些基本知识,以及从苏联的PAI-20雷达中得到的对"雷达图像远距离传输"的一点粗浅的认识,就承担起了这项任务。在当时的情况下,确是一种大胆的举动。但就是这样,就在两天前,我们硬是把它给攻下来了。我们派出的雷达图像接收车在香山已收到了我们从学校发出去的A型和PPI型雷达图像信号。这虽是一个实验结果,却使我们欣喜若狂,因为它说明我们已经成功地完成这项任务了!于是,我让同学们休息去,我仍留在实验室整理实验装置、实验数据和其他资料。没有想到,我竟然睡着了。

更没想到的是,来的人竟然是系里的党总支书记兼系主任李宜今同志。他唤醒我后说:"快起来!回去洗把脸,换身衣服,把基本设备收拾好,7点半以前带到楼下去上车,我们要到一个地方去。"我当时还没有完全清醒过来,也没问到哪里去,带上实验设备去干什么。既然领导发了话,照办就是了。

7点半,车准时开出了校门,直向城里开去。到目的地后接待我们的人将我们带到一个院子里,我问他:"这里是什么地方?"他说:"这里是国防部的一个院子,你们的展室就在那个房子里,快摆好展品,一会儿首长就要来参观了。"这时我才明白,我们是来国防部展出的。

屋内已经摆好了一些桌子,领导让我们赶紧将展品放好,写上展品的名字,等待中央领导和军委首长前来参观。

这次是在我院魏思文院长的率领下带着科研成果前来国防部为庆祝建军节献礼的,这些成果中有尖端武器"防空火箭"及许多常规兵器。无线电和军用光学在一个展室,我和我系的王堉老师将设备搬入此室。他带来展出的是"军用电视"研究成果。

展览开始后,进来了许多中央领导,他们都穿着便衣,大多数我都不认识。朱老总一进来,我就看到了,他静静地听每个人的讲解。当他来到我的展桌前面时,我看到了他慈祥的面孔和笑容,他指着桌上的设备问我:"这是干什么用的?"我给他讲了设备在军事上的用途、我们工作的成果,他微笑着点点头,让我感到了他对我们工作的赞赏。朱老总走了不久,一个洪亮的声音突然在这小屋里响了起来,是叶剑英元帅进来了。他边听边欢快地大声问话,顿时让整个展室都热闹起来。我正在给他讲解时,一个军人在屋内出现了,叶帅看到就大声地说:"你们的老祖宗来了!"原来进来的是军委通信兵部部长王铮中将。王部长在江西中央苏区时就是红军无线电通信的奠基人,怪不得叶帅把他称作我们的老祖宗。当他们在听军用电视的讲解时,我突然灵机一动,就对他们说:"我们在做这项研究时,因为没有电视摄像机,所以费劲很大,听说五院有,能否请王部长借一台给我们用?"没想到叶帅立即转头对王部长说:"你就送他们一台嘛!"我当时还以为是叶帅一句即兴的话,没想到展览后没几天,王部长真让五院的同志给我们送来了一台军用电视。老帅和将军对我们的军事科学研究所作的支持,真令人感动、难忘!以后,因我当时是主管科研的系主任助理,我还奉命到过王部长家,请他对我系的科研工作作指示。我到时,他正在家里召开会议,但仍然热情地接待了我,给我系的科研工作提了许多宝贵的意见。

这次展览,刘少奇同志也来了,但他未进我们的展室,只在门口看了看,就被人领着往尖端兵器展室去了。邓小平同志来到我们展室的门口,没进来,站在门口,一双炯炯有神的眼睛注视着每一张展桌,然后也被人领着去了尖端兵器展室。

参展结束后,彭德怀元帅在国防部宴会厅举行了大型宴会。我还记得叶帅在会上讲的一句话:"你们能发明一种飞行坦克吗?它要能从河这边飞到河那边。"现在,虽然没听说有这种坦克,但水陆两用坦克或武装直升机,可能实现了叶帅的这种设想。我想他这番话可能是在参观三系展室时听了当时三系系主任薛寿璋同志的讲解后,才有感而发的吧!会上,彭总正在说话,一个秘书前来跟他说了一句话,他立即就走了,宴会也就结束了。后来才知道,原来苏联的赫鲁晓夫来了,他需要去参加会见。彭总对我系关怀至深,当我们报告,我系没有雷达做实验时,彭总就给我们调来了三部现役雷达,据说,PAI-20雷达就是从阵地上撤下而调到我们系来的。

展览结束后,中央和军委部分首长及一些将军们与我们这些参展人员一起合影留念。我得到了一张照片,十分珍贵,不幸"文化大革命"中被抄家抄走了,十分可惜！

　　这次展览未见到国防科委主任聂荣臻元帅，他后来对我系的一项科研成果"582雷达"给予了很高的评价，给我系颁发了由他签字的国防科研发明奖。这项成果是以周思永为首的一批老师和1953级、1954级搞毕业设计的同学在某研究所的帮助下完成的，他们为此做出了重要贡献。

　　"八一"献礼后，贺龙元帅还到过我们学校主楼的五楼展室参观了我校的科研展览。我为他作了五系科研展品的讲解，他对我校的科研也给予了关怀。

　　1958年国防部的展览说明了，敢于攀登高峰，勇于实践，不畏艰难，勇往直前，是我院科研取得进步的一项宝贵经验。1958年国防部的展览及以后的许多事例，体现了党中央和老帅们对我校科研的亲切关怀，鼓励着我校一代代的学子，在我国的国防科学研究中，不断地做出更新、更多的成绩。

　　（作者：胡启俊，北京理工大学信息与电子学院退休干部）

华北大学工学院往事点滴

● 文·胡永生

华北大学工学院（以下简称华工）是我校迁入北京时的名称，到 1952 年年初更名为北京工业学院。我是 1951 年 8 月到华工工作的，所以在华工只有半年多历史。

华工当年的校本部在原中法大学的旧址，地处北京城中心，与原北京大学（红楼）为近邻。临街而建的山字形灰色大楼屹立在平房群里，显得较为别致，但门前的东黄城根大街还是一条土路，所以晴日尘土飞扬，下雨满街泥泞。华工有一大礼堂，很是值得夸耀，当时附近的单位包括中国科学院开会都要借用这个大礼堂。教师和学生的宿舍分布在学校附近的多条胡同里。我到学校报到后就被分配住在钱粮胡同 12 号。这是一个颇具规模、颇为气派的大宅院，后来才知道清末的国学大师章太炎曾在那里住过，还在宅内办过章氏国学讲习会。现在大家都知道四合院是北京市的主要特色，四合院的身价很高，但我们那时十多个人住在同一个大宅内，生活相当艰苦。每人只有一床一桌可容身之地，用水如厕都要到室外。不久后调整了宿舍，搬到了南锣鼓巷 67 号去住，这是一个较小的四合院，住的是两房，两人一小间，居住条件有所改善。但想不到半个世纪后南锣鼓巷已成为北京的旅游胜地，前两年旧地重游见商店林立，旧貌已根本认不出来了。

到校工作一个月后，两周年国庆节就来临了。能在首都参加游行是件非常兴奋的事。当年天安门广场还没有扩建，巍峨的城楼、红墙黄瓦基本上还是新中国成立前的面貌。虽然学校离天安门很近，但还是要很早起身。队伍要反向行进绕道到东单才能进入游行的大队伍。在红旗招展、锣鼓声、欢呼声中到达天安门城楼前，大家都想多看几眼新中国的领袖，忘记了不准鸣笛的叮嘱。这种热烈的场面，我想这是每个人一生一世不会忘记的。

到华工后在机器专业组担任助教工作。我自己在上大学期间，听老师的课往往不求甚解，至多同学间相互讨论下，从未找过老师和助教。但到本校工作就完全不一样了。这里提倡要"教人"，不是"教学"，要学习苏联的教学方法，提倡"习明纳尔"（习明纳尔是俄文翻译，译为课堂讨论）。助教是辅导学习制度中重要的一环，要随学生一起上课，自习时参加辅导、答疑。如果学生上课来不了，还要到宿舍区辅导。

桑榆情怀——我的北理故事

在城内中法大学原址上华工没有发展余地,所以在车道沟另找新址建设。

1952年年初,华工改名为北京工业学院,大家七嘴八舌、意见纷纷。后来学校请了何长工代部长作报告,这场小风波才平息了。

华工是由当时中央重工业部直接领导,所以设置的专业范围宽,除机械、电机、化工外,还有采矿、冶金、航空、汽车等专业。随着国家工业的迅速发展,重工业部分解成很多工业部,我们学校归第二机械工业部领导,到了北京工业学院时期,专业进行了大调整,学校也起了快速的变化。

华工时期已过去六十多年了,这段历史是值得回味的。

(作者:胡永生,北京理工大学机械与车辆学院退休教师)

怀念马老师　学好理论基础

● 文·安文化

马士修是北京理工大学光电工程学科的创始人之一。他生于 1903 年 10 月，卒于 1984 年 9 月。马士修，1923 年赴法国勤工俭学，先后获得电机工程师文凭、数学硕士、法国国家物理学博士，曾在法国潘加费学院从事理论物理学研究工作。1935 年年初马先生回国后，被中法大学聘为物理系主任，并兼任北京大学、北京师范大学教授。1949 年后，历任华北大学工学院、北京工业学院物理教研室主任。1952 年起，马先生转到仪器系工作，主持军用光学仪器专业建设与教学工作。他是新中国军用工程光学和电子光学专业的奠基人。他开设并讲授过的课程有"应用光学""电子光学""波动光学""量子光学""薄膜光学"等多门新课程。

我记得他给我们 1954 级 8 专业（即军用光学仪器专业）三个班讲授"应用光学"时，在课上讲过一个十分有趣的故事：农民兄弟在流动的河水里捕鱼，张开大网放进水里，大鱼钻进网眼，卡住了，就把鱼捕到了。但从这个捕鱼的过程，你不应得出一个简单的结论，捕鱼不用渔网，而用一个网眼大小的圈去套鱼！当时大家听了哄堂大笑。静下来，细心想想，马老师讲的故事，还真有哲理，寓意深刻。

一般情况下，人们都知道根深的树才能叶茂，才能长成参天大树，坚实的地基，才能建成高楼大厦。同样道理，上大学，献身祖国的国防事业，从事高、精、尖的高难度大型工程，你就必须扎扎实实地学好理论基础、练好基本功。

在新中国成立初期，我国有许多科学技术界的老前辈，他们多年在国外留学，历练本领，一旦祖国解放，他们便怀抱梦想，立刻回到祖国，为人们的解放事业，建功立业。如钱学森等"两弹一星"的科学家们，他们已经为我们树立了学习的好榜样！

（作者：安文化，北京理工大学光电学院退休教师）

追昔抚今
——有关张震将军的一件往事的回忆

● 文·周本相

媒体报道的我军卓越领导人张震将军以 101 岁高龄逝世的消息,引起了我对张震将军的回忆。

1987 年 9 月,我在校科研处负责科研成果管理工作,我校计算机人工智能研究所所长王遇科教授告诉我:该所由李红平、邹泽坤等科研人员同国防大学电教中心的李乃奎等人联合研究成功的军队战役演习计算机人工智能专家系统须进行科研成果鉴定。由于对方认为,国防大学属兵团级单位,而当时北京理工大学属正局级单位,其级别不对称,故而不能联合召开成果鉴定会,这样将对我校科研成果的评价和申报成果国家奖励等工作带来较大的不利影响。为此,我和智能所李红平同志向当时国防大学校长张震上将写了一封信,表示我们要求共同召开科研成果鉴定会的强烈愿望。张震将军在百忙中收阅此信后,亲自做了批示,大意是:不要考虑双方的级别问题,要抓紧共同组织召开成果鉴定会。同时还指示国防大学的有关单位今后要注意搞好军民关系问题等。我们知道此情况后,对张震将军这种打破单位间论资排辈的传统做法和注重军民关系的优良传统的大将风度,深受感动,也得到了深刻的教育。

在同年的 10 月,按照张震将军的指示,我们联合召开了此项科研成果鉴定会,该会对此科研成果给予较高的评价。同时国防大学的科研人员还对我校李红平等教师予以高度的赞扬,他们认为,李红平年轻有为、学识精湛、干劲十足,如在技术攻关的紧要时期,几天几夜不休息,一两个月不回家。后来该项科研成果在军内获得较高等级的奖励,并得到较好的推广应用,取得了良好的使用效益。为此,国防大学李乃奎同志,因此项科研的贡献而晋升为少将军衔。我校李红平同志因此项科研成果以及气象预报专家系统和中医诊断专家系统的成功研制而晋升为我校最年轻的副教授。可惜的是在一年后李红平同志因积劳成疾罹患脑癌而英年早逝。京工失去了如此一位年轻有为的英才,令大家非常悲痛。"往者不可谏,来者犹可追"。如今张将军终享天年,驾鹤西去,而李红平离我们而去已 20 多年矣!抚今追昔,令人感慨万千，唏嘘不已。斯人已去，我们健在的来者，尤其是还在岗位上奋斗的年轻一代的教学科研人员，须温故知新、承前启后、缅怀往者、接力攀登，这才是对先行者最好的纪念。

（**作者**：周本相，北京理工大学党委宣传部退休干部）

科 学 救 国
——我记忆中的马士修先生

● 文·芦汉生

我是 1970 年 6 月来北京工业学院工作的,当时还不到 17 岁,被分配到四系 44 教研室当工人。当时,四系正在攻关某项国防科研任务,以 44 教研室为主,另外集中了一些其他教研室的老师,成立了 4701 科研组,马士修先生当时也在这个科研组中。马先生是 20 世纪 20 年代去法国勤工俭学的,是最早的一批留学西洋的理工学者之一,这让我对马先生不由得肃然起敬。

科学救国的信念

70 年代初,还处于"文化大革命"期间,那时每周二下午是专门的政治学习时间,学"两报一刊"社论,传达、讨论上级文件等等。在政治学习的讨论中,马先生是很少发言的。

一次,在讨论中,有位老师提出请马先生给讲讲去法国勤工俭学的事情,马先生在稍微犹豫了一下之后,给我们讲起去法国的一些情况。由于年代久远,马先生讲的不少细节我已无法回忆清楚,但有一段话我却记得非常清楚。

马先生说:"当初我们这批去法国勤工俭学的人抱定的信念就是科学救国,不过,在到了法国一段时间后,慢慢地这批人就分化成了三部分人。其中,第一部分人就是像周恩来、聂荣臻、陈毅、李富春、邓小平等,他们组织了共产主义小组,主要是搞共产主义运动。第二部分人就是像我这样的一些人,从做工开始,坚持求学,前后花了十多年的时间,在 20 世纪 30 年代之后才陆续学成归国,进入了科学研究和教育领域,为国家尽了力。还有第三部分人在做工中积攒了一些钱后,放弃了学业,转为在西欧各地经商,主要是开华人餐馆。"

马先生讲到这里时,有位老师提了个问题:"马先生,您如何评价这三部分人呢?"其实这个问题在那个年代回答起来是稍微有点难度的,但马先生不紧不慢地说:"第一部分人虽然放弃了学业,但他们有他们的信念,他们的信念就是革命救国,所以我是赞成他们的选择的;而我们这部分坚持在理工科学下来的人保持的是科学救国的信念，而且我们通过自己的努力，实现了自己的初衷，应该说也是很好的；至于第三部分人，实在是很值得惋惜，他们中的不少人如果再坚持坚持，应该也是可以完成学业的。"

在 70 年代，像我这样的年轻人所受的中国近代史的教育内容中，从五四运动以后，中国的有志青年都在进行反帝、反封建的革命运动，也就是走革命救国的道路。而我在马先生介绍留法勤工俭学的过程中，第一次听到当时有很大一批年轻人是怀揣科学救国的信念，为强国之路而奋斗，实在让我吃惊不已。特别是当我看到马先生说他们坚持了自己的信念并实现了自己的初衷这段话时，他厚厚的眼镜片后面那充满自豪的眼神确实值得钦佩。多少年之后，我还能记得马先生这段话，同时也为他有这样的人生经历而慨叹不已。

三分冰棍

在 70 年代初，马先生已年届七十，他家住在东城区，离学校较远，所以那时一般他都在家里办公，但是每逢周二的政治学习，他都是必到的。到了盛夏的六七月，中午乘公交车来学校，下车后还要走一段路，所以到了六号教学楼院门口，马先生已是满头大汗。那时，六号楼院门口夏天时总有一个卖冰棍的老太太推着车卖冰棍，马先生走到此处，就买一根冰棍解解暑。后来系里细心的老师发现，马先生每次买冰棍都只买小豆、红果等三分的冰棍，从来没见他买过五分的奶油冰棍。我听说以后，有几次周二下午去上班，走到六号楼院门口，远远望见马先生走过来时，就有意停下来观察一下，果然，马先生每次买的冰棍都是三分冰棍！后来还听系里老师说，有人还专门问过马先生，说："您老挣那么高的工资，怎么只买三分冰棍呀？"马先生则笑笑说："嗨，只是为了降温消暑，三分冰棍足矣。"

马先生那时是二级教授，一个月的工资是 280 元。当时，大学毕业的青年教师的工资是 56 元，研究生毕业的是 62 元，普通工人的工资一般只有三四十元，就是最高的八级工也只有八十多元，仅是马先生工资的一个零头。所以从马先生只买三分冰棍可以看出，马先生是个很节俭的人。我想这可能和他早年去法国勤工俭学时养成的习惯有关吧。

可是，正是这样一个十分节俭的马先生用他毕生的积蓄设立了"马士修奖学金"，用于资助有才华的后辈青年学生。马士修奖学金的创立，充分体现了马先生高尚的道德品质，也充分体现了他毕生热爱教育事业、关爱后辈学子的拳拳之心。最后，仅以一首小诗怀念马士修先生，以表达晚辈对他的信念、学问和为人的敬仰。

七律　忆马士修先生

科学救国信念深，艰苦求学倍可钦，
学成报国宏图展，北工光学奠基深。
学富五车堪泰斗，修为更难步后尘，
勤俭一生不为己，马氏基金育后人。

（作者：芦汉生，北京理工大学光电学院退休教师）

冲击国家科技进步奖的退休教师——陈幼松

● 文·陈锦光

1999年，我国改革了科技评奖制度，取消了省部级的评奖，大大减少了国家科技三大奖（自然科学奖、国家发明奖、科技进步奖）的获奖名额，提高了参评的门槛。因此，能代表各单位冲击这三大奖的，只能是各单位中极少数的佼佼者。

2005年度，代表北京理工大学冲击这三大奖的唯一人选，不是在职的众多教师中的某一位，而是早在1992年便已退休的教师陈幼松。国防科工委在推荐意见中是这样写的："陈幼松同志在科普园地辛勤耕耘了十多年，作品多，质量高，《高科技之窗》为其代表作。该书'全、新、浅'的特点非常突出，作者凭借其深厚的学术功底，将原理艰深的高科技知识用浅显的语言表达，全面介绍了世界上最新的高科技成果，是一本科技含量高、知识性丰富的高品位科普精品，对提高国民科学素养、弘扬科学精神、推动科技发展和社会进步，意义重大。有鉴于此，我们特推荐该书参与'2005年度国家科学技术进步奖科普项目'的评选。"

许多人最早知道陈幼松，恐怕是来自科研处每年编写的《学术论文汇编》。因为在退休前，陈幼松发表的文章年年均居全校之冠，给人以深刻印象。陈幼松1955年在北京航空航天大学飞机系本科毕业，1957年材料系研究生毕业。毕业后留校担任"接触焊（电阻焊）"新课的创立和建设。

1979年应北京市要求，陈幼松调出北航，参加筹建北京计算机学院。1980年被第一批公派到美国学习计算机。同年，北京市恢复教师职称评定工作，由清华大学教授潘际銮院士推荐（潘际銮和陈幼松同是苏联专家的研究生，1956年潘际銮撰写副博士论文，是陈幼松给他做的实验），评上副教授，光明日报曾对此作过报道。

1985年4月。陈幼松被我校作为特需人才引进到二系，从事智能机器人的教学和科研工作，为研究生开设了"智能机器人"新课，并自编了讲义。当时全国仅清华大学和上海工业大学编有这一课程的讲义，但它们全是根据在日本进修时的听课笔记编写的。天津大学曾来函要求翻印陈幼松的讲义作为教材。那时全校包括机器人中心、二系、七系，共有30人左右从事机器人工作，但仅陈幼松一人获得北京市科技论文一等奖。1987年上海交大来函请陈幼松赴沪进行学术交流。

专业不断发展，系领导更迭，陈幼松被调到出版社当一名普通编辑。虽然陈幼松多次向校领导反映使用不合理，但无果。

在这种情况下，陈幼松心情十分苦闷，担心自己一生积累起来的学问将被带入棺材。思忖再三，觉得只能从现实条件出发，发挥自己长处。陈幼松的长处是专业面宽，机电两大行业几乎都摸遍；能熟练阅读英、日、俄文献；而且1972年下放回来，便把北航图书馆、清华图书馆、北京图书馆自1966年以来有关的外文期刊阅读一遍，并作了200多万字的笔记，使自己跟上了时代的步伐；中文表达能力强，写文章不用打底稿。因此他决定撰写高技术方面的科普文章。这样，在业余时间，一支笔、一张纸，便能做到。当时，国家正开始实行"863"计划，国家科委也开始实行"火炬"计划，高技术已走入人们的生活。但国人对高技术还很陌生，老一代的知识分子已经老化，新一代还没成长起来，因此陈幼松的文章大受欢迎。全国100多家报纸、刊物（包括香港在内）纷纷刊登其作品，创下了在1991—1998年年均发表文章100万字的突出业绩，退休后第一年（1993年）更创下了一年发表130万字的奇迹。

国家科委副主任李绪鄂希望陈幼松能写一本介绍高技术的读物，供全国科委系统干部阅读。在他的支持下，1988年11月其夫人郝芬（宇航出版社编辑）随同宇航出版社总编辑张国瑞一起来陈幼松家组稿。后因出版社担心经济效益不佳而作罢。

陈幼松的文章受到普遍欢迎。原因之一是许多高技术往往是他首先介绍到国内的，如信息高速公路（1993年7月）、多媒体（1987年11月）。又如1998年8月12日新华社发表了江泽民主席讲话，其中提到"数字地球"，新华社、人民日报均不知其为何物，纷纷来电话询问，他赶紧给他们写稿，人民日报便在9月12日刊出。

陈幼松文章受到欢迎的另一个原因是文章比较通俗好懂。如"九五"期间，中国青年出版社承担一项国家重点科普图书出版任务。先约请北京大学某教授撰写，因过于艰深，一般读者难以读懂。当时中宣部副部长徐惟诚闻讯后，建议请陈幼松撰写。于是便约请陈幼松写《数字化浪潮》一书。该书采用将自然科学与社会科学、科学性与新闻性相融合的写法，广征博引、夹叙夹议，堪称科普作品中的新品，因而受到欢迎，得到再版。

80年代末至90年代初，陈幼松在《中国计算机用户》《计算机世界》《中国计算机报》上发表的30多个专题（每一专题3万~4万字），涉及计算机领域许多方面的前沿问题，被誉为计算机领域的小百科全书，在计算机界产生了巨大的影响。

1996年2月9日，全国科普工作会议结束。不久，中宣部图书处处长孟祥林到陈幼松家组稿，说现在迫切需要一本20万字左右全面介绍各种高技术的通俗读物供机关干部和青年学生阅读。并说，单独写某种高技术，许多人都能做到，但由一个人全面写各方面高技术，经过调查，非陈老师莫属。结果，陈幼松仅花80天便写完了《大众高技术》这本22万字的书。许多人看后都很惊讶，没想到竟然有人的知识面是如此之宽。这本书得到普遍好评，因此获得第六届（1997年）"五个一工程"

一本好书奖（国家图书三大奖之一）。

1990年《中国青年报》在介绍陈幼松的文章中，透露他一生创作目标为1 000万字（当时著作已达400万字）后，引起了不少人的关注。1996年9月《大众高技术》出版后，他宣布已经达到了这一目标，引起了不小的震动。许多人认为这是奇迹，但也担心这里有水分。于是记者亲自到陈幼松家，花两天时间进行核对，确认无误。

大家认为，在低稿酬下，这么多年来陈幼松为多家报刊写稿，取得这么不易的成绩，应该好好宣传一下。于是，人民日报、光明日报、工人日报、中国青年报、科技日报、文汇报、中国科学报、中国科协报等13家报纸，相继对陈幼松或其作品进行了介绍。工人日报在报道的同时，还发表一则短评，称陈幼松是德才兼备的科普作家。这篇报道连同短评被中央人民广播电台于1998年6月8日在"午间半小时"节目中播出。此外，中央电视台还两次对陈幼松进行了拍片介绍。一次在1996年年底，在当时的科教频道（第七套）"科技之光"节目中播出了两次。另一次在1998年年初，放在"希望之旅"节目中播出。第一套播出两次，第四套针对北美、欧洲、亚太地区，分别在其黄金时间段各播出一次，总共播出五次。我校电教室也转播了两次。中央人民广播电台第二套1996年12月27日在"走近科学家"节目中把陈幼松请到了直播间进行介绍，该节目每周介绍一位各领域顶尖科学家，多数是院士，陈幼松是被介绍的第一位科普作家。1997年12月26日该节目在年终特别节目中，介绍了包括陈幼松在内的6位科学家，其中有白春礼等4名院士。"中国科普"网站也对陈幼松作了重点介绍。

在从事写作的十多年时间里，陈幼松没有休息过任何节假日，连春节期间也一天都不休息。退休前，早上从不晚于5点起床，退休后也不晚于6点起床。这是长期下苦功夫，才取得的非凡成绩。

2000年，陈幼松因健康原因，再也无力从事写作，于是把散见于各种报刊上的科普文章精选，编成《高科技之窗——陈幼松科普作品精选》出版，为自己的写作生涯画上了句号。没想到五年之后，这本书还能为学校冲击科技进步奖。

至此，陈幼松正式出版的著作已经达到了1 300万字，其中学术性作品300万字，科普作品1 000万字。这些著作中。现在保存下来的只有2/3，书籍18种、期刊83种，共562册、报纸29种，共43个合订本，总重达160斤，陈幼松将这些作品分四批悉数捐赠给了中学母校。书籍中，译自英文的《模拟集成电路的分析与设计》是该领域经典性著作，至少到1989年尚被北京大学物理系微电子专业指定为毕业班必读参考书；《双极型晶体管模型》是国内出版的第一种电子电路计算机辅助设计专著，曾被中国科技大学选为研究生教材。译自俄文的《接触焊工艺和设备》出版时是该领域最权威的书。作者奥尔洛夫在1956年和陈幼松同是莫斯科航空工艺学院阿洛夫教授的研究生，陈幼松1966年时便已是博士、教授。科幻小说《神帽》

描写的思想移植后出现的种种问题,正好切中两年后即1999年高考作文命题"如果记忆可以移植"。中央人民广播电台"午间半小时"节目于1999年8月10日在"从高考语文作文题目说起"中,对此作了介绍。

现在,陈幼松五种主要科普书籍:《大众高技术》《数字化浪潮》《信息革命》《神帽》《高科技之窗》,均已被美国哈佛大学燕京图书馆收藏。

陈幼松停笔后,仍不断有人向其约稿。2003年年初,中共中央刊物《求是》的科教部主任杨如鹏便亲自向陈幼松约稿。他说十六大后,中央认为各级干部不仅要学习理论知识,也要了解最新科技动向,以提高科学决策的水平,希望陈幼松能写些这方面的文章给《求是》。但陈幼松深感力不从心,不愿滥竽充数,只好婉辞。

孔子对人提出立德、立功、立言的要求。陈幼松虽然没能实现他当年的抱负,但毕竟写出了1300万字可以等身的作品,为人民做出了杰出的贡献,在立言上总算不枉此生。

(作者:陈锦光,北京理工大学离退休工作处退休干部)

印象中的张忠廉老师

● 文·张民生

　　从 1976 年 12 月毕业留校至今已有 30 余年了，在这些年里，我得到了数位领导和老师循循善诱的教诲和帮助，培养了我良好的学习习惯及工作方法，其中有幸能在张忠廉教授身边工作 10 年之久。他在我成长的道路上给了我很大的帮助和关怀，所有这些使我终生难忘。

　　记得刚毕业留校的时候，年近四十的张老师已是 44 专业实验室的主任，给我的印象是高高的身材，为人谦和，讲话不紧不慢，有一种很斯文的样子。他曾表示，他这一辈子的工作就在实验室了。他对有些问题似乎有点固执，但从不对我们这些年轻教师发火。当时与我在实验室共事的有学长钟堰利、党长民、高岳，还有我的同窗芦汉生，我们大家都感到能与张老师以及周围的几位老师共同生活和工作真是一种幸福。

　　张老师平易近人，和蔼可亲。他家当时住在 1 号楼三层靠东头 16 平方米的筒子楼内。张老师交的朋友不少，特别爱结交那些常年工作在教学、生产和后勤服务第一线的人员。在他很少的空闲时间内，常请大家到家中吃饭、喝酒、聊天。我是单身职工，特别愿意去他家。受到邀请自然很高兴。张老师待人特别诚恳、细致，非常关心我们年轻人的生活和个人找对象问题，也常给我们出主意，想办法。

　　刚留校时，我的主要工作是加紧学习和参与专业课程的教学辅导以及协助张老师进行实验室建设。记忆最深的是有幸参加了由张老师亲自主持、研发的光电阴极制作检控仪研制工作，当时科研组成员还有王仲春老师。我负责完成检控仪的机械、电子线路测控部分的研制。由学生转变为教师，同时能够很快参加直接的科研生产实践，对我来说确实是一件大事和难事，也是一种考验。不懂就学、就研究，从画出第一张机械加工图纸到学会完成电子线路板上的每一个焊点，直至通过重学物理书和有关资料研制光电检控装置，都是在张老师的亲自指导下完成的。当初的电子线路所需的器件大都由分立元件组成，为了完成任务和保证质量，张老师常带着我们骑自行车到市内以及郊区的商店和工厂寻找购买，为了找到理想的变压器，还几次骑车到昌平的东小口镇加工厂。那时的科研经费很紧张，作为项目主要负责人的张老师精打细算，从不乱花一分钱，而将很少的经费用到更急需的地方。张老师把名利看得很淡，凡政策和规定允许以外的东西坚决不要，就是科研奖励规定可拿到手的部分，他也常常谦让或少拿。为了完成任务，大家节假日很少休息，常常干到深夜，张老师每天总是早来晚走，始终陪伴着我们。他的这种工作第一的精神一直延续到今天。在四五年内，我们的两项科研课题通过鉴定，先后获得五机部重大技术改造一等奖和国家科技进步三等奖等奖项。

1987年以后，由于工作需要，我相继被调到系里和学校有关部门工作，离开了张老师。但他仍然工作在实验室，实现了他参加工作不久发出干好实验室工作的誓言，继续做着为科研、教学和学生的服务工作。他在退休之前带领大家创建了大学生光电信息技术创新实验基地。据说，有一年基地在招收新学生时曾有300多报名者，面对繁重的教学任务和年纪不断增长而体力和精力的严重透支，张老师想到学生的需求，还是将全部学生接收下来。现在，经他的基地培养和教育的学生不计其数，都具备了较好的理论思考和实践动手能力，相继成为各行各业以及学校各方面的骨干力量。他领导的创新基地因此也获得北京市和国家教育部多次表彰和奖励。

张老师一家几代人至今仍住在70多平方米的房间，在2000年学校二期安居工程中很有希望得到改善。尽管当时想了一些办法，也做过不少努力，但由于多种原因，美好的愿望没能得到实现，这使时任老干部处处长的我没有能力为老师解决生活困难而至今感到愧疚，可是从未听到老师一句牢骚和埋怨的话。

我想，张忠廉教授不就是我们身边教书育人、献身教育事业的楷模吗？他那种勇于开拓新领域、诚实为人、踏实做事、淡泊名利、关心他人胜于关心自己的精神确实是一种宝贵财富，将永远激励着我们。

（作者：张民生，北京理工大学机关党委退休干部）

为"两弹一星"做出贡献的北理工人

● 文·罗文碧

2009年10月1日，我满怀期待观看了国庆庆典活动，当阅兵式受阅武器走过天安门广场时，我为祖国国防现代化的巨大成就感到由衷高兴。在国防现代化的道路上，在研制国防尖端武器的征途上，我们一大批北理工人留下了光辉的足迹。我们北理工人曾为"两弹一星"事业做出重要贡献。

记得1999年9月《北京教育报》（现改名为《现代教育报》）的姚清江来我校以"'两弹一星'精神，人民不会忘记"为主题采访了我校为"两弹一星"做出贡献的部分教师。为此，学校党委宣传部召开了小型座谈会。会上发言的老师有：化学工程系高能爆炸专家于永忠教授，飞行器工程系导弹总体专家万春熙教授，导弹发射系蔡瑞娇教授。同年中国科学院的领导同志张劲夫在《科学时报》的一篇题为"请历史记住他们"的回忆文章中也提到了为"两弹一星"做出贡献的我校教师于永忠教授，他领导科研组攻克了研制核武器中有关高能炸药的三大技术难关之一。此外，作为中国共产党创办的第一所理工科大学和新中国成立后重要的国防科技工业院校，我校还有不少教师为"两弹一星"做出了突出贡献。20世纪60年代初，苏联撕毁合同，撤走专家，他们在相当艰苦的情况下，大力协同，富有创造性地完成了国家交给的任务，我也是他们中的一员。

20世纪60年代初，在党中央政治局会议上，刘少奇同志赞成由一个强有力的专门机构、一个强有力的领导人组织领导中国导弹核武器事业，这个事情要请周恩来同志出面才行。1962年11月7日，刘少奇同志在政治局会议上宣布，中央计划成立中央专门委员会，并呈报毛泽东主席，毛主席亲批15个字——"很好，照办，要大力协同，做好这件工作"。中央由此组成周恩来同志为主任的15人中央专门委员会。1962年11月7日和1962年11月29日，周总理先后组织召开第一次、第二次中央15人专门委员会。他听取了专委会的汇报后，认定当前核工业部的薄弱环节是人才问题。周总理当即决定加强该部的科研人才和有关领导力量，要求有关部门有关单位于1962年12月底以前为核工业部选调优秀人员。刘少奇同志曾讲过："要为核工业部创造条件，调人，调东西，调不动不行。调人应该提名单，不能先协商，要采取下命令方法。各国都是这个经验，我们还有社会主义优越性。现在就搞，否则就耽误了。你们提个方案和名单，报中央批准。"

我就是在这样的背景下被调往核武器研究实验基地——221厂的。原核工业部第九局局长、老将军、老部长李觉同志回忆221厂时说："经中央批准中央组织部分两次下发文件，命令调动相关单位人员到221厂工作。1960年年初，第一次选调郭永怀、程开甲、陈能宽、龙文光等105名科学家和科技专家。1962年年底第二次选调张兴铃、方正知、黄国光等126名科学家和科技专家，加强221厂的科研工作。"我校作为重要的国防科技工业院校，自然是选调单位之一。1962年12月下旬，北京工业学院党委书记兼院长魏思文，通知了各系选调人员。我所在的单位是光学工程系。当时，系领导与我面谈，传达了中央和上级的选调决定，内容为"专调罗文碧同志按要求准时赴核工业部有关单位报到"。1963年3月，我接到通知，到北京北太平庄铁道部礼堂聆听中央专委会张爱萍将军对九局干部作"赴西北科研基地221厂工作岗位的动员报告"。不久，大家便从北京集合出发，在专列上我邂逅了陈能宽院士和钱晋老师、潘建民老师，同时还有同学校友谭显祥、胡绍楼、保伦夫、钱沧基、韩立石和光学仪器制造的老同行黎新章工程师等，我们大伙一起奔赴科研前线的实验生产基地。此后好长一段时间才知道，北京工业学院按令调遣的教师包括我在内共三位。化学工程系的钱晋同志，分到生产部；电子工程系的彭定之同志，分到设计部；我是化学工程系的，分到实验部。

在青海省西宁市，我们受到了原西北光学仪器厂总工程师苏跃光同志的热情接待，他陪我们住了三四天，适应了一下高原气候环境，参观了著名旅游胜地塔尔寺，观看了青海民族地区戏剧。一周后，苏跃光同志带领我们新来的全体员工，安全通过海北州金银滩的草原盆地，又乘厂内火车正式进入基地。到了基地后，受到了华大工学院的老同学韩树勋、吴文明和李承德等同志的热情接待。

从此我从学校进入了保密的核工业部门，我的研究领域也从海陆空三军光学瞄准、观测、校正以及教练指挥仪器教学研究，扩展至爆轰试验的超高速流逝过程摄影仪器和地质勘探铀矿测试仪器等科研项目及应用技术的研究。1981年年底，我回到了久违的母校——北京工业学院，用在核武器科研基地20余年的光电技术研究为高等学校学生的教学、科研、管理服务。1992年退休后，我接着为国家发光发热，于1996年受核工业部有关单位聘请，参加了国家最后的地下核试验科研工作。直到2006年，我继续服务于学校有关院系的工作。

中国第一颗原子弹爆炸成功的前后，钱晋同志曾是认真学习毛主席著作的积极分子，在厂俱乐部礼堂千人群众大会上介绍了学习心得体会报告。他作为核武器研制立功人员受到周总理的接见。1991年8月美国名校斯坦福大学撰写的《中国原子弹的制造》一书的附录中，指出钱晋是中国核武器计划的关键科学家之一，他改进了第一颗原子弹的高爆炸药机电火花引爆装置的制造技术，但不幸的是，他在"文化大革命"中受迫害致死。1986年5月16日"两弹一星"元勋邓稼先院士在接受核辐射致癌病症等六次外科手术时疼痛难忍。在他最痛苦的时候，他不时念叨自己的战友，他说，钱晋对高能炸药贡献很大。

我们不会忘记"596"这个历史数字！1962年年底，在第一颗原子弹试验的两年实现的规划制定工作中，在核工业部历史档案中记录讨论发言的有：白文治、杜文敏、李杭荪、李觉以及刘杰、钱三强、雷荣天、何克希等部级领导。李杭荪同志1951年至1955年曾任华北大学工学院、北京工业学院的党总支书记，院党委副书记，他是两年计划细化、调整、完善、完成工作的成员之一。1962年12月4日，中央专委会批准了这个两年计划，周总理讲了"实事求是，循序渐进，坚持不懈，戒骄戒躁"的四点要求，并说"实事求是"既是思想方法，又是指导原则。彭恒武院士是核武器科研、实验、生产第一线的一位指导员、战斗员。

在基地研制、实验、生产原子弹属于国家最高机密。为了科研工作便于保密，必须要有一个代号。赫鲁晓夫从1959年6月毁约停援，还蔑视我们，认为中国离开苏联的援助，20年也造不出原子弹。为此事，我们的民族自尊心受到伤害，我们要发愤图强，充分发挥国内人才的作用。当时我们就以这个"596"作为实现原子弹实验成功的秘密代码。回想当年，为了保卫祖国和维护世界和平的事业，我国能有自己的原子弹、氢弹，国家一声号召，我们从五湖四海来到了青海草原，无私地献出了一生中最宝贵的年华。

我校部分师生和校友曾亲身参与了"两弹一星"研制这个有重要影响的中国大事、世界大事。回顾艰难的"596"历程，为了留下历史的记忆，我把他们的名字记录于下，不完全统计共68位。

（一）华北大学工学院参加过"两弹一星"科研工作的共计17位：

院（校）行政干部、教师：李杭荪　潘建民　钱　晋

机器制造工程系：武俊华　计秉贤　罗文碧　李承德

汽车工程系：吴文明

电子工程系：彭定之

化学工程系：董海山（院士）　李子君　崔国梁（院士）　韩树勋　松全才　郭云章　龙筱嘉　昌迪光

（二）北京工业学院参加过"两弹一星"科研工作的共计47位：

光学工程系：王金堂　谭显祥　段耀武　王熙英　周福秋　焦世举　胡绍楼　钱沧基　韩立石　叶式灿　孙昌成　于淑敏　赖国吉　杨森林　陶从良　保伦夫　邓　祥　杨文锡

电子工程系：李　迁　徐吕东　葛幼吾　王文尧

化学工程系：赵瑞禾　牛儒河　沈金华　潘　辉　旦　鸣　肖致和　茅铁华

桑榆情怀——我的北理故事

朱良宏　曾象志　李雪诗　刘淑芳　金佩琳　李德晃　陈禄瑜　刘兆民　陈子华
何淑碧　张秉仪　章士川　蔡瑞娇　梁秀清　刑筱田　张秀兰　卫玉章　刘世源

（三）自 1985 年以来兼职我校的教师中参加过"两弹一星"科研工作的有：
　　王大珩（院士）　章冠仁　陈能宽（院士）　经福谦（院士）

（作者：罗文碧，北京理工大学光电学院退休教师）

我爱北理工

●文·卢懿生

一

2017年,我满90岁,在北理工已经度过了67个春秋。北京理工大学是我的母校,也是我生活和工作的地方。终生相依,情缘无尽,我爱北理工。

我来校时,学校的名字叫作华北大学工学院。时代变迁,校名更替,后来叫北京工业学院,现在叫北京理工大学。在学校里,先当学生,后当先生,随后转入退休。

1951年,我们十余人怀着对新世界、新生活的憧憬,从西南山城重庆来到北京,进入华北大学工学院。

来校之前,我在重庆第20兵工厂工作,担任电机技术员,同时兼管供水工作。我们工厂很大,生产、生活所用的电和水,不是由重庆市的电厂与水厂供应,而是我们厂自己从长江取水,自己发电,自己使用。1949年后,万物复苏,百废待举。为了向苏联学习,重庆的西南兵工局奉中央兵工总局指示,通知各厂选派青年技术人员到北京学习俄语,我们厂共三人。

各厂选派的人员在西南兵工局会齐,随即乘船沿长江东下,出三峡,在武汉转乘火车,奔赴北京。到京后,我们在前门火车站下车,出得站来,抬头看见巍峨高耸的正阳门箭楼,恢宏的建筑,使边区小子们第一次大开眼界。乘着有轨电车一路叮叮咚咚到达东四牌楼。那时,东西两处四牌楼和东西两座单牌楼全都健在。街道很窄,全是泥土路面。那时的北京只是在前门大商业区有一条公交车路线,很短,只有几公里。偌大一个北京城,基本上没有公共汽车。我们下了电车,带着简单行李,从东四牌楼徒步来到东黄城根39号华北大学工学院。进入校门后,我们挤在传达室里等着办报到手续。在传达室里,小伙子们又一次开了眼界,但见屋子中间放着一个铁炉子,不知那是什么东西,有什么用处。

等了不大工夫,入学手续办妥了,我们被领着走出校门,往左拐,再往左拐,走了几分钟,进入一个小胡同,名叫亮果厂,俄文专修科就设在这里,这就是我们千里奔波来到首都，学习新本领的地方。当然，这里也是老式平房，两进的四合院。我们到达的时间正好是上课时间，老师正在讲课。我们进入四合院放下行李，就直接进教室听课了。

老师是俄罗斯人，名叫吴索福（Усов），是我们俄文专修科的主任。他在中国已经住了几十年了，我们读的俄文教科书就是他编写的。书编得很好，不仅我们用，校外许多俄文学习班也都用。他的中国话讲得很好，但上课时只讲俄语，刚开始我们都是听天书。他个子高，块头大，年纪有点老，但很健康，精神很好；很严格，也很和气。他提着一把椅子在教室里来回走动，嘴里大声念着：Этостул.（这是椅子。）我们大家也跟着大声念，觉得既新奇又有趣。念俄语，意思当然不懂，不过也猜个八九不离十。整个俄专好几百人，大概都是这样开始的吧。

下课后，大家就在教室旁边大屋里吃饭，这是全校的食堂。两个小课桌对放在一起，就成为一个方桌，每桌8人，桌的侧壁上挂有8个人的小名牌。大家站着吃，没有凳子。四个菜，馒头不太白，有点黄黑，米饭也很糙。有些人吃得很香，有些人有点发怵。

学校有好几个宿舍，分布在不同的地方。我们住在东四牌楼附近的钱粮胡同12号，离亮果厂不算远，步行十多分钟。这里也是老式平房，是三进的大型四合院，据说我们学校刚从延安迁到北京时，校部就设在这里。我们这些新来的学生被安排在二门外，就是传达室旁边临街的一个狭长屋子里。床是用许多木板拼成的，大家并排睡觉。

白天上课，同学们热情很高，纪律性很强，学习很努力，从来没有人迟到，也没有人悄声说话。晚上两个小时自习，也没有人缺席。冬天很冷，晚上宿舍必须生炉子。每晚两人轮值，不上自习，晚饭后就回宿舍生火。生火用的是大煤块，南方来的同学，没用过煤，来到北方，遇上了第一道难关。会摆弄的，十多分钟就可以生燃；不会弄的，一个小时也没辙，满屋是烟。

俄文专修科有两种班：一种是专修班，另一种是普通班。我们这一批都是普通班。因为新中国成立初，急需用人，招收学生没有固定的时间，所以不断有学生来报到。经过一段时间学习后，统一编班，分成普通班第六、七、八、九共四个班，我在普九班，直到毕业。

入学不久，全校就停止上课，开展"忠诚老实学习运动"，每个人详细检查自己，反复交代自己的问题。运动中重建编制，我们这组的组长是班长何庆元，我是班上的政治课代表，被指定担任秘书。俄专具体工作的领导人是辛生，一位大龄未婚女同志，个子不高，比较胖，办事非常认真，对人要求很严格，对同志很热情，很关心。大家都很尊敬她，也很喜欢她。若干年后，传言敬爱的辛生同志暴病仙逝，惊闻噩耗，极感沉痛。

运动结束后，恢复俄语学习。不久，北京市开展"三反五反"运动。学校停课搞运动。我被调到前门参加社会上的运动。运动结束后回校上课。

教俄语的老师中，只有教语法的女老师穆清茹是中国人，其余全是外教。

1952年12月，我加入了中国共产党，决心努力学习，永远跟党走，为共产主义事业奋斗终生。

1953年7月，学期快要结束时，学生科从各班抽调十几个学生留校工作，其中就有我。我们留在学校当俄语翻译。没想到，这一留，就是几十年。后来多数人陆续离校了，少数人留在学校，过了一辈子，我是一个。

苏联专家全部撤退，翻译工作也就结束了。很多译员离开学校，留下的少数译员转入教学工作。

二

我们留校后，继续学俄语，专门请了俄语老师，学习很紧张。我们还学习短枪拆装，人手一支，因为做翻译同时也要负责保卫工作。后来就不再学习枪支了，因为专家的保卫工作，有专门机构负责。专家出差，无论走到哪里，保卫工作都细致严密。例如，我同无线电系苏联专家出差去南京时，火车进站，刚一停稳，当地保卫人员就立即登车进了车厢，径直来到我们的卧铺。跨出车门，南京方面的厂长一干人已等在站台上，稍事寒暄，立即登车，直赴宾馆。

学校从1954年开始接待专家，到1960年全部撤退，专家工作持续了7年。专家时多时少，少时两三人，多时十来人。我长期担任无线电系的翻译，后来也短期担任过其他系的翻译。在此期间，我同时担任魏思文院长的翻译。因此，在连续几年的时间里，没有休假，没有周末。

节日宴会，专家出行……，我们学校专家多，活动频繁，几乎每个星期日都有活动。

翻译工作大致可以分为两部分：一是在教研室里，讲专业的建设和发展；二是在院长与专家组组长之间做翻译，讲学校的建设与发展。除院长本人与专家交流外，大多是由教务处人员与全体专家座谈，全面讨论教学问题。这项院长翻译工作，先是由一位女同志担任。不久她就调走了，我奉派接任，连续翻了四年，直到1960年暑假，专家全部撤退。

苏联专家来校工作，一般是一年，还有半年的。无线电系专家库里柯夫斯基在校时间很长，连续工作了两年，除了指导基本专业建设外，还指导电视教学，在他们帮助下我们学校建立了新中国第一个电视发射台。1895年5月7日，俄国科学家А·С·波波夫在俄国物理化学协会的会议上作了关于无线电的报告，并且演示了他研制出来的无线电接收机，这一天被定为无线电节。1956年5月7日，我们学校（在东黄城根）隆重举行了无线电节的纪念活动，宾客盈门，十分热闹。在大礼堂举行了报告会,在实验室演示了电视信号的发射和接收,还在校园里作了展示,引起了参观人员极大的兴趣。当时很多人根本不知道世界上居然有电视这样一种奇妙的东西,来校参观,大开眼界。

在持续几年的翻译工作中,有两件让我记忆犹新。

一次是1959年国庆节,这是国庆10周年,举国上下,载歌载舞,北京更是盛况空前。当时全世界社会主义国家共有十二个,形成一个庞大的强有力的社会主义阵营。为了庆祝我国国庆,十二个国家元首齐集北京,在人民大会堂开庆祝大会,我们学校苏联专家应邀前往,我随队做翻译。我们坐在观礼台中央,正前面就是元首席。幕间休息时,十二国国家元首,站立起来,转向右边,走向休息室。赫鲁晓夫走在最前面,毛主席作为东道主,走在最后边。各国元首从我们面前一一走过,这种场面,这种机遇,不只是空前,也是绝后了。

还有一次是1960年3月,在苏联专家招待所,即今天的友谊宾馆,隆重举行三八国际妇女节50周年庆祝大会,宴请在北京的全体苏联专家和夫人。整个大厅,外宾济济一堂,座无虚席。主席台上,并坐四位首长——第二机械工业部(兵器工业部)部长、高等教育部部长、北京航空学院武光院长和我们北京工业学院魏思文院长,我坐在中间。首长讲话,我做翻译。魏院长结尾的豪言壮语,让我深受鼓舞,我提高了嗓门,加大了音量,几乎是喊出来的。在座的外宾们也被魏院长的激情所感动,全场爆发出狂欢的掌声。魏院长说的是:"今天我们和敬爱的苏联同志们在北京庆祝国际妇女节50周年。10年以后,庆祝三八节,我们将在月球上相见!"我用俄语说的是:

Сегодня мы сдорогими

Советскими

товарищами

празднуем

пятидесятую

годовщину международного

женского дняв

Пекине. Через

десять лет для

празднования этого

дня мы будем с

вами встречаться

на луне!

时光飞逝,弹指一挥间,五十多年过去了。现在回想起来,热烈欢快的场面,好像还在眼前,心里热乎乎的。但激动的同时,又十分沉重。敬爱的魏院长,音容笑貌犹在眼前，1967年，他已先我们而去了，令人万分沉痛，呜呼哀哉！

在为专家做翻译的过程中，常和魏院长接触。魏院长不摆架子，对人热情和气，很好相处，工作中很有魄力，能力很强，是一位很优秀的干部。令人万分惋惜的是，十年浩劫，他含冤忍垢，撒手尘寰。虽已事隔多年，想起来，仍不禁黯然神伤。1978年6月23日，在八宝山举行了魏院长追悼会。会毕归来，写了一首诗《悼念魏院长》：

    悼念魏院长 群众尽神伤
    回忆头十载 痛恨"四人帮"
    摧残老干部 结党害忠良
    螳臂焉挡道 只如草上霜
    春雷一声响 四害立消亡
    全民得解放 重见天日光
    沉冤要昭雪 正义要伸张
    人民心舒畅 祖国定富强

三

1960年暑假，苏联专家全部撤走。1961年2月24日，我离校赴大兴县榆垡公社劳动锻炼了一年。

劳动结束，回到学校，我和几个翻译员被调到科研处做笔头翻译，没过多久，又被调到外语教研室当教师。这是我人生道路上的又一大转折。从此走上讲台，为教育事业贡献力量，直到1987年退休。外语教研室后来改为外语系。在教学过程中，我先后教过俄语、英语，编写了两本英语教材。退休后，我利用在数十年工作和学习中积累的资料，在学生的大力帮助下，编写了一本英语教学参考书《英语难题点点通》，全书669页，共100万余字，由北京理工大学出版社出版发行。

运动结束后，我们返回学校，有11位俄语教师被确定转入英语专业。其中，10位同志被送到上海交通大学，加入教师英语进修班；我被送到华东师范大学英语系当插班生，与学生一起学习（主讲老师为熊家蕴与印度归侨万春轩）。未及毕业，"文化大革命"爆发，当即奉调返回北京，参加运动。后来，我被送到首都师范大学英语系毕业班当插班生，与学生一起学习（主讲老师为卓慧容与董斯美伉俪，学生毕业后，他们到美国去了），通过毕业考试，顺利毕业。

"文化大革命"发生后，基本处于停课、搞运动的状态。

1976年10月16日，"四人帮"被粉碎了，万民欢呼，普天同庆，历史翻开了新篇章。

桑榆情怀——我的北理故事

与时俱进，新北工更新了。昔日闻名全校的露天剧场拆除了，盖起了现代化高楼，就是中心教学楼，简称中教楼。以前，教学区与宿舍区是分开的，中间有隔离墙。墙上开门，日日夜夜，有人看守，外人不得擅入教学区。现在，围墙拆了，这一地带，美化绿化，畅通无阻。昔日看电视，要在校园里搭起高台，大家拥挤围观，而今不但教工家家有电视，而且学生教室里也有，宿舍里也有。20世纪科学技术的尖端产品——计算机也在北工校园逐渐普及了。

我在北理工，度过了大半生，面对今天全国的大好形势和北理工的崭新面貌，心情是何等舒畅！虽然已经退休，仍愿振奋精神，跟随时代步伐，不断前进。党的灿烂光辉永远照耀着我们前进的道路，让我们老中青，并肩携手，团结一心，建设更宏伟的崭新北理工，走向更辉煌的明天！

（作者：卢懿生，北京理工大学外国语学院退休教师）

霞辉满天

阮郎归·愁思

● 词·高惠民

重阳岁岁起秋风,催人白发生。
夕阳不逊月初升,为霞分外红。

桑梓地,故乡情,为愁老更增。
儿时故旧苦难逢,夜阑归梦萦。

(作者:高惠民,北京理工大学光电学院离休干部)

四城吟（诗四首）

● 诗 · 周思永

七绝 · 长沙

黄色星沙是故乡，根留泥土柳丝长。
金禾风卷千层浪，油菜花开万亩香。

七绝 · 南京

蓝色金陵有我家，莫愁玄武净无瑕。
定淮门下青青水，记否当年笑语哗？

七绝 · 成都

绿色蓉城忆故人，牵心牵袂此情真。
望江楼畔芳茵翠，万里桥边草木春。

七绝 · 北京

白色燕京度此生，玉兰银杏两多情。
雪花过后三春路，惆怅流光意未平。

（作者：周思永，北京理工大学信息与电子学院退休教师）

赞 月 季

●诗·韩自文

月季三季花盛开，
千姿百态人人爱。
姹紫嫣红争斗艳，
历经沧桑永不衰。
代表北京市花帅，
街心路旁到处栽。
不畏强暴接地气，
争得自由传万代。

（作者：韩自文，北京理工大学居民管理委员会退休干部）

旭　日

●诗·杨子真

乃翁欣逢九十龄，
索然功名与锦程，
但得天蓝水清日，
小康决胜正蒸腾。

（作者：杨子真，北京理工大学人文与社会科学学院离休干部）

牡 丹 咏

● 诗·何 文

颂牡丹

天香国色百花王,
武后无端贬洛阳。
香溢红尘谁匹比,
姿容依旧冠群芳。

话牡丹

放眼洛阳多古风,
改朝换代剑争雄。
一从有了《牡丹谱》,
城满幽香花比容。

寻牡丹

西风不静街头树,
扶杖寻芳不怕难。
挥却沙尘舒望眼,
姚黄魏紫恋心看。

赏牡丹

秀色袭人万里传,
游人歌管艳阳天。

开怀览胜牡丹国，
半似人间半似仙。

评牡丹

四月牡丹欢万家，
丛丛溢彩乱云霞。
情浓意重洛神似，
独占风流是此花。

赞牡丹

四海花坛树胜名，
奇葩盖世永留馨。
雨箭风刀情不改，
汤公借著《牡丹亭》。

忆牡丹

春到洛阳朋友家，
把杯共忆牡丹奢。
自嫌空作思芳梦，
不料如今更有花。

候牡丹

人间万物待春来，
初见新枝掩绿苔。
闻鸡快伴园丁舞，
苦盼牡丹早日开。

（作者：何文，北京理工大学信息与电子学院离休干部）

我们是北工人　我们爱北工
——献给北京理工大学70周年校庆

● 诗·韩建武

我们是北工人，
我们爱北工——
　　　红色的北工。
七十年前，
烽烟滚滚，迷雾蒙蒙，
中国何去何从？
当世人为国运担忧的时候，
是先觉们从延安曙色看到光明。
中国要巨变，
蓝图正在形成，
北京理工大学应势而生。
这是她现在的名字，
人们爱称、简称她为北工。
作为中国共产党开国立业的一部分，
北工的革命传统深厚，
　　　先进思想郁浓。
人们把这种特征概之为红色——
　　　红色的根，
　　　红色的轨迹，
　　　红色的阵容。
红色像磁石一样吸引着爱国青年，
来学习，来工作，
在熏陶和感染中提高了悟性和技能。
人们爱红色，爱红色的北工，
把自己称作北工人，
有几分自豪和光荣。

桑榆情怀——我的北理故事

北工果然不辱使命。
营盘稳固，
人流如水，
凸显熔炉之功。

我们是北工人，
我们爱北工——
　　　军工特色的北工。
百多年来，
落后挨打的历史，
挥之不去的阴影。
开创自己的军工，
谁不为之动情！
至今难忘，考上北工时令人羡慕的荣幸。
然而，
家底薄加上国外封锁，
起步几乎为零；
事关国家安危，战士生命，
目标岂能放松？
巨大的反差注定了，
搞军工绝非一蹴而就，
需要长期的艰苦攀登。
北工和北工人迎难而上，
一代接一代，
战斗在祖国的老少边穷。
在远山，在荒漠，
到处有我们的
　　　师姐和师妹，
　　　　师弟和师兄。
啊！
多少校友为军工献出了青春，
　　　甚至终生。
军工，
磨炼了我们坚强的意志，
培育出我们对事业的忠诚，

给了我们不为小我的高尚品格，
养成我们一丝不苟的严谨作风。

我们是北工人，
我们爱北工——
　　　毫不逊色的北工。
北工，
已成为国家重点人才之源，
桃李融融。
在国家的各个领域，
都有我们北工人的身影，
从精英到群众，
从将军到士兵。
特别令人欣慰的是，
别人有的我们都有了——
　　　天上飞的，
　　　地上跑的，
　　　水上漂的……
从整体到零部件，
从感应器到螺丝钉，
都凝聚着我们北工人血汗的结晶。
难怪天安门前的军阅，
令我们过来人热泪纵横。
北工人更从有形见无形，
北工影射的是整体，是系统。
只有系统的提升才是真正的提升。
不容易呀！
面对强大的防务系统，
我们心舒眉宇中。

我们是北工人，
我们爱北工——
　　　发展中的北工。
北工从窑洞进入琼楼，
学科建设柳绿花红。

桑榆情怀——我的北理故事

作为研究型综合性理工大学，
列入"211 工程"，
争创国内一流，国际知名。
环顾美丽校园，芸芸后生，
多么令人回肠荡胸！
祝北工春光常驻，万紫千红，
愿北工上下和谐，万马奔腾。

我们是北工人，
我们爱北工——
　　　红色的北工，
　　　军工特色的北工，
　　　全面发展的北工。
人生苦短业常青，
绵无绝期赤子情。
值七十年校庆，
我们北工人思绪萦萦，
想校友，想恩师，
追忆过去的时空，
追忆变换的校容。
啊！壮哉北工，雄哉北工！
回首七十年，
气势何恢宏！
云汉跃几重！

（作者：韩建武，北京理工大学管理与经济学院退休教师）

改革开放 30 年的几点体会

●文·曹永义

改革开放 30 年来国家发生了翻天覆地的变化，国际地位提升，成为举足轻重的大国。在国内，我国进行了经济、政治、文化、社会等方面改革，初步实现了社会主义现代化，国家实力增强，人民生活改善，国家充满活力，全国上下充满信心，高举中国特色社会主义伟大旗帜，为夺取新胜利而努力奋斗。30 年实践告诉我们，一个国家要发展，民族要振兴，必须实行改革开放，这是事关国家前途命运的根本问题，一定要坚定不移。

在改革开放 30 年中，我校同样取得了很大进步，发生了深刻变化。国家与学校 30 年的巨大成就使我深受鼓舞，无比自豪。作为积极参加这一伟大革命性改革开放实践者写此文章，作为纪念。

一、思想解放是改革开放的先导

"文化大革命"的 10 年，造成了中国发展的停滞，在这关键时刻，全国开展了"实践是检验真理的唯一标准"大讨论，实际上这是我们党领导的在新的历史条件下的一场思想解放运动。

通过真理标准的讨论，解放了思想，破除了迷信，拨乱反正，克服僵化，否定了以阶级斗争为纲，明确了我国处于社会主义初级阶段，要发展生产力，以经济建设为中心，打破关门搞建设，实行改革开放，完善社会主义制度，改计划经济体制为社会主义市场经济体制。社会主义建设就是要发展生产力，改善民主，振兴中华，建成社会主义现代化国家。实现上述目标就是实行改革开放，这次大讨论使全国人民思想得到了解放，认识得到了统一，澄清了思想，明确了方向，振奋了精神，这就为改革开放奠定了思想基础，成为改革开放的动力。

二、改革开放实践

在此形势下，学校改革也在萌动。1980 年春，当时我在原三系任职，由我系向校领导提出进行改革，经校务委员会讨论通过，党委批准在三系搞试点。最初想法比较简单，就要改变封闭、半封闭状态和僵化的管理模式，要搞活面向社会开门办学，开展为社会服务，并将经济管理模式引进学校的管理工作之中。

1981年年底，我被调到学校后勤，负责技术、生活、后勤管理工作。在三系改革开放试点的基础上，通过去南方开放城市考察调研，于1984年提出并经党委批准在我校后勤系统进行改革，先从生活后勤开始，在实验技术、校附属工厂逐步展开，采取的原则还是经济承包责任制。

但有一点十分明确，学校后勤部门是为教学科研师生员工服务的，改革开放只是为了更好地服务。这种思想必须坚定不移。

（一）改革开放的原则和目标要求

（1）破字当头，放开搞活，打破旧的、束缚群众手脚的、不利于调动人的积极性、不计成本效益的、敞开花钱的、不利发展的不合理规章制度；放手发动群众，解放思想，统一认识，调动群众的积极性、创造性，注重提高人的素质。实行经济核算，用经济办法管理经济，采取计划管理，经济核算，严格审核，确定指标，实行包任务、服务质量、经济承包责任制，改进工作，提高服务质量和经济效益，真正做到人员素质高、工作质量好、办事花钱少，增收节支，勤俭办事。要求工作中做到"三放三看"。

三放：思想上放开，工作上放手，管理上放权。对下面干部要有职、有责、有权，在以下几个方面真正落实：人财物、产供销、责权利。要以大权独揽，小权分散的原则处理。

三看：在人的积极性调动上看奉献，在管理工作上看质量效益，在总体上看发展。

（2）调查研究从实际出发，改革开放先从思想发动入手。调研要吸收群众和基层干部参加，结合本单位实际制定方案，先易后难，由点到面逐步展开，真正做到思想上解放、制度上创新、方法上灵活，做法上逐步把任务落到实处，责任到人。

（3）利益分配。在改革开放取得成效之后，面临一个新的问题，在经济利益分配上采取的原则：国家（学校）拿大头，集体（处、科）拿小头，群众拿零头。

经费问题：超支不补，节余不上缴，不平调，可以调剂使用。超范围服务以比社会收费低的办法适当收费。

学校留大头：从来年承包经费中逐年消减。改善工作条件，为群众办实事、好事。

处科留小头：改善科室工作条件，为群众办集体福利，对基层实行奖励。

个人拿零头：按奉献实行奖励，不搞平均主义，按服务质量效益进行分配，承认差别，奖优罚劣，奉献与效益挂钩，精神鼓励与物质鼓励相结合。

（4）关于干部：改革开放成败一个决定因素是干部，对干部要求要严，要求做到公、正、硬，大公无私，不谋私利，先人后己。大胆解放思想，敢抓敢管，勇于承担责任。成为思想解放的带领者、改革开放的推动者、无私奉献者。

（5）关于开门办学。学校要面向社会开门办学，利用学校优势资源开展服务，对社会开展合作，促进学校发展。

（二）改革开放的方案实施

由于改革开放涉及部门单位行业较多，工作性质和具体情况不尽相同，不可能有统一模式，只能区别情况决定方案。但学校作为甲方，只对处级单位为乙方实行承包，但核定要算到科室和工程项目。

总务处：生活后勤管理部门，下属有膳食房修、能源动力、绿化卫生、交通运输、教室宿舍管理、托儿所等部门，对这些不同单位分别进行测算，包括人头费、能源动力物资消耗、设备维修及购置、房屋改扩建维护管理及其他各种管理费用，对学校从任务、服务、质量、效益上实行经济承包责任制。鼓励它们增收节支，开展承包内容以外的有偿服务（收费要内外有别），按照前面所规定的原则开展工作。

基建处：采取招投标办法，在搞基建的同时积极与承建单位开展合作，在设备、器材供应和部分工程承包施工上进行合作，千方百计创收节支。

实验设备处：为教学科研直接服务的工作，按学校有关规定办。属于实验室建设、设备器材供应等经济性质的工作，按上述改革开放原则执行。

按上述规定的原则要求，采取了一些行之有效的办法：为减员增效不再增加固定工，而引进瓦、木、水、电小型工程队自行组织施工，有的工作则采取临时工的办法解决，成效是显著的。天然气管道施工需要的 260T 大口径管材是由实验设备处通过上级计划部门从生产企业直接进货的，由总务处组织工程施工，节省了材料和资金，学校和职工比周边早日用上了天然气。学校南门传达室及两侧的楼房建设由房修科负责设计施工，节省了设计费和工程费。学校的小型工程和房屋实验室的改扩扩建均由房修科承包，到后来发展到承包职工家属宿舍的装修。食堂的承包由最初的膳食科内部承包，后来由于学校发展，老年职工退休，内包难以为继，转为外包，为保安全质量，学校膳食部门对米面、菜肉等大宗物资直供，卫生库房质量派学校职工监管。承包内容也由包产销发展到小型物资、工具、水电等，使学校按就餐人均行政费逐年减少。为方便工作和职工生活又办了收费餐厅，既为工作和职工生活提供了方便，又增加了收入。家具和桌椅设施，小量自做，大宗由工厂直接进货或供料加工、以旧换新，也为学校节省了不少资金。

关于开门办学我们也做了一些尝试。

在三系搞开门办学，面向社会开展军民结合，科研与研究所、工厂合作搞产品研发，实验室为产品试验和鉴定开展技术服务，既锻炼了教师队伍，为国家做了贡献，也为学校增加了收入，一举三得，收效显著，深得教职工支持。

在秦皇岛建分校。当时学校与秦皇岛市签约合作办学，学校利用资源为地方培养人才，开展合作。市里在征地建校方面给予学校支持。

分校的筹建是从1985年春开始的，当年签约，当年征地，当年建设（一栋四层2 000平方米的楼和两排平房），当年招生（当时在平房内进行教学），当年见效益。

校园征地共28亩，1986年建成楼房、平房校舍近3 000平方米，操场、围墙、教室、宿舍、食堂、锅炉房、图书馆等齐备，于1986年9月招收第二批学生。分校基本完成初步筹建。

学校运行与发展。最初筹建经费来源：从部里贷款100万元，后经多方努力改为拨款。学校拨款20多万元作为最初投资，用于征地建房、大型物资购置。

分校运行的经费不纳入学校财务计划，由分校本着自力更生、艰苦创业的精神自行筹备所需资金，开门办学和计划外招生的收入自行管理。关于学校发展，按上述精神自行积累，滚动式发展。关于工作人员，学校不设编制，只派少量管理人员。教学任务采取校内外聘用办法解决，不建职工宿舍，管理人员工资学校发放。

对分校的发展，校领导还是十分关心的，采取了一些有效措施给予支持。本着新事新办的精神，采取比前面改革开放原则更宽的办法，支持分校解决问题。

学校库存的一些物资家具划拨给了分校，各单位各部门积极支持分校，把多余或更替换下来的物资家具、办公用具、课桌椅、体育器材、食堂用具等支援给了分校，并派工人帮助安装维修，给分校解决了很多实际问题。

在校内利用学校土地资源引进社会资金合作建大楼。我们1984年提出这个设想，90年代建成三栋大楼，为学校发展创造了条件。

三、改革开放的几点体会

（1）思想解放、更新观念是改革开放的先导，是改革开放的灵魂。改革开放是建设中国特色社会主义现代化的法宝，永远要坚持，永不动摇。

（2）坚持学校根本任务。从学校实际出发求真务实，逐步推进，不断总结新经验，创造新办法，建立新制度，推动改革开放永不止步。

（3）以人为本，服务师生。依靠群众，调动人的积极性，发挥创造性，是搞好改革开放的关键。

（4）改革开放中的领导干部一心为公为民，为人正派，不谋私利，勇于承担，真正成为改革开放的坚定促进者、无私奉献者，是改革开放成败的根本。

（5）改革开放最宝贵的经验就是走出去、请进来，总结自己，学习别人，相互交流，取长补短，共同前进。

我们尽管在改革开放中取得了很大成就，起步也比较早，但也不是一帆风顺的。开门办学是学校改革开放最直接、最现实，也最容易见到效果的，但也遇到了不同意见。当时在三系搞开门办学汇报时有的同志就提出会影响教学秩序和质量。在与海淀区政府合办计算机中心时,对于我们负责技术、提供实验室等,有的同志也提出不同意见。与秦皇岛市合作办学在北戴河建分校时,也有的同志以四川内江、河南驻马店、北京房山建分校都没有办下去为由提出反对。用学校土地资源与社会上合作建大楼在学校里都有不同意见。在学校中心花园建一个喷水池也有个别领导提出反对意见。一个新生事物在诞生和发展中有不同意见是正常的,更不用说多年形成的封闭、半封闭制度和思想僵化。上述问题随着改革开放实践和思想解放的不断深入,逐步得到了解决。

实践告诉我们,改革开放必须以思想解放为先导,同时也告诉我们面临新的困难和挑战时,要想跟上形势的发展,解决新问题,就要不断解放思想,更新观念,把困难变成推动的动力,开创新局面,推动改革开放向更高发展。

(作者:曹永义,北京理工大学学校办公室离休干部)

做人、做学问、做论文
——培养博士研究生的一些体会

● 文·马宝华

每当一位新入学的博士研究生到我所在的学科点,我与他们的第一次谈话就会明确说明对他们未来三年博士生学习的期望:如何做人;如何做学问;如何完成博士学业,做好博士学位论文。十多年来,我指导了近20位博士生,我与他们每个人都曾做过这样的交谈,而且这些贯穿于培养的始终。

首先是如何做人。这是关于世界观和人生观的教育,应摆在博士研究生乃至硕士研究生、本科生教育的首位,不但从理论上讲如此,而且在实践上,特别是导师的指导上,也应如此。

关于世界观、人生观的教育,容易被忽视,作为研究生指导教师,往往会认为研究生已经比较成熟,有的已工作过几年,关于做人的道理他们已经明白,无须导师再多说什么。作为研究生,随着社会主义市场经济的逐步建立与深化,他们在择业、工作上面临着日益激烈的竞争,这很容易使他们把"多学知识、增长能力、提高自身竞争力"摆在十分突出甚至是首要的位置,而忽视了世界观的培养。

随着改革开放的不断深入与扩大,社会主义经济建设对高层次专门人才提出了更高的需求,高等学校研究生道德教育面临着新的形势和新的任务。在这种形势下,必须树立"大德育"的意识,围绕培养德智体全面发展的高层次专门人才的总目标,全方位地开展德育工作。其中一个重要的环节,就是结合研究生的业务培养,以潜移默化的形式进行世界观、人生观的教育。

我的一些做法是:结合学位课程进行历史唯物主义的教育。在给研究生上学位课时,我把本学科的发展史以及在各个阶段做出突出贡献的人物作为专门一节向学生介绍,引导学生以历史唯物主义的观点分析过去、观察现在和思考未来,正确认识个人在科学技术发展中的作用。结合本学科当今面临的热点、难点问题,激发学生的爱国主义情感,增强他们的责任感和事业心,培养他们的奉献精神。结合对本学科发展及关键技术突破艰辛过程的介绍与分析,引导他们认识到一个团结奋进的集体对个人成长所起的至关重要的作用,增强他们的集体主义意识,引导他们正确处理个人利益与国家利益、集体利益及他人利益的关系。这些教育都是从具体的技术问题引出的,但需要向德育方面"发散","收敛"在世界观、人生观教育这个"点"上。

对导师来说,对研究生进行世界观、人生观教育,更多的不是向研究生讲,而是导师自己去做。由于研究生的论文大多都是导师所承担的科研课题的一部分,在导师争取课题、处理与兄弟单位的合作关系、与学科点内其他教师的合作关系,包括经费分配、任务分配、成果分享,乃至报奖的名额分配与名次排序等具体问题上,都反映出导师本人的人品,这些对研究生的影响有时比课内外的说教更生动,更深刻,也更有效。如果导师本人在具体工作中没有表现出奉献精神,没有把国家利益、集体利益摆在个人利益之上,再去教育研究生要正确处理这些关系,就失去了起码的说服力。身教胜于言教。

其次是如何做学问,即学风教育、科学方法论教育,这些要比做好学位论文重要得多。我经常向研究生强调:"做好论文只管一阵子,学会做学问要管一辈子。"

对研究生来说,学好规定的学位课程、拿够学分,出色完成研究任务,写好学位论文,顺利通过论文答辩,拿到学位证书,这些是摆在他们目前十分现实的任务。因此他们一入学,首先要找导师商量的就是制订培养计划、选课和选课题,而对于如何做学问这一较深层次的问题,经常是考虑不到。

对于博士研究生来说,他们毕业后都是各个单位的业务骨干,其中不少人将成为学术带头人或不同层次的领导人。因此,对他们的培养绝不能仅着眼于做好论文,而要结合学位课程和学位论文研究,进行学风教育和科学方法论的教育。

在学风教育中,我比较注意实事求是精神、创新精神、质疑精神和"三严"(严肃、严格、严密)精神的培养。我经常结合具体技术问题向研究生介绍自己的认识发展过程,做技术上的"自我批判",目的是引导研究生要从事物的本质、事物的发展中去认识事物,鼓励学生对自己的见解提出质疑。尽管客观上存在师生关系,但在科学面前人人平等,学生应无偏见地追求科学上的真理。

在引导学生发挥创新精神,树立科学研究自信的同时,还要引导他们避免主观片面性,特别在自认为是有创新意义的技术问题上,要能够冷静地听取不同意见乃至反对意见,这对"血气方刚"的年轻人,特别是"有本事"的年轻人来说,有时是很困难的。这就需要导师的循循善诱,提高他们的科学修养,真正做到"闻过则欢""闻疑则喜"。

在对待技术权威的问题上,要教育研究生不要迷信权威,要敢于大胆提出自己的独立见解,但并非不尊重权威,不要简单地怀疑一切,狂妄自大,要用理性精神和科学态度对所争论的问题做出客观的分析。引导学生运用严密的逻辑推理和严格的实验来否定或肯定某种学术见解或技术方案,既要客观地评价他人的研究成果,又要欢迎他人对自己的研究成果进行评价乃至批判。

关于如何做学问的教育,从论文选题、文献综述、论文研究的进行直至毕业论文答辩都会遇到。在论文的撰写中,除对论文中心内容的撰写给予具体指导以外,我对研究生的文献综述、论文总结与自我评价也十分重视，经常是和他们在一起仔细推敲和修改，通过修改，引导他们对前人的成果和自己的成绩均抱实事求是的科学态度。

关于科学方法论的教育，对工科研究生来说主要是关于技术哲学的教育，即将技术问题上升到哲学高度去思考，对于本学科领域的技术关键及其发展进行哲学高度上的理论思维。恩格斯在《自然辩证法》中曾指出："一个民族要想站在科学的最高峰，就一刻也不能没有理论思维。"有些人以为技术就是技术，似乎与哲学无关，这至少是一种片面性的认识。就"技术"的一般属性来说，它是人类按其需要和目的改造客观世界而进行的物质、能量和信息的交换。为了更有效地进行这种交换，就必然要建立具有一定普遍性的、基本的概念、原则和方法，这些技术概念、技术原则和技术研究方法是从人类的实践中抽象和提炼出来的，它们都属于技术哲学的范畴。我在专业学位课中，专门有一章讲授本专业的工程设计哲学，并且通过自己所主持的型号研制项目和预研项目，向研究生介绍如何运用工程设计哲学指导具体的产品设计。

最后是关于如何做好论文，这方面许多博士生导师都积累了丰富的经验。我这里仅强调一点，即关于论文的创造性。在帮助研究生选择论文题目时，我非常关注可能具有的创新点和创造性。由于研究生论文课题大多是从我们从事的研究领域中选择的，我特别强调研究生要站在导师的肩膀上向本学科更高的高度攀登，鼓励学生做出比老师更出色的成果，超过老师。我经常对研究生说："能培养出超过自己的学生，不仅说明学生有本领，也说明老师有更大的本领；培养不出能超过自己的学生，不仅说明学生没本领，更说明老师没有更大本领。"只有后人超过前人，社会才能不断向前发展，"青出于蓝而胜于蓝"，这是一个颠扑不破的真理。

十多年来，看到自己培养的博士研究生在各自的工作岗位上不断做出了新的成绩，内心感到十分欣慰。不少毕业的博士研究生已成为所在单位的业务骨干，有的已成为学术带头人。例如，高敏博士，现任军械工程学院弹药系主任，并受总装备部的聘请担任总装备部某专业组成员，这是全国本学科领域最高层次的技术咨询机构。又如孟立坤博士，毕业后转到经济领域工作，由于他和周围几位技术骨干的勤奋努力，使所在公司的效益有很大的增长。在他的倡导下，公司出资100万元在我校设立了"兴华奖励基金"，奖励在教书育人中做出突出成绩的教师和品学兼优的学生，这是我校继徐特立奖学金之后第二个总额达100万元的奖励基金，这也表达了孟立坤同志不忘母校培育之恩、报效国家和母校的一片赤子之情。

（作者：马宝华，北京理工大学机电学院退休教师）

我心目中的延安精神

● 文·戴永增

革命圣地延安赠送给我校一尊颇具象征意义的宝塔山巨石，李鹏同志题写了"延安精神，薪火相传"八个鲜红的大字。我又一次自问：薪火相传的延安精神是什么?什么是我心目中的延安精神?

重温毛泽东1949年3月5日在党的七届二中全会的讲话："务必使同志们继续地保持谦虚、谨慎、不骄、不躁的作风；务必使同志们继续保持艰苦奋斗的作风。" 1949年10月26日。毛泽东在《给延安和陕甘宁边区人民的复电》中说："全国一切革命工作人员永远保持过去十余年间在延安和陕甘宁边区的工作人员中所具有的艰苦奋斗的作风。"

1980年12月25日，邓小平在中央工作会议上讲："毛泽东同志说过，人是要有一点精神的。在长期革命战争中，我们在正确的政治方向指导下，从分析实际情况出发，发扬革命和拼命精神，严守纪律和自我牺牲精神，大公无私和先人后己精神，压倒一切敌人、压倒一切困难的精神，坚持革命乐观主义、排除万难去争取胜利的精神，取得了伟大的胜利。搞社会主义建设，实现四个现代化，同样要在党中央的正确领导下，大大发扬这些精神。""我们一定要宣传、恢复和发扬延安精神，解放初期的精神，以及六十年代初期克服困难的精神。我们首先要自己坚定信心，然后才能教育和团结群众提高信心。"

2002年，江泽民在考察陕北时说："在新的历史条件下，在充满新的希望、也充满新的挑战的征途上，我们要大力弘扬延安精神。坚定正确的政治方向，解放思想、实事求是的思想路线，全心全意为人民服务的宗旨，自力更生、艰苦奋斗的创业精神，是延安精神的主要内容。延安精神体现了我们党马克思主义政党的性质，体现了我们党与时俱进的思想风范，体现了我们党与人民同呼吸、共命运的优良作风，体现了中国共产党人一往无前的奋斗精神。"

2006年1月29日，胡锦涛在延安考察工作时说："延安精神是我们党的性质和宗旨的集中体现，是我们党的优良传统和作风的集中体现，是中国共产党人崇高品德的集中体现。""今天我们党弘扬延安精神，就要坚定正确的理想信念，自觉学习和忠实贯彻党的基本理论、基本路线、基本纲领、基本经验，坚定不移地为全面建设小康社会、为推进中国特色社会主义伟大事业而奋斗；就要坚持立党为公、执政为民，做到权为民所用、情为民所系、利为民所谋，始终不渝地为广大人民谋利益；就要坚持解放思想、实事求是、与时俱进、大兴求真务实之风，既敢于探索、勇于创新，又脚踏实地、埋头苦干，扎扎实实做好改革发展稳定的各项工作；就要坚持谦虚、谨慎、艰苦奋斗，增强忧患意识，注意防微杜渐，厉行勤俭节约，激励广大干部群众在前进道路上永不自满、永不懈怠。"

以上我们党的四代领导人的讲述中都谈到了"克服困难""艰苦奋斗"。我国杰出的教育家徐特立，当年任延安自然科学院院长时，于1942年7月16日，在延安《解放日报》撰文写道："艰难创造的作风是革命的特色。"这种革命的特色精神是怎样形成的？他说我们"就靠我们有思想上的武器和政治上的武器，用来武装广大群众的头脑。"就是靠教育，而"我们的教育应该强调创造性、革命性，不向物质困难和群众落后投降"，"还应该发扬我们自己的优良传统，即创造性、斗争性、科学性，这是我们学习的作风"。这里所说"学习的作风"，即学风。1949年10月21日，他又说："学风中最主要的是实事求是，不自以为是。"

综上所述，在我的心目中延安精神是当年中国共产党人教育培养锻炼出来的革命精神，其核心是革命性、创造性、科学性；是先进的学风，其精髓是"实事求是，不自以为是"。

（作者：戴永增，北京理工大学人文与社会科学学院退休教师）

讲究工作方法　打开心灵之锁

●文·李兆民

我在开展学生党建工作中，遇到两名学生党员：一名是研究生党员，另一名是本科生党员，他们入党还不到一年，思想变化很大，居然不想转正，不愿意成为党员了。面对这种情况，首先要深入了解他们的思想。起初他们不愿意讲，只是简单地说："当不当党员都一样，就是不想继续当党员了。"我问他们当初为什么要申请入党，回答说："那时，班上同学几乎都写了入党申请书，感到压力大，就随大流，交了入党申请。"由于他们不想多谈，我就不勉为其难，也没有立即批评他们，更没有用"以上对下"的态度去教训他们，而是说："你们能给我讲心里话，我感到高兴，我们的年龄比你们大，是长辈。但我们之间可以超越年龄，做一个朋友，随便谈谈，可以讨论任何问题，可以随时来找我。"

学生走后，我一直在思考，怎样才能解开他们的思想疙瘩呢？带着这个问题，我又学习了党章和共产党员先进性教育的有关文件。我认为关键问题还是要帮助他们树立正确的入党动机和坚定的共产主义理想和信念，明确人生的目的和追求。之后，他们来找我，我给他们讲了党和国家过去经历的苦难、今天的辉煌、明天的梦想；又讲了科学家钱学森、邓稼先不留恋美国的高薪待遇和舒适的生活条件，回国搞"两弹一星"，为国家建立功勋的动人事迹，以此来说明人生的追求和意义；我还运用了唯物辩证法，指导他们看问题要用辩证的眼光。就是在这样多次的交谈过程中，他们给我谈了很多对当前社会的看法，对党员的看法，我耐心给他们解疑释惑。通过我的引导和双方互动，经过一个学期的耐心细致的工作，取得了显著的成效。有一天，那位研究生党员来找我说："老师，在您的帮助下，我想通了。"我问他："你想通什么了？"他说："我过去的想法错了，错在一叶障目，以偏概全。"我高兴地轻轻拍着他的肩膀说："你概括得真好，我很感动，你会用辩证法想问题了。"他听到我的鼓励就说："我已决定写入党转正申请书，今后要做一名合格的党员，为建设中国特色社会主义努力奋斗。"另一名本科生党员在开学时来找我说："老师，暑假回家时，我把您讲的道理和对我的劝导告诉了爸爸妈妈，他们批评我没有听您的教导，后来我想清楚了，自己错了，错在没有分清主次，把支流当成了主流，就失去了信心。"为了巩固他们的思想认识，我告诉这两位学生党员："我要给全校申请入党的积极分子讲党课，内容是提高对党的认识，端正入党动机，我邀请你们来听。"他们高兴地回答："一定去！"听完党课后，他们说："老师，您讲得很深刻，对我们帮助很大，谢谢您！"

通过这两名学生思想的转变，我深深地感到，人的思想是活的，不断在变化的，尤其是青年学生，正处在人生观、世界观、价值观形成的关键时期，要引导学生党员树立中国特色社会主义和共产主义的理想和信念，在思想上不断提高对党的认识，尤其是帮助那些产生思想迷茫和理想信念缺失的学生党员，需要做耐心细致的思想工作。而要取得工作的成效，我的体会是：讲究工作方法，方能打开学生的心灵之锁。

（作者：李兆民，北京理工大学宇航学院退休教师）

学校基本建设的回忆

● 文·张敬袖

1993年秋至1996年年底，我担任学校主管基本建设和后勤工作的副校长，在三年半左右的时间里，经历了学校基本建设的相对困难时期。随着教育部"211"工程和"985"工程的实施，国家逐步加大了对高等教育建设资金的投入，学校基本建设也逐渐进入快速发展阶段。

一、我校基本建设的瓶颈时期

我刚负责学校基建工作的时候，正是学校处于比较困难的阶段。当时学校归五机部即兵器部领导，每年的基建经费只有一千万元左右。当时兵器部主管的军工院校有北理工、南理工、太原机械学院、沈阳工学院、西安工学院、包头机工校等。南理工虽然排名、规模在我校之后，但投资不比我校少。记得有一次年度基建计划工作会上，为了争取增加投资，我和兵总的王德臣副总经理争得面红耳赤。学校基建经费少，许多设计规划都实现不了。开工项目的建设资金也捉襟见肘，常常是拆了东墙补西墙，建设工期也因资金不到位而经常拖延。当时的基建处处长马万顺同志在具体实施中更是困难重重。

举两个例子：一是现在中心教学楼北侧的科研楼（求是楼），因为基建投资太少，在那么宝贵的地址上也只能盖四层楼。楼盖好了，入驻的实验室科研设备投资也很少。幸亏吴东平教授和东京工业大学关系极好，通过东京工业大学帮助申请了五亿日元（当时约折合人民币3 000余万元）的援助项目。这才引进机电一体化中心的一系列设备。李岚清副总理和日本驻中国大使出席了科研楼机电一体化中心实验室的揭幕仪式。

二是现在中心教学楼南侧的七号教学楼和西侧的逸夫楼。当时七号教学楼只投资一千一百万元左右，相当学校一年基本建设投资总额。建成以后，特别是七号教学楼报告厅起到非常大的作用。学校的党代会、教代会及重要的学术报告会、教师节庆祝会等重大活动几乎都在报告厅举行。那时候还没有建中心教学楼。

但是七号教学楼西侧的逸夫楼建设就很令人遗憾了。在许多著名高校，逸夫楼都是学校最好的建筑。著名的香港大亨邵逸夫先生每年向国内教育建设捐款数亿元，许多"希望工程"就是利用这个捐款建成的。这个款项都是教育部每年提出一批初步计划，再由邵逸夫先生的代表审定后确定实行。我曾经拜访天津大学领导，学习逸夫楼的申报程序。我校不是教育部直属院校，要争这杯羹无疑就十分困难。教育部负责同志还亲口告诉我给香港邵逸夫方面还介绍了北理工是李鹏同志的母校。就这样，我们才挤进当年的计划，批准了350万元的赠款，加上国家允许的350万元的配套款，总共只有700万元。所以才挤在七号教学楼西侧贴建了很小的一个逸夫楼。所以说逸夫楼的建设是留下遗憾的。

这一时期，因缺少经费，许多设想只能作罢。如我校附属小学因噪声太大，影响小学生学习和身体健康，曾设想在戊区北侧建一座新的附小。再如校医院年久失修，也无法列入新建计划。还有曾设想在学校西南角建设一座面向西三环的大礼堂，等等，均无法实现。

在基建经费困难的情况下，有一件事做得不错，就是由前总务长曹永义同志牵头，在五机部大力支持下，在20世纪80年代后期启动，90年代逐步完善的北戴河分校，既为国家和秦皇岛地区培养了一批专科和少数民族人才，也为学校职工去北戴河短期休养提供了条件。

二、我校基本建设的上升期

随着国家"211"工程的实施，我校基本建设迎来了较快发展的上升期。

（一）中心教学楼的建设

1995年，我校抓住"211"工程建设的契机，首先建设了中心教学楼这一标志性建筑。① 利用公开招投标制度，引入竞争机制，由兵器部第五设计院做出较好的规划设计；② 利用浙江东阳第二建筑公司急于进京的愿望，保证建筑质量，并节省500万元投资；③ 从长远出发，中心教学楼周围地面选用了长条石铺设，虽然多用1 000万元投资，但质量优良，造福师生。最后经北京市评比获建筑鲁班奖，建筑质量优秀。中心教学楼建成后给学校带来了好的效益，报告厅起到了礼堂的作用，几乎所有的重要会议均在此召开。许多学院进驻，大大改善了办公条件。

（二）利用改革开放的机遇和机制，学校实施了"金角银边工程"

利用房地产开发的机制，学校出地皮、海淀区出资金，集中力量建成了理工科技大厦。不仅为学校产业发展提供了基地，有力促进了学校产业的发展，还能每年收益近两千万元，支援了学校的发展。此后又相继建设了西北角的国际教育交流中心大厦（大厦全部归学校所有，相应地在东北角建设的海淀科技大厦产权归学校，有期限的使用权归海淀区），为学校对外交流活动和有关部委、北京市召开各种会议提供条件。

（三）良乡新校区规划

在北京市和房山区支持下积极开展了良乡新校区的规划、设计和建设，为学校"985"工程建设打下了坚实的基础。至今已开发建设了1 637亩的校园，40万平方米的建筑，保证了本科生1～3年级的教学科研用房，部分院系也已迁至良乡校区办公。

另外，学校又抓住机遇和广东省、珠海市合作规划建设了具有独立学院体制的理工大学珠海校区。现在已达到50多万平方米的建筑规模，学生数量达到两万余人。

（四）家属宿舍建设和安居工程的实施

随着国家住房制度改革的新变化，学校适应新形势，多管齐下，新建高层塔楼，实施贴建工程，筒子楼改造，相继在西三旗育新花园、回龙观小区和万柳的光大花园、橡树园购房，充分发挥教代会作用，实行统筹规划、民主分房制度，在五六年时间内，使学校近1 300户职工通过购房、扩大住房、贴建、补差等方式改善了住房条件，也为学校引进人才提供了后勤保障。

三、新世纪，学校建设进入崭新的发展期，创造新辉煌

进入新世纪，学校建设日新月异。良乡校区不断创新发展，在北京高校新校区建设中名列前茅。中关村校区相继建设了新信息楼、软件学院楼、化工楼、图书馆二期工程、新学生宿舍楼、硕博公寓楼、西山新校区、研究生楼、信息学院楼、宇航学院楼等崭新建筑，2008年借北京奥运会召开的东风，扩大建设了新体育馆，时任国家副主席的习近平同志亲临现场作出重要指示。

最近五年，中关村校园西区，七幢国防科技园大楼拔地而起，为学校新时期的发展起到重大支撑作用。

回顾国家、学校改革开放四十年的发展，深深体会到：国家兴则学校兴，国家强则学校强，发展是硬道理，创新是发展的第一动力。改革开放不仅使国家经济展翅腾飞，也使教育科技创新辉煌。

学校的发展也离不开老一辈革命家、历届学校领导和全校广大师生的共同奋斗。有道是：改革开放腾巨浪，今非昔比慨尔慷，光荣自豪理工人，永远跟党创辉煌。

（作者：张敬袖，北京理工大学学校办公室退休干部）

教师的责任与道德
——忆在高等职业技术学院讲授"应用写作"

● 文·马集庸

1995年2月退休后,我受聘在北京理工大学高等职业技术学院(即房山分校)讲授"应用写作"课,长达八年。全校各个班都上这门课,虽然很累,但愿意讲下去,因为把知识、技能传授给学生,并使自己对应用文有进一步认识和理解,滋润了别人,也强壮了自己。

教学,是一个动态的综合性概念,包括拟制教学大纲、搜集资料、撰写讲稿、备课、讲课、批改作业、考查考试等。每个教学环节都是传递科学文化知识,训练基本技能,培养、引导学生的感情、意志、性格、行为向健康方向发展的过程。

课堂讲授始终是教学中最主要和最基本的环节。我珍惜每个50分钟——把人类长期积累起来的科学文化知识和我多年的写作经验,通过精练的语言传递给学生,提高他们的智力、能力,塑造他们的思想道德,形成他们的世界观。

每学年,我都要更新一次讲稿。"应用写作"属于社会科学,它有鲜明的时代气息。把新近的材料及时补充到讲稿中去,是讲好课的主观和客观要求。我利用一切机会收集材料。看报纸,要剪报;看电视、读文章,要摘抄;和朋友聊天、参加座谈会,事后要追记。2002年11月3日和11月26日,在校本部求是楼前的广告栏里张贴两篇通告,其内容适合作为例文进行分析。我特意回家,取了纸笔,站在马路边上,迎着寒冷的北风,把文章抄回。

备好课是讲好课的关键。备课时,我着重突出两个问题。

讲授内容要与应用写作课的内涵、本质相统一。应用文是指导实际应用的文章,它内涵丰富,具有较强的政治性、政策性和实用性。要深入浅出地摆事实,讲道理,谈观点,用材料。摆事实,以说明情况;讲道理,以揭示事物的本质;谈观点,以反映作者的见解和主张;用材料,以建立主旨,说明观点。既注重传授写作的基本理论,更注重分析问题、解决问题的思路和方法。

要讲出自己的风格和特色。所谓风格,是讲课的风度和品格,也就是教师的经历、立场观点、文化素养和个性特征在教学组织和教学方法上所形成的特色。我的风格和特色,就是用自己从事软科学研究的积累,把讲课内容与研究成果紧密有机地结合起来。用自己的语言讲授自己的观点和认识,绝不照本宣科,更不人云亦云。

根据我的体会，教师讲授的绝不仅是写作知识和写作方法，更重要的是做人的基本品格。通过讲课，唤起学生的思维，净化学生的思想，使他们放眼未来，适应社会需求，逐步成为具有完整人格的人。

除翻阅资料，整理教案，书写讲稿外，我一般不在写字台前备课，而是随时随地备课。我习惯的做法之一：每天散步至少两次，每次散步都是备课的极好时机。一出家门就开始备课了：首先回顾上一次课讲的主题；再考虑下一次课讲什么内容，反复琢磨用一篇什么样的文章或是调查报告，或是简报，或是一个故事，既把上次课讲的主要内容接下去，又把将要讲授的主要内容启动起来；围绕将要讲授的主题，分成若干层次，每个层次包括哪些内容，每个内容列举什么例子，都思考得非常清晰，边考虑结构边修炼语言。每次散步一个小时左右，都要从头到尾、反复多次地演练，使中心内容更突出、层次更清楚、语言更简洁、表达更准确。

在讲课中，我注意理论联系实际的原则。讲授应用写作理论时，结合我的写作实践活动；讲授应用写作基础知识时，结合我曾发表的文章或特意选择有毛病的文章，从正反两方面的分析比较中，使学生对写作理论和基础知识有正确的理解和把握。课后学生反响很好。99021班学生施若薇给我写信说："您的课就像是一篇应用文，条理清晰，直抒胸臆。"98131班学生王赛说："应用写作给我枯燥索然的生活注入了新鲜空气，重新给我学习的兴趣。我很舍不得它，因为我不知道以后会不会再有类似的课程充实我们的生活。"

在教学过程中，要引导学生在接受写作理论的同时，能够运用所学知识，做一些基本的写作练习，做到学练结合。

我采取三种办法训练学生写作能力：一是在课堂上针对某一问题进行讨论，各抒己见，相互启发，集思广益，以此练思维。二是根据讲授内容和有关情况，有针对性地写一篇文章，以此练笔头。三是组织学生参加社会实践活动，写出调查报告，以此练能力。

批改学生的作业是最难的事情。批改是对学生的作业给以点拨。题目是一个，写出的文章却是五花八门。好的和比较好的文章很少，不到10%。多数文章中心思想不明确，层次、段落很混乱，字迹很潦草，需反复读上几遍，连猜带蒙，才能领会意图。最后，我根据每位同学的题意分别列出写作提纲，供学生参考。有一篇文章只写了132个字。我的批语是这样写的："虽然开头提出了问题，但后面没有进行阐述，不能形成一篇完整的文章，因此，建议重写。"仅仅这三十几个字，我是经过三次思考、修改才写出来的。第一次只写"重写"二字，觉得生硬，怕对学生产生刺激；第二次在"重写"前面加上"建议"二字；又经过考虑，这样语气是缓和了，但没有说明"建议重写"的理由，于是第三次又从改过的文章中再翻出来，形成最后批语。

在教学过程中，学生既是教育对象，又是学习的主体。教师的教，只有通过调动学生的主动性，才能取得较好的实际效果，而学生的主动性，归根到底还是要受教师的启发和引导的。有一次期中考试成绩不好，不及格人数占22%。为此，我做了一次讲评。把试卷回发给学生本人，提出三点要求：一是把错误的地方改正过来。二是可以和全班任何人作比较，如发现同一问题同一错误，被多扣一分，可以找我，我会立即改正过来，并致歉意。三是我明白告诉学生，期中考试不及格没关系，只要通过努力，期末考试及格，结业就算及格，而且一分不扣，不计前嫌，不算旧账；如果期中、期末考试都不及格，结业就不及格，一分不增。

讲评过后，学生感悟良多。他们普遍反映：一是没想到试卷退还本人，真是公开、公正和透明，心悦诚服。有的学生说，这是上大学以来第一次看到老师批改回来的试卷。二是没想到老师评卷如此严肃、严谨、认真，对学生负责。有的学生说，马老师评试卷误差小于1。三是没想到老师向他们交代政策，使他们放下包袱，消除自卑心理。有的学生说："我期中考试成绩29分，如果期中、期末考试成绩相加被2除，结业时，我怎么也不会及格，老师这样规定，增强了学好的信心。"

教师的责任不仅教知识，而且要教学生如何做人。两者相比较，教知识容易，教做人难。难就难在教师的一切行为必须为人师表。古人说："师者，人之模范也。"教师是学生最直观、最贴近的模范，是活生生的榜样。教师的气质品格和言行举止是任何教科书和任何道德箴言都不可替代的。虽然我与此要求还有很大差距，但我一直努力去做。不论在课上，还是课下，我都十分注意用自己的思想、道德、人格、感情和行为等各方面影响学生。尽可能把自己的知识才能和精神境界融合在一起，通过反复研究，仔细推敲，凝练出较好的内容教给学生。我坚持用良好的状态面对学生，每当上课前，我都会洗澡，换衣服，刮胡子。我双脚有病，每次上课，学生都把椅子放在讲台前，让我坐着讲，我都婉拒。不论是连续讲两节，还是讲四节，都坚持站着讲。我尊重学生，学生也比较尊重我；我热爱学生，学生也比较喜欢我，把我当作他们的朋友。经常有学生和我聊天，谈学习，谈生活，谈工作。节假日，常有学生给我打电话和写信；有的学生专程来家探望。有一年冬天下雪了，已经毕业三年的学生李莹打电话嘱咐我"外面下雪路滑，不要出门"。

退休后的讲课活动和学生对我的关心，给我留下深刻的记忆，带给我很多乐趣。

（作者：马集庸，北京理工大学人文与社会科学学院退休教师）

仁者爱人

●文·徐绍志

如是我闻:"师者,传道授业解惑也!""知之为知之,不知为不知,是知也。""仁者爱人也。"

我当了一辈子教书匠,一辈子在校园里转悠。从学到教,再从教到学,周而复始,盘旋而上,如今退休了又在学字上起步。

我在北理工从助教、讲师到副教授,一步一个脚印摸爬滚打;改革开放后又兼搞科研,技术、产品也转让给河北宣化化工厂,1987年获部级科技进步三等奖。

悠悠往事,往事不如烟。

初登讲台为人之师

1959年,我被分配到学校。一位苏联专家的翻译生小孩去了,我被临时抓差仓促上阵。一进楼,看到解放军站岗,教室里坐满了年龄比我大的学生,他们是来自全国各地的进修生与教师,由于精神紧张,苏联专家讲的什么,我脑子里一片空白。接着又被安排给部队派来的专职人员讲课,他们大都是校级军官。一次课堂上一个学员举手报告要上厕所,我惊奇地看看表,第二节课都快到了,我没听到铃响,两节课一口气讲下来了,我忙向学员致歉!

1962年,我背着儿子带上两个学生去抚顺石油研究所做毕业论文。那时,新专业没有搞科研的仪器设备,更不用说高压容器了。液体火箭要上天,急需煤油高能燃料,有关单位都在研究煤油改性提高热值的课题,我打听到"抚油研"有高压容器且缺人手,我就去联系,两家一拍即合。

抚顺是雷锋生活、工作过的地方。我们去的时候正值抚顺地区宣传、学习雷锋事迹。一个普通士兵、班长,在党的教育培养下,能成长为精神文明的楷模,是我们学不完、用不尽的思想财富。正是这种雷锋精神把我们师生三人拧成了一股绳,我们劲往一处使,集智慧青春活力,歇人不歇马地争分夺秒大干,在有限的时间里高效率地完成了任务。在论文答辩会上受到研究所领导、专家的高度评价。

研究所把我们看成所里人,他们的学术活动、学习我们都可以参加。洪虎同学有激情，敢于发表自己意见，受到所里年轻人喜欢。我们夜里做实验时都得到他们的关照与指导，让我们独立操作。有一次所里杀猪了，还分给我一份肉。我把肉煮熟，连一口汤都未舍得喝，全送给了学生。那时大白菜都定量，肉食是很难吃到的稀罕物。我看到学生吃在嘴里，香在心头的样子，有一种爱的感觉在流淌……

25年后正值北理工40周年校庆，洪虎偕夫人来我家看望。一进门就说："过去的事全忘了，唯有老师背着孩子领我们去抚顺石油研究所一事至今铭刻在心。"

寄希望于青年

改革开放后，百废待兴。我组织学生参加课外科研小组训练，培养基本功。八系周同学是我的课代表，他品学兼优，我启发他入党，他不负所望成为班里第一个党员。一天，他跑到我家里号啕大哭说："接到家信，父母离异了，没人要我，您就给我当妈妈吧！"我立马答应"行！"从此我们之间又增加了母子情。他工作了、结婚了、当爸爸了、职务晋升了，都来电话与我共享快乐。又一次除夕之夜，他从西安打来长途电话告诉我他晋升研究员了，职称到顶了，那种喜悦幸福的气氛感染着我。我说："仰面上看，还有院士等你攀登，离科学之顶还差一截，努力奋斗登顶，无限风光在险峰！"

儿子曾问我："儿子与学生有何区别？"我反问，他则说："儿子不敢给妈妈贴大字报，其他都一样。"对！儿子、学子都是子，都寄希望于他们，希望他们为祖国建设添砖加瓦，成为有用的人才。

另辟蹊径又一重天

路是人走出来的，彩虹总在风雨后。民办大学中经大是校友蒋淑云办的大学，招聘了北理工退休下来的一批专业人员办学。我退休后也来这儿工作。有个叫王芳的女孩从黑龙江迢迢千里闯北京来中经大学习，暑假时帮我招生。她念的专业不易找工作，毕业后很长时间没有上岗，于是她向我求助。我冥思苦想，几经周折，不知领她跑了多少趟，终于上岗了。

如今她在北京买了房子，有了自家车，把父母也接来养老。每逢节假日常来看我，都亲切地喊我"老妈"。她说："人在难时扶一把，马在难时别加鞭，是人生一辈子都忘不了的恩情。老师的关爱有时比父母更深沉，明灯一盏引路前行。"一次她把母亲也带到我家来了。她母亲发自内心地说："徐老师，我们全家感谢你，若没有你的关爱费心，我女儿哪有今天啊！"当人家送你一烛光，我应把它变成热去温暖他人。

青出于蓝胜于蓝，愿我的学生工作比我强，生活比我好，祖国昌盛不是梦。

（作者：徐绍志，北京理工大学化学与化工学院退休教师）

平凡乐悠悠

● 文·杨德保

人逾古稀，闲暇之余常常回首往事，四十多年的工作经历留下了很多难忘的回忆。我参与过科研项目，发表过论文，写过书。还参加过校内外教学交流活动；但多年来的主要精力还是用在数学教学工作上。记不清我教过多少学生，但我保存至今的学生记分册摞在一起足有三斤之重。教过的学生从数量上说肯定超过了孔夫子"弟子三千"的若干倍。我把这些成绩册命名为"苦劳记"。虽说是苦劳，但苦中有乐，无论是在北京还是外地，常常意外地遇到年轻人，甚至两鬓斑白的人亲切地叫我"杨老师"，并情不自禁地共同回忆当年教学情景与生活小事，这使我感到十分欣慰，并乐在其中。

我热爱教师职业也许与我的经历有关。童年时，父母非常尊重私塾先生，盼望我长大做一名教师。我与同伴玩耍时也常模仿老师讲课。上大学时，由于经济困难，校领导特准我兼任附中教师，我非常乐意。大学毕业后被分配到北京理工大学，实现了从事教育事业的理想。20世纪80年代中期，学校支援延安地区办教育，我是学校派出的五人小组成员，有幸协助筹办延安教育学院，并受聘任教半年，为老区教育尽微薄之力。退休十多年至今仍在饶有兴趣地发挥余热，颇有几分自豪感。我问自己：为何如此乐于教学工作从无厌倦?当然，这与多年所受教育有关。也与领导及同志们给予我的鼓励与支持有关。被评为北京市优秀教师，获得学校教学优秀奖，获得房山分校杰出教师称号等，给了我教学工作的极大肯定；而热爱学生、盼望弟子成才为国效力也是我无怨无悔的力量源泉。2006年庆祝北京理工大学继续教育学院成立50周年时，特约我写一篇教学文章，我以"感怀"为题写了一首诗表达我的心愿：

> 七旬事业染白尘，
> 蜡尽灰扬照后人。
> 上天赐我有来世，
> 再育桃李默无声。

还写一副对联：

> 燃自己，照他人，人间一品真善美，
> 历严冬，傲霜雪，雪中三友竹梅松。

以表达我对默默无闻的同行——教育工作者的赞美之情。舒心的事业，其乐自生。

人老了，希望在适合自己的活动中找到乐趣。我喜欢体育运动，对网球、排球、羽毛球、乒乓球都感兴趣，几乎天天离不开体育活动。几次参加北京市老年网球赛都获纪念奖，我非常满意，因为自信的是我"参与"了。学校有一个以快乐健身为目的的排球俱乐部，兼容男女老少，勤练春夏秋冬，我是其中资格最老的成员。球友们对我的关照与赞扬以及和谐的气氛使我乐在其中。

念中学期间，学过音乐简谱。六十寿辰时，为转入退休生活买了一把红木二胡，无师自练，学会演奏几首小调，特别是奏起湖南民歌《浏阳河》时，还别具几分家乡风味。不时试奏《良宵》《二泉映月》等名曲，自得其乐。

80年代去延安任教的经历使延安成为我心中的第二故乡。由于这个原因，90年代中期我经过测试参加了延河合唱团。这个合唱团是由来自延安的老同志组建而成，旨在弘扬延安精神，宣传改革开放，与时俱进，为建设和谐社会贡献力量。我担任团委委员，为合唱团尽点微薄之力。特别是进入21世纪以来，随同延河合唱团参加了许多格调高雅、内容丰富且具有深远意义的活动。2002年为纪念毛主席《在延安文艺座谈会上的讲话》发表60周年，赴延安、西安慰问演出；2004年去无锡参加中国国际合唱节，同年7月1日应邀去人民大会堂参加延安精神研究会第三届理事扩大会；2005年参加学校"黄河大合唱"交响音乐会；2006年为纪念工农红军长征胜利70周年，参加"长征组歌"交响音乐会；2007年参加庆祝建党86周年文艺演出与"延河情、师德颂"歌舞排练。这些活动为营造和谐社会，促进先进文化建设做出了积极贡献。我作为参与者，付出了艰辛，也享受了快乐。

人们向往的幸福不过是一种感受，它离不开奉献，只有在奉献的互动中才能享受到真正的快乐。一个人的能力有大小，惊天动地的事毕竟是少数，特别是对于老年人来说，在平凡中享受快乐最为现实，也最有意义。平凡乐悠悠！

（作者：杨德保，北京理工大学数学与统计学院退休教师）

良乡校区闪现

● 文·郝临华

我是第一次来到良乡校区参观。良乡校区由北、南两个校区组成，北校区是教学区，南校区是生活区。两个校区的两座大门隔一条马路相对。大门高高的、宽宽的，新式、大气。

走进校园，感觉庄重大方，朴实无华，警卫礼貌地向来人致敬。进到教学楼内，整齐划一的建造装修体现了百年大计的思考，令人赏心悦目。教室里，同学们正安静地上课。这里的环境没有喧闹、嘈杂，便于克服浮躁，利于静心学习钻研、思考探索、潜心汲取。在另一栋楼里，一间计算机房内，数十台机器横平竖直摆放着，几位同学在打开的机器旁讨论着什么，还有独自操作的。这间机房可能是开放式的，可以自由进出。在另一间计算机房门前，安装了进、出刷卡装置，是自动化管理。参观了"徐特立图书馆"，走进了其中的文史馆，崭新、光亮的咖啡色书架和阅读台整齐排列开来，书架上摆满读物。每张阅读台中间隔着一条长长的、带校徽、校名的磨砂玻璃板，以减少读者间的干扰。

在南校区穿梭着两辆使用清洁能源的小型电瓶车，可少量载人和运送物品。乘电梯登上了第十层男生宿舍楼，这里配有色调一致、单独式浴室，还有洗衣房（带洗衣机以及饮用水热水机）。宿舍为4人间，室内有4张高高的上床，上面睡觉，下面有书桌和竖直的壁格，桌上可放电脑，壁格放书等，像四个半封闭的小单元。在一些宿舍的门上，贴着"爱心……"的橘红色标志，是同学们德育评比的展示。从10层楼凭玻璃窗可一览校园，看到球场和一栋栋的大楼……这宿舍楼比较入时，生活在这里应该比较舒适、方便，并且会少一些逛街、玩耍、吃喝的引诱。校区的管理也较有序，有老师值班。听说有的同学在这里住习惯了，有点不舍得离开。愿有志的学子们，在这校园里成长为德、智、体、美全面发展的栋梁之材。不太高的暗红色校医院楼，在素雅的楼群中格外醒目。医院楼含有红十字的寓意，就像一盏红色指示灯。

透明的清风带点春的凉意，但我感到有些亲切和温馨，因为这里是我们的新校区。校区里有成片年幼的紫玉兰，盛开着一树树鲜艳、芬芳的花朵，装点着校园，很迷人。纯纯的紫色花朵间无一片叶，待花开过之后，再长出满树碧绿的叶。植物一般先长叶，后长花，而玉兰树却别具一格。再有，一棵棵茂盛的果树上，浓密的绿叶和小花相间竞放，很美，令人心旷神怡。

从平滩上拔地而起的良乡校区，是边征地，边建造，边入住。从2007年9月入住，现住学生六千多人。共分五期的建设工程还在进行中。良乡校区距中关村校区40公里，有轻轨经过良乡校区。在往返的路上，我们看到，柏油路直通，校区周边绿化优美，商铺错落有致，高楼可见。随着城镇化的不断发展，将为良乡校区建造一个更好的周边环境。

科学发展观第一要义是发展。我们国家正处在发展的好时期，需要高质量、高水平、创新型人才。大学更是培养合格人才的基地。我校贯彻落实科学发展观，得到国家鼎力支持和帮助，建造了良乡校区。良乡校区面积是中关村校区面积的三倍，这使我校一些专业实验室有了较好的落脚之处。这是科技创新平台建设和加强条件保障的基础设施建设。良乡校区的建成启用，使我校办学条件得到改善，办学实力增强，在本科教学评估中获得优异成绩。这也为学校建成"国内一流，国际知名"高水平研究型大学提供了硬件支持。

（作者：郝临华，北京理工大学《学位与研究生教育》编辑部退休干部）

校园体育悠悠事　忆昔抚今思绪多

● 文·阮宝湘

20世纪50年代的北工（我校以前简称京工或北工，本文依所论时代采用不同的简称），每当晨曦和夕阳西斜，操场上到处都是体育锻炼的莘莘学子，足球场、篮球场、400米跑道；在操场的四边沿，还散布着跳远沙坑、单杠、双杠、吊环、跳马、软垫、……，所有这些设施的旁边，总围着三五成群有说有笑的同学，大家有争有让地纷纷一试身手。那时的学生，早起要晨练一番以后才去吃饭、上课，下午到操场活动的学生更普遍。体育锻炼总是"吃力"的，坚持锻炼需要毅力，但上述热火朝天的场景在当年的校园里却年复一年延续着，这是为什么？起主要作用的，是同学们有精神力量的支撑。那时，国家还贫弱，能上大学又不容易，炽热的报国情怀和强烈的成才志向结合起来，使大多数同学的心中充盈着奋斗向上的激情。晨练从来不搞什么"考勤"，练就强健体魄的内在动力，其作用远远超过外加制度的约束。每当回首往事至此，还不禁要为那代年轻人的精神风貌而心驰神往。

回看今日的校园，每天下午，生龙活虎般锻炼的学生仍然很多，好风气在北理工得到代代相传，令人欣喜。但晨练的学生却寥寥无几。时代进步了，几乎人人拥有电脑，学生们常陪伴电脑直到深夜，只能在早餐前匆匆起床赶着去教室，哪里还有时间晨练？

"劳卫制"受惠终生

"劳卫制"的全称是"准备劳动与卫国体育锻炼制度"，为苏联所创，用于推进群众，特别是青少年体育活动的制度，1954年，我国国家体委借鉴过来正式颁文推行。该制度的检测项目涵盖速度、体力、耐力、灵巧等多个方面。推行"劳卫制"是当年学生会、军体部的工作重心，校方有关部门在器材、场地、时间上多方给予支持保证，体育老师们也每天到现场对学生精心指导。

"劳卫制"通过锻炼小组的形式开展活动。锻炼小组可以自由组合，因此同一宿舍或相邻宿舍的同学，常常自然地组成为一个锻炼小组。清晨，大家起床匆匆洗漱一番就一起上操场去。一般先在一起做一阵子准备活动，然后一起在锻炼设施上练习、切磋、比试，或在跑道、土路上前后参差地跑步，或到球场兴致勃勃地扫一场球。下午一块儿锻炼回来，又一起到水房稀里哗啦地冲洗。同室同学相处得亲热、和谐，其乐融融。

活动开展得好的锻炼小组，常常在系学生会的板报上受到表扬，如周立伟院士当年所在的光学系8531班，有个"杨百荔锻炼小组（女生）"，曾不止一次在全校的广播里得到表彰。林幼娜老师就是这个锻炼小组的成员，她回忆起五十多年前的往事说："那时我们天刚亮就起床，在校园西侧那条土路上往北跑，一直跑到'倒座庙'，有时还往回跑。"林老师说的"那条土路"是现在的苏州街，而"倒座庙"，在现在人民大学西门往北临近八一中学的位置。

报国情怀与成才志向是内在动力，"劳卫制"则是有效的推动方式，两者结合起来，那时的校园体育曾那样生机勃勃且经久不衰。它对原来较为体弱、不爱活动者的作用尤其明显。因为有"通过劳卫制"的目标，又有锻炼小组的热情帮带，他们体能提高、体质改善就很快。几十年后谈到那段岁月，常听他们感叹道："'劳卫制'让我受惠终生！"

与校代表队取胜和健儿夺标相比，体育活动的终极价值，更应重在提高广大人群的健康。"劳卫制"的特点是拥抱了最广大的人群，特别是最广大的青少年。从这样的视角来审度当年推行"劳卫制"的意义，和当今校园体育的现状，给我们留下了相当深广的思考空间。

健儿夺标与群众体育

当年北工的体育健儿，曾经在各类赛事中取得过骄人的战绩。例如，在第一届全运会上，我校学生王志涛、李志光获得双人摩托车越野赛冠军，苏继富获得20公里竞走全国第三名。1955年北京市的高校运动会上，我校学生刘沛霖获得男子跳高冠军。1956年，平书珍（现名平珍）又获得男子400米冠军。每当回首这些往事的时候，更让我们感怀的不在战绩本身，而在于广大同学对体育的激情，进而转化为两者之间的互促互动。

1955年，我校足球队在北京高校联赛中一胜再胜，广大同学的热情也随之一浪高过一浪。最后，与清华大学争夺冠军的一场决赛在清华进行，我校有近千名同学赶去助威。那时，公共汽车很少，有自行车的同学也寥寥无几，绝大多数同学是从车道沟校区步行到清华去的，要走将近10公里啊！主要是男生，出发前呼朋唤友，一路上神采飞扬，浩浩荡荡。在如雷的呐喊助威声浪激励下，我校健儿勇猛顽强，气势逼人，一直压住了对手。不想，最后被一个突然反击所逆转，终以一球之差错失冠军。千名助威大军由欢腾霎时间抱头掩面，痛惜不已！但代表队的健儿们虽败犹荣，广大同学对他们支持热情仍一如既往。随后几天的校园里，这成为男生们意犹未尽的话题,说得那些没去清华观战的同学心头痒痒的。受这段风云赛事的推动,北工曾经刮起好一阵强劲的足球风。50年以后的如今,北理工足球队多年蝉联了全国高校冠军,又是唯一进入国家甲级联赛的学生足球队。全校师生员工无疑都为现今的北理工足球队自豪,观战时情绪也颇高昂,但对比两者在广大师生心目中的地位和影响,则今昔之落差实在巨大。为什么?当年的足球队员和在赛事中夺标的健儿们,都是"普招"来的。与其他同学住同一个宿舍,在同一个教室里听课,参加同样的考试,分散在各系,朝夕与大家融合在一起。而现今的"特长生"是"特招"来的,他们水平是高多了,在师生中的影响和作用却小得多。招体育特长生不是我们的发明,美国等国家的名牌大学这样做已经很多年。时代在发展,中国一些著名大学现在也都这样做,北理工势难置身其外。对其利弊得失未作深入剖析,不敢妄加评论。但"代表队应对群众体育发挥更好的示范和促进作用",无疑是正确和重要的。这就值得我们现在加以关注和研究了。

在电视里看体操比赛,那技艺的精绝常常出乎想象!有时直看得人提心吊胆,为什么?太难啦!生怕运动员从单双杠、平衡木上摔下来。这些运动员都要从六七岁就开始苦练,到20岁左右就病痛缠身了,这又令人扼腕叹息!不错,比之往昔,如今是"更快、更高、更强",这是奥运会的口号,人类的神圣追求。但细问下去,这样的"更快、更高、更强"对于公众百姓有什么意义呢?好像有点难以回答。如今体操运动的赛事这么精彩,但校园里却看不到什么学生练体操了。这是为什么?当年的景象全然不同,学生体操队就在大操场上练习,一般同学晨练、夕练的单双杠、垫子也就在近旁。大家在器械上锻炼很踊跃,也很普遍。

我们不是鲁迅笔下的"九斤老太",不能总认为"今不如昔"。但两个不同年代间的巨大差异,让我们还是要问一问:今昔两重天,智者怎评说?

激情洋溢的军体活动

北理工的军工特色,如今已从社会视野里减退、淡出。但在20世纪五六十年代,北工的军工院校性质是很明确的。来校后接受的教育,其主题是"献身于祖国的国防科技事业"。好些学生还有个心驰神往的"小九九":毕业几年以后,临近30岁,能成为一名"少校工程师"。

由于上述背景,上级把北工选为开展军事体育活动的试点基地。报名参加军体活动的学生,则往往怀有异样的激情。那时我校有摩托车俱乐部、射击俱乐部、无线电俱乐部、跳伞俱乐部等军体活动组织。

那时自行车都不多,个人谁有条件骑摩托?与摩托相关的印象,是第二次世界大战中大展雄风的"机械化摩托部队"。今年80岁的健康楷模赵家惠老师,是军用车辆专业1950级11501班的学生,曾任我校摩托车俱乐部主任。他介绍说:国家体委

桑榆情怀——我的北理故事

主任荣高棠，当时下令给北工摩托车俱乐部拨来一批摩托车，有英国的"大炮"车、捷克的"嘉瓦（JAWA）"车等（我国当时还不生产摩托车），又派来两名教员。这是何等荣耀、何等气派、又何等风光啊！因为摩托车俱乐部的活动与军用车辆专业密切相关，所以成员们的热情非常高涨。当成员们开着摩托车"嘟嘟、嘟嘟"地在大操场呼啸而过时，总会引得许多同学驻足观看。每年一届的全校运动会上，必有摩托车俱乐部的表演项目。同学们在操场上围着看他们的"冲高腾跃""飞钻火圈""绕杆蛇行""急冲即停"等节目的表演。估计全国高校中可能仅此一家吧，摩托车俱乐部是当年北工人的骄傲和一大亮点。

射击俱乐部的活动不具有摩托车那样的观赏性，但同样有它诱人之处。陈京明老师那时是1954级3541班的学生，曾任射击俱乐部代理主任。谈起往事，他心花顿开，笑着说："那时还是小青年，好奇。以前只在电影里看打仗，如今却能手握'真家伙'进行实弹射击，真是兴奋！一枪打出去，得到九环十环的好成绩，更加激动不已。射击，这个项目，对锻炼沉稳的意志，磨炼心理素质，真的很有效用。"

我本人最难忘的经历，是参加北京市学生军体干部的一次军事野营。地点是昌平县泰陵。学生会把一辆旧自行车借给我，让我自己骑车去。泰陵在哪里？怎么走？不知道啊！带了干粮上路，一路问去，几次走岔，满头大汗，报到的时候已经残阳挂西了。但这一天让我内心非常满足，为什么？沿途看到路旁草丛荒土间有一大溜石人石马，高大宏伟又精致传神。还有大石龟驮着宏伟的石碑，好气派！……见所未见啊！我来自皖南的一个小山城，那年18岁，不知道这都是些什么。我心中暗自念叨的只是："北京，北京，只有北京才有这些！"默默地兴奋不已。野营地更给了我惊异的感受：红墙依山蜿蜿蜒蜒，虽已颜色残退，多处坍塌，但内有重檐飞阁，似庙非庙，似殿非殿，宏大而气势非凡。这岂不是《西游记》小人书里画的"仙境"吗？帐篷扎在宽大的石砌平台上，石块大而平整。四下石阶边残存着白石扶栏，纹饰如颐和园故宫所见……我深深为神奇的环境美景所倾倒，疑惑着"这是什么地方"。两周的野营生活是紧张的，出操、拉练、200米障碍、实弹射击、执勤放哨……相当艰苦，不过这些细节都在渐行渐远中模糊不清了，久久存留于心的只是美的感受。其中，又以夜晚放哨时的景象最为难忘：天空高阔而又清澈，明月皎洁，满天繁星。月光把松树、核桃树的大片倩影铺撒在我的周围，万籁俱寂之中，不远处偶尔传来唧唧的虫鸣。……

上面说的不就是十三陵吗？是的。但当年我不知道，那是20世纪50年代中期，哪像现在这样有"旅游热"？连定陵、长陵的残躯也冷落在荒野上无人问津，何况什么泰陵！我一个小小大学生，对这些与野营军训无关的问题，也不便贸然去问威严的野营教官。

啊，这就过去五十余年了吗？往事渐依稀，岁月真如歌！

（作者：阮宝湘，北京理工大学设计与艺术学院退休教师）

团结的集体　温暖的家
——记北理工老教师合唱团的点点滴滴

● 文·王培瑜

光阴荏苒，日月如梭，北理工老教师合唱团已经走过了十五年的辉煌历程。在这里我们不仅学到了音乐知识，尽情歌唱，还使我们的退休生活充满了乐趣，也为我们这些老年人之间增添了交流、沟通的空间。合唱团成了我们温暖的家。

打开记忆的闸门，许多动人的故事涌上心头，感人肺腑。

榜样的力量是无穷的。合唱团有一个以身作则、团结群众的领导小组。他们克服了自身及家庭的种种困难，付出了宝贵的时间和心血，全心全意为大家服务。原团长赵承庆老师经常为团里的事与有关部门和领导联系，忙上忙下，做了很多承上启下的工作。现在他已经八十多岁了，仍然不定时地参加团里的活动，团里有演出任务，他都会主动承担力所能及的工作，如在台下观看演出效果，提出改进意见，甚至帮助大家照看衣物。最近为准备团庆15周年活动，又在家里做了大量的准备工作和联络工作，是一名永不褪色的团员。副团长穆然老师是合唱团的"常委"，不论大事小事，也不论时间地点，他都全天候操办，包括和上级部门、指导老师沟通，每次演出的具体安排落实，给大家在网上发通知等。为了提高大家的歌唱水平，他还经常把学唱的歌曲发到网上，让大家在家里练习。应大家的要求，他还把一些好听的歌曲刻录成光盘，发给大家。每次演出之后，他也会把演出的录像分别刻盘，让大家保留这份美好的记忆。工作烦琐，占用的时间多，他从不厌烦。他工作细致，作风平和，默默无闻地为大家做奉献。在每次演出乘车时，他都习惯站在门下搀扶大家上下车，并轻声叮嘱："小心点，慢点！"这看似简单的话语，让大家感到温暖，好似一股暖流从心中流过。他的模范行动也深深地感染了大家，团里年纪较轻的老师主动照顾、搀扶年纪大的老师，大家互相关心、互相爱护。前任领导小组成员陈兆璆老师，她多次负责服装设计和联系制作任务。因为经费有限，她和其他同志到处跑材料、找加工点，为了节省开支，从不乘坐出租车，还自带白开水。领导小组的每个成员都是这个"家"的称职的管家，只要是团里的事，他们都乐于承担。这就是领导小组的作风，我们向他们致敬！

互相帮助已经成为"家风"。每次活动都有人主动为大家打开水，平时谁没来参加活动，大家都会及时互通电话，关心询问……两年前发生的一件事更是感人至深。

在一次活动结束后，有几位老师留下来排练小合唱，突然一位外单位的歌友说不舒服。扶她躺在椅子上之后，她说"感到心里在流血"。这句话可把大家吓坏了，怎么办？给她的家人打电话，家人过来后，再送医院，会耽搁很多时间。时间就是生命，要立即行动！于是廖曼蒲、恽雪茹老师立即拨打了"999"急救电话。恽雪茹老师还跑回家，拿来棉被给她盖上。这两位老师陪着她乘急救车到了北医三院，经检查是"心脏血管破裂"，马上手术！大夫说，幸亏抢救及时，否则会有生命危险。当她爱人赶到医院时，一切都已安排好了。经过手术，病人脱离了危险。当两位老师回到学校时，已经很晚了，虽然疲惫，但心里踏实。我们这位歌友出院后，她爱人专程到学校对两位老师表示感谢。而她们的回答很简单："这是我们应该做的。"这就是我们合唱团的精神。

以团为家，人人做奉献，同欢乐，共幸福。毛谦德老师不仅是团里的音乐骨干，还是"家"里优秀的一员。他酷爱音乐，热爱生活。每当去外地旅游，都会把好听的音乐、好看的景色录下来，从网上发给大家共享。逢年过节，他会在网上制作精美的贺卡送给大家，把节日的气氛搞得浓浓的。每当团内联欢，他是最忙的一个，除了自己参加演出，还给其他节目伴奏，从来都是有求必应。这次团庆十五周年，他又亲自操刀，为团庆歌曲《愿青春永驻心头》写词，把他对合唱团的那份深情厚谊融入其中……校友蒋诠同志一直是团里的积极分子，近来因搬家离校太远了，且经常出国，所以参加团里活动少了。但隔了一段时间，她就会出现在大家面前。有人问"你怎么来了？"她会面带甜甜的笑容说："想你们了！"这是真心话。还有一些年纪过高已退团的老师，每年都积极参加新年联欢会，"常回家看看"是他们的心愿。每当这时欢声笑语响成一片，每个人都感到"家"的温暖。

参加合唱团的活动是很多老师的精神寄托。黄九琰老师的老伴有病，她本人身体也不太好，但她总是把家里的事安排好，积极参加活动，很少缺席。每次看到她缓缓走来，都会使人产生一种敬佩、一种感动。在她的身上看到了执着、坚毅、乐观向上。

团里还有一条不成文的规定，那就是为80岁的团员祝贺生日。团里会为他们制作贺卡和相册，写上祝福的话语，贴上参加演出的照片。团领导会代表大家向他们祝寿，带领大家唱生日快乐歌。虽然没有贵重的礼物，但是情义无价。前两年，团里的一位大姐是外单位的，她80岁生日时团里同样为她祝贺。大姐激动万分，拿着贺卡和相册说："这是我80年来第一次这么多人为我过生日，谢谢大家！"当她深深地向大家鞠躬时，已是热泪盈眶了。

在我们的"家"里，还有一位核心人物，她就是我们的音乐指导——王杰老师。她是一位美丽、阳光的中年女教师，音乐素质高、教学严谨，她的指导使我们受益匪浅。王老师平时对我们既严格又和蔼。因为我们年纪大了，音色、音量都比不过从前，有时达不到老师的要求，王老师就不厌其烦地反复讲解和示范，有时嗓子都哑了，非常辛苦。这些，我们都看在眼里，记在心上。老师的心血也得到了回报。大家都非常尊敬、感谢和喜爱老师。当老师生日时，大家会唱生日快乐歌向老师祝贺，团里会代表大家给老师献花，送上贺卡，制作精美的相册，把展示老师指挥演唱风采的照片放在里面，师生情谊尽在其中。

合唱团是一片心灵的净土，大家在这里心情舒畅，精神得到了升华。正像十五年团庆歌曲《愿青春永驻心头》中唱的一样："十五年相伴情深意厚，我们的友谊天长地久……让歌声更嘹亮，愿青春永驻心头。"

精神不老，就会青春常在；温暖在心，就会幸福永存。让人人都献出一点爱，这世界就会变成美好的明天。

（作者：王培瑜，北京理工大学信息与电子学院退休教师）